创新设计思维与方法
丛书主编 何晓佑

未来设计
未来视角的产品设计

邹玉清 著

江苏凤凰美术出版社

图书在版编目（CIP）数据

未来设计：未来视角的产品设计 / 邹玉清著.
南京：江苏凤凰美术出版社，2025.6. -- (创新设计思维与方法 / 何晓佑主编). -- ISBN 978-7-5741-3234-4
Ⅰ.TB472
中国国家版本馆CIP数据核字第20257QF703号

责任编辑　孙剑博
编务协助　张云鹏
责任校对　唐　凡
责任监印　唐　虎
责任设计编辑　赵　秘

丛　书　名	创新设计思维与方法
主　　　编	何晓佑
书　　　名	未来设计：未来视角的产品设计
著　　　者	邹玉清
出版发行	江苏凤凰美术出版社（南京市湖南路1号　邮编：210009）
制　　　版	南京新华丰制版有限公司
印　　　刷	南京新世纪联盟印务有限公司
开　　　本	718 mm×1000 mm　1/16
印　　　张	15.5
版　　　次	2025年6月第1版
印　　　次	2025年6月第1次印刷
标准书号	ISBN 978-7-5741-3234-4
定　　　价	85.00元

营销部电话　025-68155675　营销部地址　南京市湖南路1号
江苏凤凰美术出版社图书凡印装错误可向承印厂调换

前言

时代发展到今天,创新驱动发展已经成为国家战略,而设计创新是创新驱动发展的重要方面。设计创新离不开思维与方法,基于未来视角的创新设计思维是其中的一种实现方法。本书以产品设计为研究对象,对具有前瞻性、探索性、预测性特征的未来设计思维进行了较为全面的梳理,在比较了自然科学、人文科学中部分学科对"未来思维"认知的基础上,对未来设计的相关概念进行了再认识,进一步确认了未来设计思维的思维路径:以终为始的"终点思维"、梳理因果的"布局思维"、寻觅机会的"复合思维"。从造物组合、系统组合、资源牵引三个方面分析了产品设计中获取未来优势的工具;从周期、视野维度、资源转换三个方面论述了未来设计中获取效率剩余的价值、影响设计思维的不变量与变量关系、相关性的因果关系、未来设计思维中的驱动与制约因素等,从而提出了未来设计方法的原则、实现方式以及一种"非效率"的创新设计方法,并构建了这种方法的设计模型。

未来视角呈现出客观未来以及主观未来的两种不同图景,我们认识中的客观未来呈现出时空的进程;而主观未来是一个实现"目的"的过程。这个趋向目的的过程使得未来视角的设计思维与方法产生当下的意义,即未来设计是对未来的长期目标所产生意义的回应,是根据当前的走向及对未来发展趋势的认识,对将要到来时间的某个目标进行探索、预测和实验,从而创造性地提出新型造物的一系列构想以及对未来产品设计的启发。

本书认为未来是一个动态化的进程,以观察者的角度从"过去已经发生的未来"的视角,归纳造物工具在未来进程中的各参与方的关系以及相关作用。通过归纳工具产品在"过去的未来式"的作用,对应今天的"未来式"的发展,以至演绎将来的"未来式"。

由未来的"目的"求解当下的未来视角中的产品设计方法的建构,认为工具产品在未来进程中的作用是"获取未来优势的工具"。在具体的实现上则是用工具产品作为人的生理系统的延伸最大化地获取与转换资源,获取效率剩余,服务于人的主观未来目的,是达成主客观的时空一致性的工具。同时这个趋向资源获取与转换过程中的主观造物行为受到客观因素的影响,具体表现在受到客观外部周期的影响、主观对客观认识的影响以及主观视角上获取转换资源能力的制约。

从主观未来视角的非效率指向与客观视角的效率现象在未来进程中的关系以及制约因

素，来构建趋向未来资源进行未来视角的产品设计方法，是一种面向未来可能性和探索性的产品设计方法建构。在具体的建构过程中，从自然界的大设计的平均效率与主观未来目的的获取效率剩余的工具目标之间的关系，来建构主观跨越客观的产品设计溯层原则；从技术方式的未来、生活方式的未来、主观文化方式的未来等几个方面提出了溯层的途径；同时在具体的产品设计实现上提出了实现的方法。所以，未来视角的产品设计思维使得合理的造物行为具有目的，使未来产品系统的准备成为可能，也使未来进程中的生活意义更加充实。在最后一部分，进行案例分析和专业教学实践的课题研究，以对本书提出的未来视角的产品设计方法进行实践和修正，通过课堂教学来验证、修正本书提出的未来视角产品设计方法的可行性。

目录

绪论 —————————————————————————— 001

　　002　第一节　研究背景
　　011　第二节　研究的目的和意义
　　014　第三节　文献现状综述
　　025　第四节　研究框架与研究方法
　　028　第五节　本书的创新点

第一章　相关学科对未来思维的认知 ———————— 031

　　033　第一节　自然科学领域对未来的认知
　　036　第二节　社会科学领域对未来的认知
　　039　第三节　思维科学领域对未来的认知

第二章　未来设计的相关概念 ————————————— 046

　　046　第一节　未来设计的概念界定
　　057　第二节　未来设计思维的路径
　　062　第三节　未来设计思维的价值

第三章　未来产品设计思维的制约因素 ——————— 067

　　067　第一节　周期对未来进程中造物的影响
　　075　第二节　主观视野维度对未来造物的双向影响
　　085　第三节　转换资源能力的客观制约

第四章　产品设计中获取未来优势的工具 ————— 100

　　104　第一节　与造物组合获取未来优势
　　115　第二节　与系统的组合获取未来优势
　　123　第三节　资源牵引下的"未来式"发展

第五章 未来视角的产品设计方法建构 ———————— 135

    137 第一节 未来设计方法的建构原则
    146 第二节 未来设计方法的建构的双向认识与流程
    160 第三节 未来设计方法的思维溯层途径与方法

第六章 基于未来视角设计方法的实证 ———————— 175

    176 第一节 未来设计思维与方法的评价流程
    184 第二节 基于未来思维的前瞻设计实践案例

结论 ———————————————————————— 227

致谢 ———————————————————————— 230

附录 ———————————————————————— 231

参考文献 ————————————————————— 235

绪　　论

　　未来是一个动态化的时空进程，一般在词典①②中的解释是一个与时间相关的概念，不同的研究视角对未来的认识有着不同的观点。沿着时间轴的方向，在客观未来的相关研究中可以看到一个趋向资源的未来，是一个热力学的过程；在主观对未来的认识中，可以看到未来的目的是存续，是一个产生生活意义的过程；而从工具产品的视角看未来，则是从属于人的主观未来目标用以获取效率优势过程中的手段。未来视角下的产品设计方法则是主客观未来进程中的一致性工具，是为了更有效地服务于主观目标而产生的工具建构以及对于未来产品设计的启发与期许。

　　本书的研究借鉴队列研究思路，对工具产品在未来进程中的作用进行了分析，从历史性队列、前瞻性队列、双向队列的案例中进行对比分析，提出观点。对未来视角的产品设计方法进行研究的愿景是能够从中国制造到中国创造，这个愿景的具体化会最终落在产品设计的实现上，这必然要求在未来视角的产品设计思维上有一定的先进性和引领性。借用爱因斯坦的观点，"我们不能用过往制造问题时的思维来思考怎样解决问题"③，这也必然会对设计思维本身进行一定程度的探索与创新，即对思维的创新要超越现有的思维定式④。

---

① 未来：未来是汉语词汇，意思是从现在往后的时间。对未来的思考和创造带给了我们生命非凡的意义。
② 未来（future），马琳·韦伯斯特词典：Definition of future: 1. that is to be, 2. of, relating to, or constituting a verb tense expressive of time yet to come, 3. existing or occurring at a later time. https://www.merriam-webster.com/dictionary/future
③ 派翠莎·哈蒙. 创新者的大脑：一本教你从无到有的创新指南 [M]. 莫漠, 译. 福州：福建教育出版社, 2012: 201.
④ 李淑文. 创新思维方法论 [M]. 北京：中国传媒大学出版社, 2006, 12.

第一节　研究背景

一、未来视角是社会发展的思考方式

今天，我们所看到的世界处在深刻的变革之中，从未来镜像在当下各个场景中的呈现我们可以感受到对于时间、效率、生活形态以及不断提升的发展预期：信息、智能、智慧社区、数字化的日常生活在各种智能设备屏幕的信息输出下扑面而来。当下，城市在不断繁荣，边界在不断扩大，人口在不断聚集，同时整体的社会经济效率在显著提高，设计以及产品作为繁荣进程中的一个显著的工具呈现在世人面前。我们从曾经的农业国转变成工业国，从人力自行车的熙熙攘攘到消耗巨量燃油资源的汽车大国，乃至发展到新能源汽车大国，其间可以看到各个工业部门和科技部门的效率攀升。当下已然可以展望到信息时代的发展，工业物联网、全球智能化时代[①]正在全面导入我们的生活，旧有的系统正在加速淘汰，我们的面前展现出一个宏大的时代发展背景与未来的社会生活主题。

在效率和社会竞争的持续驱驰下，社会生活中的个体对于信息和资源的处理越来越仰赖智能设备作为工作生活的效率工具和身体的某种延伸，网络、信息在生活中的重要性逐渐取代了传统的传输和转换资源的方法和渠道。在这个效率最大化的需求背后，无论国家、城市，还是个人，都在效率需求的道路上快速前进，不断获取资源，转换资源，从而获取竞争的优势。在社会生活的未来预期上，可以预见的是，几十亿人口的持续增长，社会结构、生活形态、人居与产品的设计也必然会发生全新的适应性的变化。比如随着地球现有资源的大量消耗，存量的大量减少，人类将目光转向了外太空。早在20世纪60年代，西方已开始探索人类未来在外星球生存和繁衍的可能性。美国政府提出开展下一代航天计划，阿波罗计划是美国国家航空航天局执行的迄今为止最庞大的月球探测计划。现任美国太空探索技术公司董事会主席的埃隆·马斯克（Elon Musk）最近提出的"火星社区计划"，描述了人类未来在外星球生活的场景。我国也开始了这项空间探索工作，中国科学院公布的中国2050科技发展路线图中，初步设想并提出中国未来三十到四十年的太阳系探测发展路线图，开展深空可利用资

[①] 麻省理工学院（MIT）人类动力实验室主任阿莱克斯·彭特兰（Alex Pentland）提出全球化智能时代已经到来。

源的开发利用前景评估，探索新的资源，为人类可持续发展服务。

从宏观未来获取资源的视角回到基于未来视角的产品设计方法研究，也是为了在探索新资源的过程中获得更多的可能性。因为产品是满足人类主观需求的现实工具，它服务于人类生物系统的效能传递，这种以服务于人类未来生活为导向的思维建构总是不断地将视角触及新的可能性，不断发现新的资源，不断创造新的工具和新的呈现方式。今天所展现在我们面前的脑机接口、虚拟现实产品、智能设备、数字化货币、虚拟化商业等，整体的效率远远高于传统生活效能，今天的这些"现实"都是人类在以往几年、几十年甚至几百年的"未来思维"下不断创造的结果。

二、社会经济的驱动过程

今天飞速发展的社会现状的呈现，都是由过往的线性的历史进程逐渐积累而来。从设计思维的视角看历史队列中的工具与产品，今天的智能产品与过往的设计造物都显示出相同的工具特征，以及生产工具属性具有的社会信息传达的特性。将"产品设计"放在社会经济的历史发展背景中，可以很明显地看到设计思维驱动下的借助自然存在的要素去获取与处理信息及资源的效率过程——利用石器、木材、蚌壳、自然纤维等在自然过程中形成的物质——组合而成最原初的产品。发展到今天，我们看到的由石油原料合成类似塑料材料制造的现代工业化产品、由砂石的组分硅材料制造的芯片作为计算的工具；从算盘这样手工加工制作的计算效率工具到个人计算机乃至面向日常生活的云计算的算力作为虚拟效率工具，都是社会经济不断发展对效率需求的产物，通过使用这些造物作为人本思维与意识的延伸来达到人本获取客观的资源与信息的过程，进而达到获取和转换人本存续所需的营养与能量的目的。这个过程不仅仅是在人本这个物种上有所展现，同样也是一切依赖于太阳投射到地球上的能量而发展繁衍的物种的共同方式和现象特征。

在要素驱动的发展过程中，可以看到思维主体对客观资源的获取与转换，以及不断地对认知边界之外的新资源要素的探索与获取。所以今天我们从各国对石油等资源的依赖以及巨量的消耗逐渐认识到，全球资源在未来的匮乏和殆尽的可能性，由此各国也竞相将对资源要素的需求目光投向地球以外的物质空间，比如中国成功进行的探月工程计划，对月壤与月岩样品进行实验室的系统研究与某些重要资源利用前景的评估，正在进行中的行星探测计划等，都是一直以来的要素驱动发展模式的现实使然。

从历史视角看过去的发展过程在今天的呈现，可以看到边界内的要素与造物的相互影响，同样的文化及价值观也是无形而能感知的存在，并且依附在各种人造存在物之上。尤其是工业革命后全球体系联通以来，整体信息作为资源的一个重要体现形式在不断地快速生成与增长，信息的存量以指数化的方式快速增加，各资源圈内的语言也逐渐因为资源边界不断的动态化扩张而进一步流传。

客观上来说，资源存量的边界范围决定发展模式，所有发生在不同地域的历史进程所依托的环境要素和起点以及存量是不同的。历史上各个分散的文明进程依靠各自范围内的总体的环境与资源以及信息的综合要素发展程度，会形成一种自身范围内的优势，这样的优势在全球经济一体化联通之前不具备优越或高下的比较性，必然呈现出今天我们看到的各个地区不平均的发展水平。在中国的历史进程中也可以看到环境及自然生产要素对于自然物和人造物的影响，山川风物、传统器具的样式截然不同，明显呈现出以淮河为界，南船北马，为橘为枳的样貌。所以然者何？水土异也[②]。以上说明了历史队列中呈现出的物品、物产、产品、工具、器具、交通工具等的出现，是依存于客观的外部边界内的生产要素的客观存在的现实，造物的过程受生产要素的驱动和制约，同时设计与效率也带来了比较优势的产生。这也说明了造物与物品、物产的设计是特定要素存量之下最优化的应用体现，而生产要素存量是决定边界范围内整体发展状态的一个重要前提和初始条件，同时也对发展和未来的样貌产生了深远影响。所以驱动历史以及造物发展的背后都是对于要素资源的探索，以及对未来发展的可能性的主张和获取。

---

② 汤化. 晏子春秋 [M]. 北京：中华书局，2015.

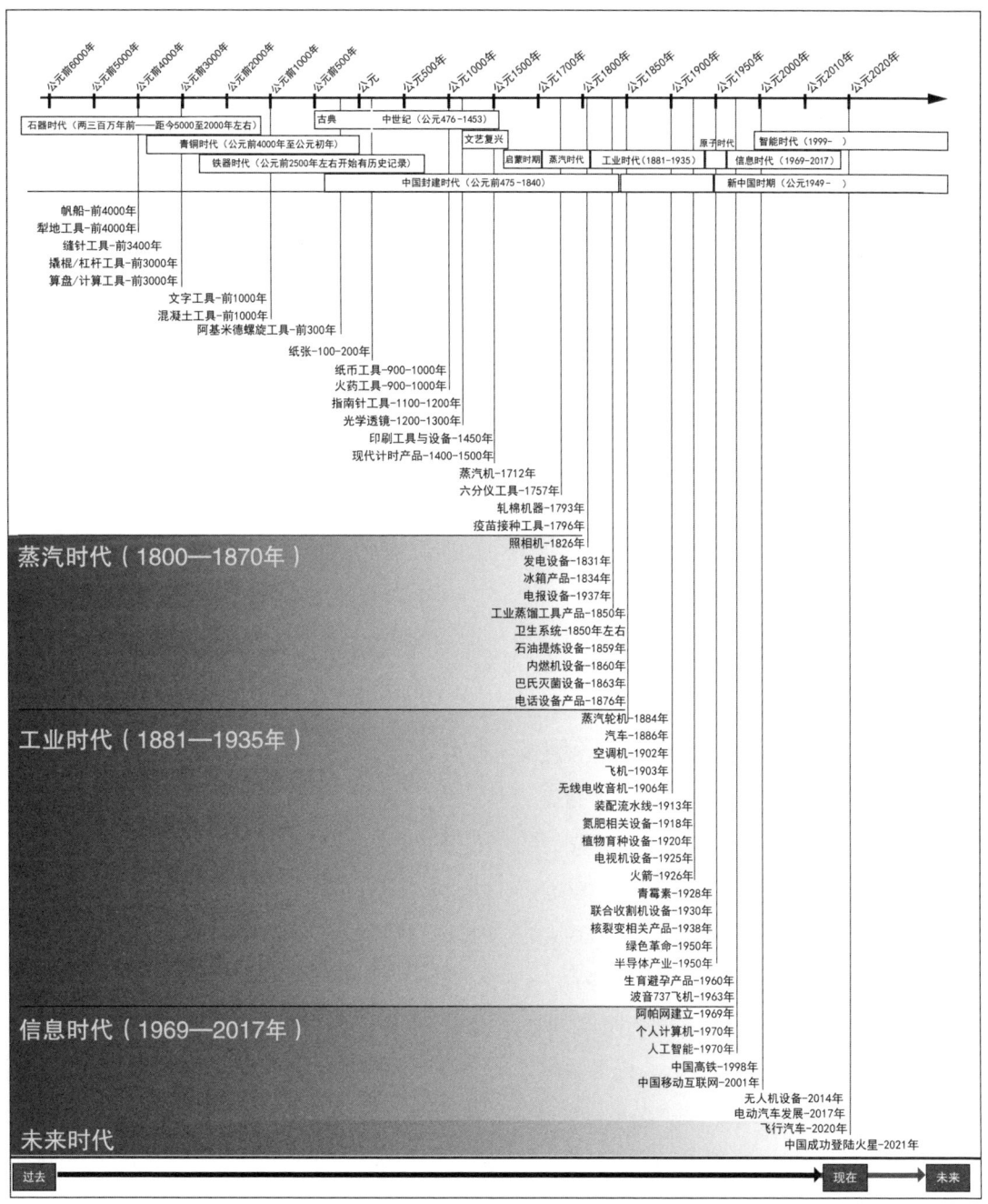

绪论图-1 历史性队列中的标志性工具产品的呈现样貌，与其所在时代的社会特征与技术相吻合[3]

---

[3] 部分数据引自：Ramge, Thomas. The Global Economy [M]. The Experiment, 2000: 166-167. 通过工具产品在历史队列中的呈现，可以明确看到技术发展对造物的双向影响。

绪　论　005

再以今天的全球作为一个整体资源要素存量的视角来看，思维上的边界已然消失，在全球经济一体化的当下[④]，继续用生产要素的获取开采来发展的思维与方法似乎已经不具备持续的可能。因为要素竞争已经失去了竞争的根本——要素的存量已经是基本可知的，并且预计全球资源有使用殆尽的可能性。从设计思维的视角来看，旧有的要素竞争与发展模式需要进行重新思考，进而在未来视角的产品设计方法上得以体现。

三、创新驱动未来发展

（一）对思维和方法的创新

思维方式与社会活动的认知视域范围相关[⑤]，前文描述了在生产要素驱动以及投资驱动之后，存量范围内的客观物质资源的可用存量会逐渐减少，如果仍然按照过往的发展模式将不可持续。"设计思维"作为客观物质和主观思维之间的变速器和转化机构，必然是要有一个系统科学思维具体来操作。所以，协同、协调、控制、信息、耗散、突变都是在对效率的需求和推动下，设计思维在实际运行中所需要的程序和工具。传统要素驱动的社会经济发展开始快速让位于资本合作分工而产生的投资驱动发展以及创新驱动发展。

创新驱动发展是一种设计思维驱动下面向未来的发展观。物质第一性的原则下，物的存在是我们赖以生存的客观基础，但是如果没有思维去"造"物、去"将"物进而获得超过自然规则下的物竞天择的效率剩余，那么亘古不变的还是物是物、我是我，主观与客观的相互之间没有任何关联，无非就是偶然或者必然地栖居于溶洞或者天然的处所而已。这些情形也明显地勾勒出一个资源要素从"物"的优先到"思维"优先的发展过程。

同时，社会经济朝向未来不断地动态化发展[⑥]，驱动模式和随之而来的创新思维与设计

[④] 上海市人民政府发展研究中心.上海2050：战略资源[M].上海：格致出版社：上海人民出版社，2016：41，61.中国学界一般认为，经济全球化始于地理大发现时代.
[⑤] 怀特海.思维方式[M].刘放桐，译.北京：商务印书馆，2010：89.
[⑥] 海因茨·D.库尔茨.经济思想简史[M].李酣，译.北京：中国社会科学出版社，2016：139.

方法也会相应地发展和改变。那么以今天为界，未来的生活社会样貌必然不会是今天的重复。因为生产要素驱动的时代已经过去，投资驱动阶段与时代的同步已然在当下，那么以今天为起点的未来，从设计思维的角度来看，必然是创新驱动、认识驱动与思维驱动，这时的设计思维及方法应该为未来而活，不是为过去而生[7]。

这是一个明显的思维信号的变化，相对不变的思维主体以及与传统要素之间的关系，已经难以应对这个时代生活中不断涌现的巨量信息变量。"人本"这个相对稳定不变的系统单元需要大量的时间去处理社会资源与信息，才能保持必要的处理效率，形成主客观效率之间的时空一致性。那么，在不能获得明显的竞争优势的情况之下，环境和社会规则就必然导致少子化的时代[8]，继而导致老龄化的社会后果。显然没有优势的群体是难以为继的，所以这样的未来堪忧。这是当下的现象与社会发展的既有趋势的背景呈现。

另一方面，从设计思维与方法的角度看，以新的思维和方法来面对新的场景，创新驱动的发展必然指向未来驱动。因为创新驱动有要素驱动的影子，基于要素的创新；而未来驱动的创新则是基于设计哲学与设计思维因果论的认识驱动。要应对这个未来的社会生活图景，在今天也必然会产生对思维和方法进行创新的要求。

（二）对要素本身的创新

对于客观的物理世界来说，物质的组成并无分别，仅仅是原子的不同的排列组合。只有人类会根据物质的存量来主观地赋予客观以价值和意义，尤其在稀缺的物质上，会投入更多的思维与行为过程以及劳动，本质上也是对于未来的心理预期和判断，这或许是从动物时代以来的短缺心理的一种本能投射。因为，相较于让自然界的种子参差不齐地落在泥土里等待春天的随机拣选来说，人本主观地对客观要素进行思维和方法获得比自然更高的效率剩余进而赢得未来繁衍传续的机会，是对要素的主观拣选并创新来应对可能的未来发展的不同预期。

---

[7] 约翰·布罗克曼.思维：关于决策、问题解决与预测的新科学[M].李慧中，祝锦杰，译.杭州：浙江人民出版社，2018，169.
[8] 森冈孝二.过劳时代[M].米彦军，译.北京：新星出版社，2019：5.

因此，在要素短缺的时候，尤其是某种物质资源不够未来的预期存量的状况下，新的创造性思维与创新就会出现。因为思考何去何从是人本的特质，也是人本与其他自然物种的区别。人本会主观地设想与判断未来的情形，并且认知到这个未来的情形将是完全不同于今天的全新未来。本质上可以看作为了未来的可能与传续，通过思维和方法来储存未来以及设计未来。

进一步认识上来看，"造物"作为设计的被动阶段，被动地根据需要来条件反射式地造物，因应外部环境的变化而做出相对自动积极的行动。也就是说，这是一种被动的因应资源要素的变化而做出的造物行为。而从主动思维的角度来说，则应该是对资源要素本身进行创新。

在不断获取资源要素的进程中，地球"村"的全貌展现在人本视域面前。这时的整体环境的组成部分——空气、水、二氧化碳、海洋资源等，会被当作未来的要素资源被获取、被设计。比如从砂石中制备芯片的原料、从土豆中提取材料制成航空材料、从空气中获取元素来生产化肥等，通过人工合成的食物、转基因作物带来的新的社会认知，以及进一步的类似石墨烯这样的新材料的出现，对未来产生可能的新的影响等，进而到全球资源都会成为获取和转换的思维与设计对象，都是对要素本身的创新。

（三）对未来生活样貌的创新

无论怎样的设计创新，包含对未来生活场景中的科学研究、人居环境研究、新的自然资源研究等，都是面向不可知的未来的一种人类整体的主观能动性的思维体现，以期提供未来生活的可能的全新样貌，这或许是未来的"红移"[9]景象。

再从中观的日常尺度上可以看到，在以人类社会为未来主体不断繁荣的预期之下，无论从人口的不断增长还是从对生活空间、生活形态、生活样貌的发展，都会产生对未来生存空间更大的需求。从地面宜居地带拓展到垂直维度上的近地轨道、高空中、地下空间、海洋空

---

[9] "红移"与"蓝移"的现象目前多用于天体的移动及规律的预测上。本书借用概念来指不断向远方边界扩展的设计思维的未来的两个方向。

间的社会生活的可能性，各种新材料新应用带来的新的生活样貌和场景不断涌现，这样的未来已经完全打破了一直以来的人与自然协同进化以及人与其他生物为伙伴的旧有进化系统的关系，新的生活方式、新的生活价值和人的重要性与备份性之间的关系，都会重新得到思考与设计，同时各种类型的机器人也将进入未来的生活当中[10]。这些未来愿景以及由此驱动的行动，无一不是在创新驱动发展下的思维与主观意志的体现。

回到思维和意志所承载的主体微观视角来看，无论是对于生理系统的设计补替、人体生理系统的延展，还是进一步的微观到进入DNA修改研究的程度，甚至可以对继承而来的生理缺陷进行预置修改，以及通过电镜在细胞层面对细胞及病毒关系的重新认识与解析，以期应对某些疾病获得免疫，都标识着人类试图成为自己的"设计师"，来重新设定和修改自己。这些基于伦理层面和实现方法上的全新的讨论和认识，将会完全改变未来的生活样貌。在未来整体的社会生活样貌的创新之下，面对未来的宏大场景以及全球思维为本的时代，重新思考个体的意义与整体的关系，已经从要素思维转到创新思维对未来生活样貌的设想与实现。

我们从微观到中观再到宏观视野中的设计创新思维，再回看"人本自身"在"客观大我"中的位置，从通过设计来改造客观到以对客观要素的创新设计来为主观的意志所用，再到通过设计思维来改造人本的因果关系，这一系列连续的发展过程都可以对应经济学家波特认为的创新阶段的理论。

由此概念可以定义和看到，设计与设计创新或者创新设计已经远远不是原初到当下的要素驱动，而是整体"人类发展链"为本时代下的人本的全系统地思考有关未来的问题。遵循着客观大我的简约原则，逐渐由试验、试错、低效转向思维创新，是在未来的目标愿景之下的合作未来、整体未来、宏观未来，并且个人的未来愿景将再一次从属于整体未来的愿景。

同时，过往的文化图景也会作为各种历史进程中的优势峰值的遗存标记得到保存和保留，

---

[10] 安德鲁·里奇韦. 遇见未来世界[M]. 刘宇飞, 译. 北京：中国画报出版社, 2017: 4.

在对新地进行滋养后又会逐渐消失在历史的迷雾中，这是宏观方向上未来的"蓝移"景象。这时，"设计"的含义会更进一步，不单单是因应外部环境的变化进行条件反射式的设计，设计会更主观、更具有前瞻性和前置性，更具有人本的特质，在创新中更呈现出因果关系——目的和过程的关联，数据驱动和统计意识的关联，以及明显的创新未来的驱动。

所以，未来视角的设计思维是一种创新思维，是指向未来发展的一种实现方法，是创新驱动发展中的一个重要路径，是本书研究的目标。

第二节　研究的目的和意义

一、研究的目的：从中国制造到中国创造

未来思维的创新设计方法的研究目的，是在中国从制造大国迈向创造大国的过程中提出的新的设计思维和方法，以期与即将来到的中国时代相同步。中国从来都不缺乏与"制造"这个含义有关的记载。制造一般是指将材料加工成适用的工具或产品，在上古的神话时代即有女娲"造"人的传说；从商周时期开始的青铜器具等造物及物品上叹为观止的繁复工艺，到春秋时期的公输班[①]被后世奉为工匠祖师爷，孔明锁、木牛流马以及各种制造的农具、工具等机巧都在数千年的历史长河中闪耀着光芒。同时各种典籍也记载了无数的设计与制造案例，如《考工记》《天工开物》《营造法式》等，这些都是传统造物智慧留给当下的启迪与展现。

在今天，我们面对的展现在国际市场间的"Made in china"（"中国制造"）这个标签时，或许还停留在对短期的某些历史积弱而带来的心情映射与反应（不单单是制造与设计的差距）。传统的"重农抑商"思想以及将品牌获得超额利润视为剥削的"劳心上（创造）、劳力下（制造）"的认知，或许是中国制造与中国创造被分别提出来讨论的一个心理根源；但是从另外一个角度来说，全球分工必然造成全球的不平均与不平等，分工是效率组织的使然与结果，各要素集群发挥自身的优势，在全球性的系统交换中主动与被动地选定自身在集群中的角色。在全球宏观要素系统视角下，基于整体系统效率的目标将整体视野中各集群的分工进行设定，带来了集群和规模制造的效率，但也造成了各群体发展的相互制约。这样的分工并不需要系统的每个节点都有创造性，所以分工的意义或许在于此。最明显的一个例子就是在 2020 年的新冠疫情封闭期间，据 CNN 报道："病毒每天都在提醒人们中国的全球影响力，全球都受到中国工厂暂时停工的影响。"[②]

今天，在全球视野上看中国制造的表象，比如华为品牌的电信设备、中国高铁的装备制造、

[①] 公输班，即鲁班，是中国传统文化中的一个符合发明创造预期的符号化人物。
[②] Angela Dewan, CNN, The coronavirus is a daily reminder of China's global reach. [EB/OL]. (2020-02-24). [2021-03-05]. https://edition.cnn.com/2020/02/24/business/china-coronavirus-global-impact-intl/index.html.

2010年被美国《福布斯》杂志称为拯救了美国通用公司的全球最重要的一款车：柳州五菱品牌汽车……从这个角度看，中国制造并非情绪上认为的低端，恰恰说明了高端也同样可以是中国制造。

从这些方面来看，并非制造就是低层次的工艺和设计，制造也可以是一种高端的全球能力。在以各自要素范围内的创新主体为节点的集群，比如一个个体、一个地区进行创新或者思维或主观创新的时候，需要将宏观整体的创新的"因果"以及最根本的"目的"是什么，作为一个前置的思考——从全球全局的思维角度来看中国制造到中国创造以及相应的全球制造到全球的创新。同时，在国家层面也提出了"中国制造2025规划"的蓝图和愿景，来应对未来发展的需要。

创造一般是指将两个或者两个以上的概念或事物按一定的方式联系在一起，形成新的系统。在对创造的思考上，中国传统对传承和学习的重视远远大于创新。"师"古人，"师"造化的义理与考据以及祖宗成法不可变的观念根深蒂固，讲究是勤学苦练、模仿转译、惟妙惟肖。这对于设计与创新思维来说，或许是"为学日益，为道日损"[3]的原因之一。同样，"不敢为天下先"的思想认识或许也是造成数百年来技术与创新落后于西方的原因之一。但同时不可否认的是，在中国的历史长河中其实一直不缺乏创造，无数源自中国创造的事物在今天还影响着世界的发展[4]。中国在数千年的历程里创造出了无数闪耀于时空长河中的智慧与造物：从语言文字到四大发明，到今天的火箭、汽车、通信、软件等。

再从今天全球一体化的现实来看，优势与比较早已经跨越了小国自闭的时代，要素资源的边界已经融合扩展到全球。没有任何单一的力量可以宣称全球为自己的范围，所以在全球视野下的创新驱动、财富驱动、信息驱动、数据驱动的今天，必然也会要求思维的创新驱动。同时，政治经济视野上认为的中国世纪与周期，以及超级全球化时代也即将到来。因此重新站在自信与富强的角度上审视民族国家理念，就可以看到，"中国制造"与"中国创造"并

---

[3] 老子 [M]. 饶尚宽, 译注. 北京：中华书局, 2018.
[4] 华觉明, 冯立昇. 中国三十大发明 [M]. 北京：大象出版社, 2017：651.

不是一个先后替代或者非此即彼的割裂的两个阶段，创新驱动和财富驱动并重发展，制造与创新构成了一个整体的互为表里的未来场景。

二、研究的意义：从跟随性发展到创造性发展

未来设计思维的意义在于在实现中国创造这个目的的过程中对设计实践的指导，未来设计思维是"终点思维"，是由"未来定义今天"的思维模式，其必然要求实现设计思维方法由跟随性到创造性的发展。

从对设计的认识来看，传统上对设计的讨论多在道技的高下之间，以及学术研究上对过往的设计与造物呈现的整理研究。在商业社会，设计则体现为附属经济运行流程中的增值部分。柳冠中先生在《事理学》中提出，设计是第三种智慧，把设计理解为一种先进性的思维。提出设计思维及思维指导下的方法的先进性也是时代和未来的要求，思维方法的先进性体现在从历史发展论到未来视角、从要素论到因果论，以及从被动未来到主动未来的思维与思考。

对于宏观层面上人类整体的健康福祉、环境问题、生态问题、能源问题、安全问题等需要全球整体考虑。整体设计的合作和思维，在以全球为整体思维锚点的宏观视角下，如果我们不能从设计的角度研究整体人类问题的解决方案在设计思维上体现的价值观，发出中国的声音，中国的设计就不可能在整体上构建出先进性姿态。

设计学科从技能型转变为未来视角指引的思维型具有先进性姿态，进而先进性姿态的引领要素驱动的多学科交叉必然产生将技能型、应用型的设计学科转变为以人本生命意识为驱动的未来视角的设计思维与方法。

第三节　文献现状综述

一、未来设计的理论研究现状

在设计思维这个名词出现之前的长久的学术历史当中，有各种涉及对于未来设计思维与思考的观点。与科研思维不同的是，从认识上来说，设计思维是一种方法论，是一种以解决方案为基础及导向的思维形式，它不是从某个具体问题入手，而是从目标或是主观的"目的"开始，通过对当前和未来之间的关系的理解，通过相关边界范围内的各项参数变量来提出未来的解决方案。这种类型的思维方式的思考一般应用在人工环境的生成和发展当中。

笛卡儿（René Descartes）在《谈谈方法》中描述："……经过长期发展逐渐变成都会的古城，通常总是很不匀称，不如一位工程师按照自己的设想在一片平地上设计出来的整齐城镇……是为着同一个目的的。……书本上的学问，至少那些只说出点貌似真实的道理却提不出任何证据的学问，既然是多数人的分歧意见逐渐拼凑堆砌而成的，那就不能像一个有良知的人对当前事物自然而然地作出的简单推理那样接近真理。"笛卡儿所描述的这段文字清晰地说明了未来设计的重要性，让未来的计划和设计来主动标正今天的发展趋向，而不是随意地被动进化。

唐纳德·A.诺曼（Donald Arthur Norman）在《设计未来》中认为，在趋向未来的进程中，机器、产品的作用越来越大，在人与机器产品互生发展的进程中，必然会产生我们去向何方的问题。在智能设备崛起之后，人与机器、智能产品的关系也需要重新定义，一方面认同未来发展和智能产品的作用；另一方面也反身质疑这样的道路是否正确，我们是否已经成为自己设计的工具的"工具"，在某些场景之下，我们离开智能产品的辅助将寸步难行。其在文中试图对未来的机器或者智能产品订立规则，使之完全服从人本为主导的意志。

比尔·盖茨（Bill Gates）在《未来之路》中提出未来的高速公路的概念和实现的途径，由计算机的效率和硬件的连接，对于虚拟化、AI智能产品都有远见和预见，电子转账和AI智慧生活的体验以及基于硬件连接的物联网时代，在今天也在逐渐实现。其在著作中提到数字化社会对个人生活的影响，同时也认为，新的技术下的硬件（今天我们认为的产品）带来的生活和社会效率的提升，也必然会为大众接受，犹如当初人们对火车内燃机和其他形式的技术态度逐渐友好一样。对新事物的接受无疑会将我们带上通向未来的信息高速公路。

怀特海（Alfred North Whitehead）在《思维方式》中认为，哲学的目的，就理性思维以及文明的评价方式能够对创造未来发生影响来说，大学的任务就是创造未来。未来孕育着成就和悲剧的一切可能性。

大前研一（Kenichi Ohmae），在线教育BBT大学校长，其在《物联网》（IOT）中指出未来万物互联场景下的应对策略，试图在商业和经济生活中看到未来的先机，提出顺应未来的数字化转变，未来的全球化、城市化、人口的变化、气候的变化对未来生活产生的影响，以及下一个新的时代来临前如何应对。

迈克斯·泰格马克（Max Tegmark），麻省理工学院物理系终身教授，其在《生命3.0》中认为，未来人造技术运行的能力比人类控制它的能力增长得更快，有效率驱动的未来将不可避免地由智能造物替代人类现有的位置，而人类特有的艺术等天赋是人工智能难以达到的高峰，也是人类的最后阵地，进而思考如何不被未来的进程所淘汰，同时思考智能是为了人的目的而产生，机器、产品、智能的运行必须与人的最终目的保持一致，在此之下才有未来生活进程中的意义。

大卫·克里斯蒂安（David Christian），历史学家，其在《时间地图：大历史，130亿年前至今》中认为，讨论未来或许有些愚蠢，毕竟未来不可预言，但是，没有预测就没有行动，能对预测正确认识，那么预测就会像呼吸一样不可或缺。认为我们可以在100年的跨度内进行未来的思考与预测，同时，在宏观尺度上的未来，物理学已有定论，而对千年尺度上的未来发展，则选择放弃预测。

史蒂芬·平克（Steven Pinker），语言学家、认知心理学家，其在《思想本质：语言是洞察人类天性之窗》中认为，对于时间、空间和因果关系，尽管它们是人类赖以思考的三大基础结构，但我们却无法真正搞清楚它们。文中借用休谟的观点：我们没有理由来证明我们的假设，我们所拥有的不过是一种期待而已。

同样，英国哲学家卡尔·波普尔（Karl R. Popper）在其代表作《历史决定论的贫困》中提出，我们不可能预测历史的未来进程，历史决定论的基本目的是错误的、不能成立的。在他的另一部著作《客观知识：一个进化论的研究》中指出，我们可以将世界从客观到主观分为三个不同的世界：一是纯客观的世界；二是主观和客观共同作用的世界；三是纯思维的世界。并且这三个世界的总量是一直在增长的。也就是说，从思维的世界来说，新的内容和新的背景在不断涌现，需要有新的思维方法来面对。因此，解决方案实际上是解决问题的起始点。也就是说，未来是必须进行设计与规划的，不能照搬过往的历史经验。

《未来简史：从动物到上帝》的作者尤瓦尔·赫拉利（Yuval Noah Harari）认为，未来社会图像和背景的变化对于设计的未来思维有着根本性的影响。未来社会呈现出来的是一种面对人类全面优势的场景，解决的问题转向永远的生命延续，近乎神一样的生活。认为长期对人类产生威胁的瘟疫、饥荒和战争已经不是普遍的问题。这个判断在今天发生的全球传染性病菌的侵袭面前、全体人群的被动应对面前，显然有些过于乐观了。

在大数据时代，人工智能也并没有直接替代人类的工作，大多数工作仍然体现了劳动力的价值。拥有大量的资源和资本的少部分金字塔顶端的人也并没有异化为神人。同样，人类面临的三大问题依然存在：一是生物本身就是某种大自然的算法的呈现，生命的过程也是不断处理数据的过程；二是意识与智能的分离；三是从系统的角度来看，上一个层级拥有大数据的外部环境将比我们自己更了解自己。如何通过新概念设计思维和方法看待这三大问题以及如何采取应对措施，将直接影响人类未来的发展。

这个论断显然也是和法兰西斯·福山（Francis Fukuyama）一样，站在以人类社会主宰整个生态圈的立场和某些优势的科技国家和福利社会视角提出的对未来的片面的看法。但是在当下和未来各种未知事件的突然出现，无论是"黑天鹅还是灰犀牛"或者是未知的传染性病毒在人类社会中流行时的无法应对，都说明了对于整体的未来进程我们知之甚少。基于此，面向未知的未来，新的设计思维必然会产生正面的作用，这也是未来设计思维和方法的研究价值所在。

在相关院校的设计学术研究中，斯坦福大学设计学院的设计思维与方法最重要的价值是提出"同理心"为设计研究的出发点。由"同理心—定义—概念的提出—原型的提出—测试"这五个部分组成。

麻省理工学院提出的设计思维与方法是一种解决当下问题的强有力的工具，这个思维之前版本的第一步是从理解用户的需求开始，用驱动创意的思维去创新用户的需求，流程是从"概念—开发—创意的提出—模型的验证—最终的输出"这样的一个过程。

有别于斯坦福大学 D. school 提出的同理心，MIT 提出的经济实现和 LUMA 设计学院提出的设计思维是从第三者观察的角度来提出设计的解决方案，是一种客观式的主观解决方案，观察对象，理解对象，然后去实现，是一种相对的第三方视角的设计思维。

美国弗吉尼亚大学的珍妮·丽迪卡（Jeanne liedtka）等教授提出的成长性设计思维与方法，也称为 D4G 方法。此方法分为四个主要的步骤：1. 清楚定义当下的概念和现实的范围；2. if（如果？）即是对未来愿景的可能性的扩展；3. 与客户或者用户帮我们一起做选择；4. 市场和产品的实现。

英国设计委员会（Design council）在产业整体发展的层面上提出一些大的愿景以及设计指导原则。英国设计委员会认为，设计是一个横跨很多学科和场景的流程，所以英国设计委员会提出了正确定义出发点和达到正确的问题解决方案这样的双钻型设计思维模型，从宏观层面上指导设计师设计方向与国家产业经济发展的价值方向一致，这样的发散和聚焦的过程是不断重复和迭代的，对于设计思维的过程也是一个良好的组成部分。

IDEO 设计公司近期的设计思维与方法由 Inspire（启发）—Ideate（构思）—Implement（实施）这三个步骤构成。在具体实现上，由三个步骤来完成：Hear（倾听）—Create（创新）—Deliver（交付）。同时，在面对发展中国家和地区时，设计思维流程又有不同的策略——倾听用户的声音、理解用户的需求、以用户为本。做这样的区隔也可以理解为，面对不同要素的资源范围，应该用不同的思维与方法去应对。

Forg 设计公司的设计思维流程与方法是：发现—设计—交付转变到探寻—转换—支持。这样的商业设计公司的设计，很明显地从以物为对象转变到以人为对象：服务与设计思维方式的改变从对物质要素的设计逐渐转换到以人为考虑主体的要素创新设计上去，同样将接受不断地发展变化的时代需求纳入设计思维的转变当中。

由于设计是一门应用性学科，着重考虑当下性的问题，在可以见到的商业利益上着力很多，无论设计公司的思维怎样转变，都大体在眼前的短期未来的创新范围内展开。而对于长期的整体思考，整个社群、地区以及全体未来的福祉的设计思维和思考则比较薄弱，在设计研究的未来性上是远远不够的。反过来说，这个薄弱的部分也是本书研究的重点部分，本书与其他现有设计思维的不同在于，提出的设计思维与方法有较强的未来性。

二、未来设计的实践相关现状

现在我们依次按照从与科学最近的技术嗅探设计相关到未来的艺术表达，再到科技与艺术交融产生的生活场景设想这个顺序来描述未来设计所涉及的范围的宽广。评述科技与艺术之间不同刻度在其上的呈现，说明客观未来的认识拓展对主观未来设计出面貌的影响。在今天看来，未来设计是附着在未来时空的各个维度和方面的认识上的人本意志和意识的设计思维与方法的表达。从设计思维的视角来看"未来设计"在整体未来图景中的状况，对设计作为科学和艺术这一体两面的思维与造物相关的现象进行描述与评述。

在宏观的"红移"一端，科学认识和讨论的未来是遥远的视界时空的未来，对于宏观未来家园的探索和其他可能的智慧存在的讨论。霍金在 2017 年挪威举行的 STARMUS 大会[①]上认为："人类如果要长久地存续，我们的未来就在于大胆地去前人从未去过的地方。"在微观"蓝移"一端，同样借助科技设备在对极限之外的微小机理进行研究，如比尔·盖茨在 2014 年埃博拉病毒暴发后的 TED 演讲中认为，我们未来可能不是受到战争的威胁，而是"如果有什么东西在未来几十年里可以杀掉上千万人，那更可能是个有高度传染性的病毒，而不是战争，不是导弹，而是微生物"[②]。

从宏观的科技上看，目前与设计相关，如美国计划在 25 年[③] 后登陆火星建立移民基地、

---

① Stephen Hawking, Buzz Aldrin and Oliver Stone to speak at Starmus 2017 [EB/OL]. [2017-06-03].[2020-02-15]. https://norwegianscitechnews.com/2017/03/ten-nobel-prize-winners-buzz-aldrin-oliver-stone-come-trondheim/.
② Microsoft co-founder Bill Gates was speaking about the Ebola outbreak in 2014 when he predicted another "highly infectious virus" [EB/OL]. [March 2015] [2020-03-02]. https://www.ted.com/talks/bill_gates_the_next_outbreak_we_re_not_ready.
③ 内容出自：美国航空航天局，词条由"科普中国"科学百科词条编写与应用工作项目 审核 [EB/OL]. [2021-01-15]. https://baike.baidu.com/item/%E7%BE%8E%E5%9B%BD%E8%88%AA%E7%A9%BA%E8%88%AA%E5%A4%A9%E5%B1%80/5959612.

中国计划建立月球的能源与获取基地并且在 2030 年左右实现火星资源的取样带回[④]，这些与地外相关的未来生活研究早已启动与展开[⑤]，关于地外空间的设计竞赛、关于极端环境的生存设计项目及研究也在进行。设计作为实用的工具到设计作为人本主观未来的思维导向，从适应环境、保护环境到创设未来的生活环境，逐渐聚焦到人本本身的存续上来。而在中观视野上与设计相关的未来生活场景，展现出飞行汽车、无人交通系统，以及在原本并不宜居的环境中创新的未来社会生活方式。

客观视野上的未来，在各种观测设施和设备的设计对远端的未来嗅探之后，艺术与设计也紧随其后向大众展示科技成果的艺术化后的景象。科学巨匠爱因斯坦在 1921 年回复德国艺术杂志的信中写道：当世界不再是我们个人欲求的对象，当我们以自由人的身份欣赏、追问、研究这个世界的时候，我们就进入了艺术与科学的领域。如果用逻辑的语言来组织描述所见所闻，就是科学。如果传达印象所假借的形式无法用理智表达，却能通过直觉领悟，那就是艺术[⑥]。李政道认为："科学与艺术事实上是一个硬币的两面，都源于人类活动最高尚的部分，都追求着深刻性、普遍性、永恒和富有意义。"他们都能看到科学与艺术互相启发与影响，呈现出未来完美的整体样貌，即便是在科学技术的最前端，也会有艺术和设计的存在。

艺术与设计能够在科学嗅探之前参与工具（设备）的设计过程，在科学嗅探之后将客观现实转译给社会大众去理解，进行最有效的成果展示和信息表达。目前的技术设计与艺术设计所能真实到达的最远端，是 1977 年发射升空目前距离地球 225 亿千米的旅行者（Voyager）1 号探索器，除了科学探索任务之外，最重要的是它带着一个金色外壳的铜质磁碟唱片，将人类文化的一切指针性的信息记录其上，以期在可能的与地外智慧相遇的时候，可以让他们得知地球文明的概况。

---

④ 中央人民政府网站. 中国国家航天局举办新闻发布会 介绍我国首次火星探测任务情况 [EB/OL]. [2021–06–12]http://www.gov.cn/xinwen/2021–06/12/content_5617394.htm.
⑤ [1] 中国首次火星探测任务名称和图形标识征集活动启动 [J]. 国防科技工业, 2016; [2] 中国公布首个火星车外观设计构型 [J]. 发明与创新：综合（A），2016(10):6–6.
⑥ 海伦·杜卡斯，巴纳希·霍夫曼. 爱因斯坦谈人生 [M]. 李宏昀，译. 上海：复旦大学出版社，2013, 43.

例如运用地面望远镜的先进技术设计，借助观测黑洞的 8 个望远镜群落，包括坐落在南极地区的一座巨型设备，对一个距离地球 5400 万光年的黑洞的观测中验证了爱因斯坦的理论。在项目中的各个望远镜观察到的数据量加起来足有 3600TB[7]，并由麻省理工学院和马克斯－普朗克研讨所加速数据分析后得出了在公众看来并不清晰的科技图像。而其后 NASA 艺术家（Jeremy Schnittman/NASA's Goddard Space Flight Center）根据数据重新建构了面向公众的艺术图片。

在微观视野上，面对突发的公共卫生事件，也借助科技与艺术的合力呈现来向大众做预防宣传。疾控中心可以快速通过投射电子显微镜观察到病毒的形态，随后请艺术家根据太阳的日冕和观察到的病毒形象综合创作出大众可以理解的视觉形象。

艺术设计的实现很大程度上有赖于技术的实现。在 20 世纪 70 年代，NASA 即提出了殖民太空的生活愿景，并在技术上探讨了可能性。对在未来空间站的生活提出了设计预想，比如在距离地球一定的距离中建立巨型太空站，通过人造重力产生和地球生活相似的体验，为未来获取更多的资源而进行先期的科学研究准备和概念设计准备。同时基于技术和物质的原因，那个年代是磁带的时代，并没有我们今天看到的磁盘或固态的或虚拟的云存储手段和方法，在当时可以想象中的未来，信息由磁带来构成。这个设想在今天看来显然是没有如预期一样的实现，因为新的技术，新的信息载体早已替代了旧有的磁带的未来设想。

而在交通技术上的未来设想，虽然从达·芬奇时代就已经开始设想了类似飞碟状的运载工具和武器装备，但是直到最近才提出可能现实探讨的技术方案。美国 Hyperloop[8] 公司提出胶囊高铁的概念，由地下隧道进行高速的旅客通勤服务。再有艺术时尚杂志 *Document Journal* 刊出了"月球机动车"的概念设计。这个类似球体的地外交通工具方案可以在岩石、陨石坑和山丘等障碍物上弹跳和滚动，并能以任何角度在月球表面移动。由丰田和雷克萨斯

---

[7] NASA's new black hole visualizations showcase how gravity warps light, Images from computer simulations highlight the "photon ring" and more [EB/OL].（2019-09-27）[2020-06-03]. https://www.sciencenews.org/article/nasa-new-black-hole-visualizations-showcase-how-gravity-warps-light.
[8] 安德鲁·里奇韦. 遇见未来世界 [M]. 刘宇飞，译. 北京：中国画报出版社，2017：118.

设计了LF-30概念车，朱利安·玛丽（Julien Marie）设计了Bouncing Moon Roller（月球弹跳球）。SpaceX公司设想一个月球电梯的概念，以便于在可以预想的未来能够建立月球表面的人居可能性的时候，为旅行到月面上的人们提供一种便捷的出行方式。

美国科幻未来主义艺术家西德·梅德（Syd Mead）[9]（1933—2019），他也被称为视觉未来艺术家、未来都市生活的描绘者。他数十年来注重以未来科技感的建筑作为未来城市的背景，描绘了大量的未来生活、未来城市的相关作品，对后来的设计师和科幻艺术家产生了很大影响。他的作品，即便在今天来说都很具有未来感。

而另外一个知名的德国设计师路易斯·克拉尼（Luigi Colani）则认为，从设计艺术的角度来看，宇宙中没有直线，所有的造物和未来都会统一在流线当中。他的这个设计观念与他的技术教育背景有着直接的关联，他最初在柏林艺术学院学习雕塑和绘画，随后在巴黎进修空气动力学和哲学。他的设计思维受到其经历和教育背景的影响。一方面确立了技术对于设计的未来引领；另一方面也明确地看到，人文思想对于未来的影响和实现设计上的作用。这样的认识背景使他形成了与西德·梅德（Syd Mead）完全不同的设计风格和对未来生活场景的想象。

我们从这些几十年前创作出来的作品中可以看到，其中的某些场景在今天已经成为现实，这些即使在今天看来也完全符合的对未来的设想，是建立在宏观未来趋势的理解和应用上的，是对未来生活场景和生活样貌的热忱想象和描绘。同时，设计师的科学和艺术教育背景也对作品产生了很大的影响。

关于未来主题的艺术表达，一般会有几个不同方面的理解，其中包括艺术思潮与大众艺术的表达。

一是特指1910—1920年左右的未来主义艺术运动、未来艺术或未来主义画派（简称"未来派"）（Futurism），是由意大利诗人菲利波·托马索·马里内蒂（Filippo Tomasso Marinetti）作为一个艺术运动而组织的。这个现代文艺思潮之一，受到工业和科技革命的影响，

---

[9] Syd Mead. The move art of SYD MESD visual futurist [M]. TITAN BOOKS 2019，9–11.

追求速度和力量，否定传统文化艺术的价值。认为过往的传统文化艺术都是僵化与腐朽的，与时代的精神不相适应。"未来主义"艺术家们描绘了当时的科技发展的印象，受到速度和工业化大潮的影响，他们的作品里常常出现汽车、有轨电车、飞机等现代科技产物，他们用大胆的笔触和热情的颜色表达着对这些社会新生事物的热爱之情。

　　二是关于未来主题的艺术创作，也分为专门的艺术家与社会艺术组成部分对未来的感悟与表达。但是，无论是哪一种形式，本质都是对速度和力量的表现，而速度与力量的认识本源依然是建立在技术与科学的发展对大众的思想冲击之上。从对速度、力量到加速度离开地球冲向外部空间的艺术描绘，也是艺术对科学前端认识的反馈，在作品中都会有对螺旋、速度的表现。这背后是时代科技认识的程度和范围的扩展。所以，没有工业革命以来的蒸汽机和各种机械的前置存在，未来艺术流派的存在也无从谈起。

　　不单单是未来艺术思潮表达对未来的想象，在大的艺术范围内，比如瑞典画家希尔马·阿夫克林特（Hilma af Klint）的一系列关于行星物理符号的作品在纽约古根海姆美术馆的主题为"画给未来"的展览中，还有1985年的《美国艺术》杂志的封面作品是一幅卡西尼太空探测器拍摄的土星及其卫星的照片，以及史密森纳学会的由卡西尼空间探测器拍摄的土星环的数码模拟照片，等等，这些都基于早期的科学探索对土星可能性的乐观的判断，虽然是科学探索的景象和畅想，但是从艺术界对未来的表达可以看到，在每一次对外部空间的探索中，艺术都紧随其后。

　　关于未来日常生活的情景，比尔·盖茨在1995年出版的《未来之路》中展望，随着信息技术的发展，设计师可以给人们营造真实的虚拟感觉，人们可以戴上虚拟的眼镜和立体声耳机，所见所闻都可以由计算机来提供……这个今天看来好像稀松平常的描述，不过是25年前对未来生活的预测。

　　不仅如此，百年前的法国邮报对未来的判断和预测以及画家Jean-Marc Côté等人在1900年左右对2000年左右的百年未来与畅想，这些作品中描绘的产品有直升机、扫地机器人、飞行汽车等，也描绘了比如邮递员飞行递送邮件这样的未来生活场景。在今天，已经有在线销售商和网络巨头们开始使用无人机来递送邮件和包裹……这些百年前的预想有些在今天已经实现，有些仍然是对未来的设想。

在具体的生活想象的对应上，1985 年美国通用汽车公司启用土星品牌汽车"SATURN"，迎合大众对未来生活的想象。而在科学探索的对象发生改变之后，由早期土星移民的可能性转到火星之后，土星品牌就停止营销，因为大众需要的是一个可以想象的未来。同时，在设计探索上，SpaceX 项目计划建立火星生活基地的设想，意图建立在火星上可以维持上万人规模的人类社区，相关的试验和实验也正在进行。这个计划本质上就如同今天的环球航行，也形同数万年前的原始人梦想挥动翅膀在天空翱翔可以自由地到达想去的地方那样的情景。

可以看到，在对未来生活的设想上，在科学发现和对远端的嗅探有了一线可能的时候，设计也紧随其后；在科学发现有了明确定论的时候，设计或终结或改变。这些也都体现了科学技术在远端对艺术表达内容的牵引和影响。甚至在现实的科技没有到达之前，文学艺术的想象翅膀就已经在未来的场景中飞翔和鸟瞰了。伴随着科学技术和时代的发展，大众对未来的认识的兴趣也逐渐浓厚，每当科技和研究有一定的突破之后，已知或未知的一些超出我们时代科技的现象出现，比如神奇的现象，神奇的力量，飞碟、外星来客等，大众对于新的生活新的未来也心向往之，在科技商业和人文以及对未来的期盼之下，大量的文学作品就会先行出现在观众面前。从神话时代以及从古文明各个时期流传到今天的典籍中，都有很多对未来生活场景的畅想。如印度典籍《薄伽梵歌》中可以预知战况的千里眼、顺风耳的神力对应着今天可以看到卫星、雷达的物化与现实；儒勒·凡尔纳（Jules Verne）的《海底两万里》，在今天也可以有潜艇、海底旅游的实现；从 1937 年奥拉夫·斯塔普雷顿（Olaf Stapledon）的科幻小说《造星者》到今天中国科幻小说《三体》的广为人知，文艺作品、科幻作品以及 Si-Fi 类的影视作品数十年来经久不衰；再有对外星人的想象和所谓的对 51 区军事基地的闯入，都是基于对未来的想象以及认为未来的存在可以由大众来主动探索与认识，都体现了未来的可能性和当下大众生活常识中对未来的热切设想。所以，未来的社会显然也不是法兰西斯·福山认为的社会的现状稳固和历史的终结，未来的形态和社会的未来生活样貌的组成也会在不断地变化和发展之中。

影视作品对未来生活方式的畅想也紧跟科学发展的脚步，从早期的关于旅行者 1 号的《星际迷航》到今天关于火星生活的电影，琳琅满目。不单单是火星，关于未来空间站的生活场景、月球的生活场景、南极和北极的生活场景的电影和文学也有很多。显示了社会大众对未来的正面的期盼。而设计艺术以电影艺术在道具设计、场景设计、主题设计上也扮演了一个绚丽的角色[10]。

在本书对未来的设计教育的认识上，认为设计教育作为对未来的一个认识及思维转换的中间站和蓄水池，与科学和艺术同时联通，最终的成果会涓滴到未来的社会生活方式以及未来的社会生活场景中，进行可能性的设计与预想。毋庸置疑，设计思维和方法是实现这个可能性的途径和工具之一。设计作为一门学科在 20 世纪被引入艺术教育和教学中，逐渐取代或基于一些传统的艺术和工艺科目而发展，在成长过程中，艺术设计越来越多地与技术研究联系在一起，也由此引发了相关的设计教育和设计思维与方法的研究。

国内高校与设计思维有关的课程，常见的是产品设计、影视美术设计中的概念设计课程等。未来视角的设计思维和方法基于学术研究的进展，学术与教育的互为表里使得大学和研究机构成为未来设计与思维的孵化地，在设计思维和方法以及理论和实践上，国外和国内走了不同的路线。毕竟基于环境以及要素发展而来的范围和程度是不尽相同的。

---

[10] 从大众电影的主题数量的检索可以看到文化对于科技的附着是趋向未来可能性的，在科技未来的指向转向火星的探索与可能性后，大量的影视作品也转向火星题材。（见文后附录图 -3）

第四节　研究框架与研究方法

一、研究的框架

本书的研究框架主要由六个部分构成：第一部分是从各学科对未来的理解来启发未来设计思维；第二部分是对于未来设计思维的概念、路径、价值进行思考；第四部分是论述产品作为工具在未来进程中的作用；第三部分是制约未来产品设计思维的因素；第五部分是产品设计中未来方法的建构；第六部分是未来设计的评价流程与教学实践案例。（详见绪论图-2）

二、研究的方法

1. 发展理论

以发展社会学提出的三种不同的发展理论，即现代化理论、依附理论与世界体系理论来面对广大发展中国家的现代化问题。

2. 文献分析法

文献分析法是指依据现有的理论、事实和需要，对有关文献进行分析整理或重新归类研究，提出课题或假设构思的一种研究方法。

3. 队列研究

本书借鉴队列研究（Cohort）方法，从历史性队列研究、前瞻性队列研究、双向性队列研究的几种方式来帮助研究者在未来结局发生之前定义样本和预测变量，对于本书的研究来说，即是从历史性队列的研究来看工具产品在研究者、观察者视角下的定义样本和收集研究变量。

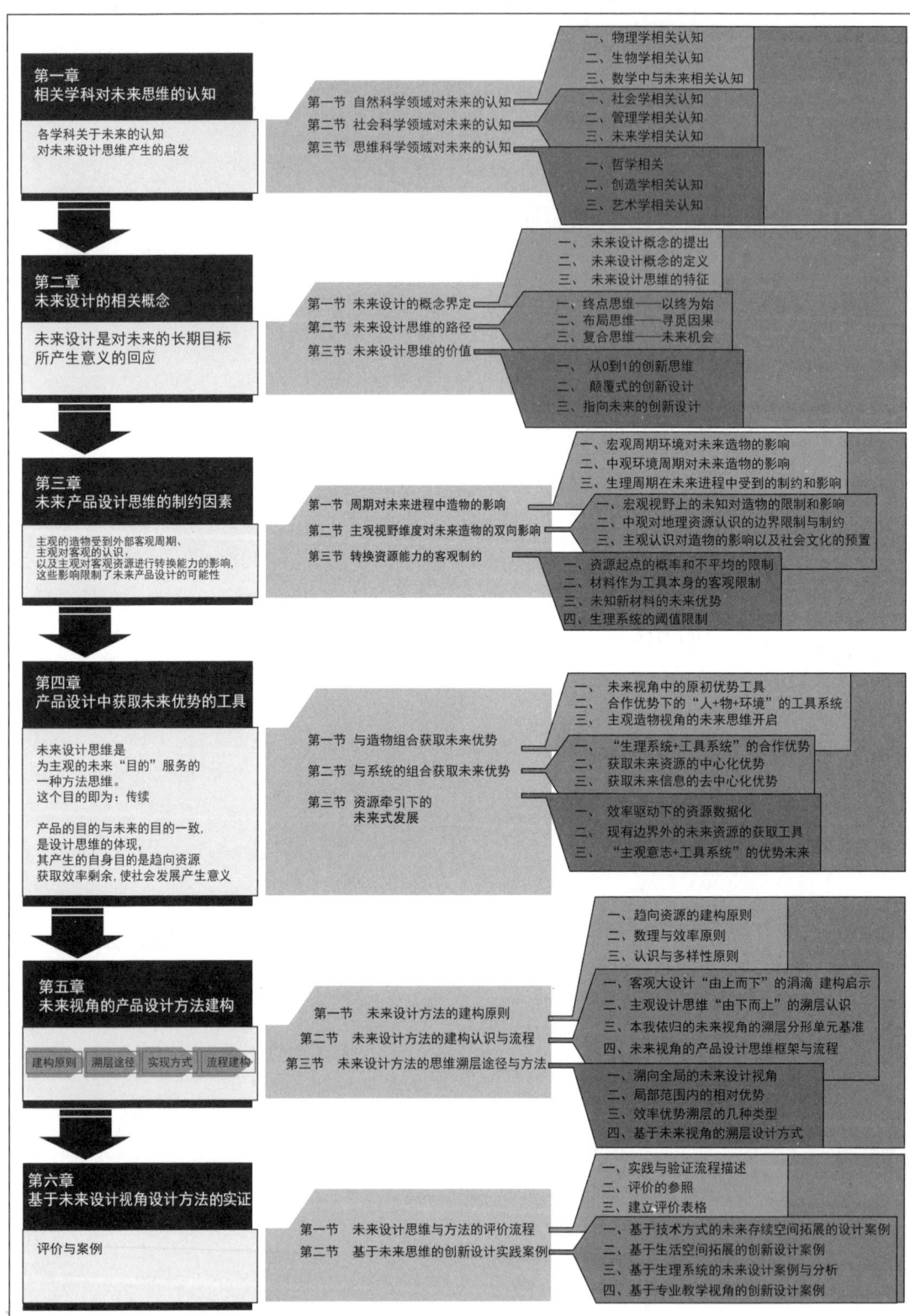

绪论图 -2 本书的研究框架

4. 四步解题法

波利亚（George Pólya）[①]"四步解题法"：第一步是弄清楚需要解决的目标是什么；第二步是通过研究找出已知资料与未知目标之间的联系；第三步依本书的研究来说，是构建未来设计思维与方法的框架；第四步是验证或者实证。

（5）案例实证

实证研究是指从经验事实通过科学归纳，总结具有普遍意义的结论或规律，然后通过逻辑演绎推导出某些结论或规律，再将结论或规律拿到现实中进行检验的方法论。

[①] 波利亚（George Pólya，1887—1985），美籍匈牙利数学家、教育家。

第五节 本书的创新点

一、由未来定义现在：由果及因

未来的果即未来的"目的"，我们主观对未来目的进行的定义，使得未来视角的设计思维和生活过程产生了意义。

本研究从对"未来的定义与目的"来寻求当下的"设计思维与方法的路径建构"与思维的原则，有别于过往关于未来艺术设计研究的相关性为推测导向的设计思维，是一个"由果至因"的设计方法，是一种创新的方法。由对未来目标的设定来对标当下的设计行为，使得创新和创造成为可能，例如也使得类似麒麟和独角兽这样原本由自然进化而不可能出现的事物得以主观地创造产生。

站在"人本"的"本我"为思维主体的视角去获取未来的资源，由未来可能的要素资源方向来牵引今天的设计与实践，是有别于传统上的完全依据"过去是今天的基础、今天是未来的基础"这样的历史构建的设计思维。

从未来这个"果"的视角上提出了主动"溯层的设计实践方法"，是一种未来视角的设计思维与方法。观点是未来视角的设计思维是一种趋向未来资源去作用去思考的思维，途径是通过设计作为工具去获取"效率的剩余"；目的是"人本意志"的未来传递，包括生理传递与文化的传递这两方面嵌合于一体的主体，也可以借用"熵①理论"，称之为未来的"熵设计"思维。

未来的认识边界在不断扩展，新的规律和认知也在不断涌现，本研究与过往的以"未来"为名称的艺术运动、艺术思潮和创作题材之间有某些相关性，但没有因果关系。虽然这些艺术表达的背后是对力量及速度的描绘，但是本书认为，未来设计思维最原始的驱动力是造物背后对要素资源的获取，处理信息信号背后对资源的定位的趋向来获得人本的未来传续优势。

---

① 熵的概念是由德国物理学家克劳修斯（R. Clausius）于1865年所提出，在热力学中有广泛的应用，也被社会科学用以借喻人类社会某些状态的程度。

本研究从过往的与设计相关资料的分析中有所借鉴，认识到造物的本源目的是趋向资源、质量、信息的运动获取与转换，目的是人本自身的生理传续和文化标识的传薪（要素—创新—传递）。而将这个目的在主观认识上组合为一个在未来可以运行的基本分形单位，再宏观看整体的社群、地区乃至全球的未来的分形，都是向这一本源目的方向的运动获取与转换。

二、构建"溯层思维"的设计方法

通向未来的设计思维的本质是对于"优势效率剩余"的获取，也是到达未来的途径之一。本书通过对"过去的设计未来式到现在的设计未来式"的案例的分析进而归纳演绎出"将来的设计未来式"。面对未来的不确定性，参考波利亚四步解题法的思路，提出设计思维上的溯层设计方法，作为认识层面上的未来设计思维的解题合集。

同时也应该看到，客观世界在万物竞发之下，优者也不会永远取得优势，因为"损有余、补不足"是天道。所有优势的获得也并非一成不变，在某一个资源边界范围内的要素资源被获取转换消耗终结之后，必然会趋向新的资源范围去进发和获取，所以本书提出的溯层设计思维也是一种动态化的设计思维与方法，不断通过设计思维去获取优势剩余，将会是未来视角的设计思维与方法的常态。

在主观视角的未来进程中，相对不变的是人本生理系统在获取转换客观资源时的相对稳定，而客观信息与资源的边界在未来的进程中不断扩张，主观保持思维主体不变的未来与客观巨量变化的边界之间的一致性要求，由工具或者产品溯层方法来应对。

在未来视角的设计思维上，提出通过溯层的方式来获得未来的优势，这些未来的优势体现在宏观的维度跃迁优势；中观的指数优势、倍数优势以及比较优势；微观生理层面上的层态平衡的效率保持和修因改果的新的层态平衡的获取。这是从人本视角看待未来设计与获取工具之间的关系，将技术无人化的未来设计思维排除在外，由人本主观来赋予未来的客观时空以意义，是从人本出发的物质第一性视角的未来设计思维与方法。

三、构建未来视角的设计思维与方法模型

未来视角的设计思维方法与当下常规的设计思维与方法最大的不同在于，当下的常规设计思维与方法某种程度上是一种"条件反射"式的设计思维与方法，提出问题，根据问题的反馈来解决问题，在某种程度上来说是一种被动的设计思维与方法。

而未来视角的设计思维与方法则是提出趋向未来资源的方向设定获取和转换的目标，进行获取和转换的作用过程，然后提出可能的未来设计求解。相对于常规的设计方法，这是一种主动的设计思维和方法。

认为范围内的优势科技与材料是将主观的设计思维客观具体化的重要手段和过程，从物质第一性提出，物质化的材料是设计思维的实现前提和基础。同时描述了未来设计思维的实质要素，以及文化经验在未来设计过程中的预置作用。

"获取设计效率剩余"是未来视角的设计思维与方法的重要观点，因为只有通过设计获取超越自然界的平均水平优势，才能够逐渐积累通向未来的优势和概率，跳脱出自然界的"大设计""大建构"之下的平均效率的自然未来选择，进而站在以人本视角为主体的主观未来视角上，对客观的未来进行主动地设计思维与获取。

未来视角的设计思维站在物质第一性的基础上，提出人本设计这个出发点，以人的未来目标作为设计的靶点，将人本系统视为整个宏观的客观系统的一个子系统，遵从热力学的定律，既论述了人本作为意识意志的能动主体，也论述了人本作为一个客观的系统子集作为设计思维出发点的一个分形单位，以及整个未来设计思维当中的锚点和参照物。未来设计思维与方法是获取与转换客观物质这个过程的主观思考与实践手段。

在此认识上将呈现出未来设计思维模型内外两种不同的模式：一是以人本分形边界为基准的不断提高对未来资源"获取效率"的思维与方法；二是以人本分形边界向内的生理系统的未来，是一个以自然生理机制为系统边界来约束的动态平衡的未来，设计思维在这个未来方向上的作用是"维持层态的效率平衡"，并且可以通过修"因"改"果"的方式获得更高效率层级的"生理系统与造物嵌合的新的层态的平衡"。

第一章　相关学科对未来思维的认知

在宏观的视野中，"未来"是一个有着巨大思维空间的命题，对于设计思维来说，"未来设计"是建构在各学科对未来的认识与理解基础之上、在设计领域中的概念。而对未来的解答则取决于思维主体本身知识存量的范围和边界，"每一个实用的，不管属于何种类型，本质上都包含了自身与宇宙的其他部分的联系，我们可以把这个联系称为实有的宇宙的联系，也就存在着相应的认识上的视域[①]范围"。各学科对"未来"的看法与理解，都是从主观"视域"对客观世界的边界范围的不同认识而来的。对未来的判断与认识，无论认为是静止的未来，还是运动的未来，未来本身都是思维和方法对时空无限的客观信息不断涌现的主观认识。而"不确定的未来走向"本身就是"未来"的一个重要特征，即未来不是确定性的，而是各种可能性的合集，这都提示了并非确切单一方向的未来指向。

设计学科的思维由各学科的发展与综合而来，是对客观认识之下获取工具与实现方法的主观思维方式，即客观与主观相互作用的过程。所以，未来在边界之外，尤其是主观思维认识边界之外具有多样性及可能性的场景，由于不同的影响因素偶然或者必然的客观存在，犹如物理实验中的"双缝实验"[②]，在通向未来的已知与未知的路径上，造成了未来多样化的可能性。

本书选择基于主观有限的认识从属于客观无限未来的认识作为研究的认识起点，试图建立一个趋向资源去获取转换为思维主体目的的"设计思维认识"，这个认识下的产品设计思维与方法能够与热力学定律相对应，也符合埃尔温·薛定谔（Erwin Schrödinger）[③]提出的"生命是一个系统"的科学观点。将人本生理系统放到客观的热力学系统当中去，以系统、分形的角度和方式来看设计的原本驱动力，由此整合本书的设计思维研究。

同样，各学科的发展对于设计思维也产生着全方位的联系。法国史学家兼批评家丹纳（H. A. Taine）在《艺术哲学》一书中也提到："……没有一个人不知道，实证科学的发现

[①] 怀特海. 思维方式[M]. 刘放桐，译. 北京：商务印书馆，2010：64.
[②] 双缝实验 词条由"科普中国"科学百科词条编写与应用工作项目 审核. [EB/OL]. [2019-09-15]. https://baike.baidu.com/item/%E5%8F%8C%E7%BC%9D%E5%AE%9E%E9%AA%8C/5648320?fr=aladdin 本书借用描述未来视角的设计思维的实现路径的多种可能性的存在，即设计视角的未来景象并不是单一的确切的未来，有着多样的可能性。
[③] 埃尔温·薛定谔（Erwin Schrödinger），奥地利物理学家。

在一天天增加；地质学、有机化学、历史学、动物学和物理学……实验的进步无穷；新发明的应用也无穷；在一切工作部门，在交通、运输、种植、手艺、工业各方面……每年都有意想不到的发展。"

  未来视角的设计思维也是如此，通过梳理各个学科对未来的大致看法，汇集整理出对未来设计思维有帮助的观点，形成系统理解，目的是给未来设计思维与方法研究提供理论基础和思考的着力点。

  从对未来的思考背景的整理当中可以看到，从知识界到思想界对未来的理解趋势都体现了主观求解与客观信息之间的差距、有限与无限之间的差距、求确定与宏观不确定之间的差距、单一规律与多规律之间的差距。虽然设计思维试图取得某种模式的未来解答，但是，面对主观认识边界之外不断扩展的客观未来边界，显然不会有一个单一明确的未来图景。在现有范围之内，当下的设计思维可能有一定的模式；而在远端的未来，设计思维应该是多样化的呈现。

第一节 自然科学领域对未来的认知

一、物理学相关认知

从宏观物理学的角度来说，未来和时空一直是重要的讨论内容，自牛顿和麦克斯韦的经典力学和经典电磁学以来，都试图找到一个统一的理论来解释物理世界。但是历经爱因斯坦的狭义和广义相对论以及现代的宇宙论之后，大家也意识到，在不同的时空背景下，绝对的同时性不存在，我们会在不同的时空下看到不同的未来。物理学对未来宇宙的讨论与研究基本有以下几个结论：

对于宏观物理视野上的未来，有几种不同的认识和学说，这些观点在科学界和哲学界都在持续的争论中。一是"热寂说"。根据热力学第二定律，宇宙的熵会随着时间的流逝而增加，由有序向无序。这样的宇宙未来中再也没有任何可以维持运动或者生命的能量存在。二是"冻结说"。膨胀宇宙的未来可能会继续膨胀，那么，宇宙将因为膨胀而继续冷却，这个学说的宇宙膨胀到未来会转换为大冻结的场景。三是"大挤压"说。根据宇宙膨胀理论，如果产生足够大的重力就会使宇宙停止膨胀以至收缩，并且可能恢复到宇宙诞生时期的炙热状态。四是"大反弹说"。认为宇宙的起源可能是上一次大挤压造成后果的重复呈现。五是"大撕裂说"。宇宙因为不断地膨胀而进一步撕裂，这个宇宙尺度会变得无限大。

再从微观的尺度上来说，从牛顿力学到量子理论到量子引力再到超弦或M理论[①]的发展，系统的空间位置与动量无法同时精确测量，粒子的位置与动量不可被同时确定。位置的不确定性越小，则动量的不确定性越大，反过来也一样。

这些物理学最前端的研究表明，物理学视野中的未来，很大概率是不确定的。对设计学科而言，这种"不确定性"为我们开展未来设计研究提供了一种互补的理解。热寂—冷冻、挤压—反弹，看似对立的事物，它们之间存在着互补的统一指向，为设计学关于传统—当代—未来之间关系的理解提供了可"预测性回溯"的思考路径：未来并不确定，但是可以预测，根据现在的走向，预测未来可能出现的状态，再回溯当下，甚至回溯历史，将设计思维推进到未来"系统"的建构之中。

---

① M理论，在物理研究中希望能借由单一理论来解释所有物质与能源的本质与交互关系。

二、生物学相关认知

英国生物学家达尔文提出进化论。认为生物界本来就存在着个体差异,在生存竞争的压力下,适者生存,不适者被淘汰;物种所保留的有利自身所具有的性状在世代传递过程中逐渐变异,形成新种。他进一步主张,生物界物种的进化及变异以天择的进化作为基本假设;并以性别选择和生禀特质的遗传思想来做辅助。1859年,达尔文的《物种起源》出版后,对当时的学术界和宗教界造成了较大的影响和冲击。

在进化论看来,未来是不断发展的未来,有各种可能性会出现,并且任何的可能都是优势的进一步汇集与合并而产生的。从物竞天择的角度可以看到一个不断获取资源以支撑进化的未来图景,也必然会有"宇宙的未来"[②]要往哪里走的思考。宇宙的能量是有限的,未来人类的进化过程中就要寻找新的能源,让这个宇宙的能源不要用尽,从而使人类赖以生存的地球永续存在。但残酷的问题是,随着科技的发展和广泛使用,地球的能源有可能用尽,用于获取竞争优势的各种武器也可能走向极端,提前让人类甚至地球的未来终结。然而设计是追求人类美好生活的学科,设计学科的未来指向不仅是为了人自己,只有人—物—环境的高度融洽,所有国家与民族的合作,才可能成功找到人类发展的未来方向,这也为设计学科的未来生态发展提供了研究的方向和路径。

同时,从相关的认识我们清晰地知道,人的生理系统从属于宏观的热力学系统,埃尔温·薛定谔在1943年于爱尔兰都柏林三一学院的多次演讲中就指出了熵增过程必然体现在生命体系之中。他在1944年出版的著作《生命是什么》中更是将其列为基本观点,即"生命是非平衡系统并以负熵为生"。人体是一个巨大的化学反应库,生命的代谢过程建立在生物化学反应的基础上。从某种角度来讲,生命的意义就在于具有抵抗自身熵增的能力,即具有熵减的能力。在此观点的认识上,"本我"必然是不断向生理边界范围外的资源和信息的所在去获取并转换。在这个获得转换效率的过程中,设计思维和方法起着重要的作用。扩展开来说,

---

② 怀特海.我们经验的宇宙.汉译世界学术名著丛书[M].刘放桐,译.北京:商务印书馆,98.

不单单是人体系统，各个分形层级基准上的系统都遵从这个规律。

网站 Wait But Why 创始人蒂姆·厄班（Tim Urban）在《脑机接口与大脑的神奇未来》（Neuralink and the Brain's Magical Future——）一文中也指出，我们的未来必然是在对生理系统的运行机制进行深刻的研究理解的基础上，通过与智能的结合，如脑机接口的产品的辅助，使得未来的样貌产生新的本质上的飞跃。

三、数学相关认知

分形理论（Fractal Theory）的概念是数学家本华·曼德博（Benoit B. Mandelbrot）首先提出的。分形理论的数学基础是分形几何学，并且由分形几何衍生出分形信息、分形设计、分形艺术等应用。

分形论认为的未来是递归的，人类在对客观的认识中，认识到在无尽的尺度空间中可以有递归的思维形态。它表征通常的几何变换下具有不变性，即标度无关性。由于自相似性是从不同尺度的对称出发，也就意味着递归。

分维，作为分形的定量表征和基本参数，也是分形理论的重要原则，又称分形维或分数维。一般将点定义为零维，直线为一维，平面为二维，空间为三维，直到爱因斯坦时代才形成对四维时空的认识。认为对问题的解决可以通过建立高维空间的方式来进行思考和认识。这种认识方式受到以人为主体的观察出发点与观察对象之间空间距离的影响。

从最宏观到最微观的认识分形上可以看到，整个客观的世界由层层分形的构建组成系统，这个构建也会产生不断的自相似的分形，而整体的系统则是在热力学的认识下层层相互关联的一部分。这个对未来文明的分形假说，对于未来发展的认识有着无限递归的可能。在《庄子·逍遥游》中也有类似"此大小之辩也"的描述。基于这样的认识，也就是说，未来是无限发展递归的，是无限分形扩张的形态。

第二节　社会科学领域对未来的认知

一、社会学相关认知

从社会学角度来看未来的社会图景,美国学者爱德华·O·威尔逊（Edward O. Wilson）在《社会生物学：新的综合》中以进化论的观点研究动物的社会行为，认为社会生物学本身就是一个进化事件的描述。今天，我们已经站在人类对客观世界进程中本质驱动过程的认识和理解的核心部分，认为人类社会的进程就是一个不断进化事件与历史现象的合集。其中包括社会进化的原动力、群体生物学的有关原理、类群选择和利他主义、社会行为的发展和进化等四个主要的构成部分。

社会学家贾雷德·戴蒙德（Jared Diamond）在《崩溃：社会如何选择成败兴亡》一书中认为，未来社会发展到环境能够承载的极限并趋于崩溃的根本原因是生态系统的崩溃。同时，社会进程的崩溃案例也涉及气候变化、外部环境、内部运动的因素。

美国学者加勒特·哈丁（Garrett Hardin）认为现实生活中的指数增长都是有限度的。在他的著作《生活在极限之内：生态学、经济学和人口禁忌》中，从经济学到核物理，从土地生产力到外星，从数千年以前的历史展望未来，认为未来是一个有限度的图景。无论人口增长、经济增长、还是银行的利息增长，都不可能永远持续增长。过度的增长本身就是认识上的泡沫。基于整体资源的有限，显而易见，一切指数增长最后都会终结。只要我们意识到这个世界的资源边界和范围的有限，就需要为未来进行计划和设计。如日本丰田公司计划在富士山基地建造一座原型"未来城市"的计划，认为"从头开始建设一个完整的城市，即使规模比较小，但是这将是发展未来技术的一个独特机会"。这也可以看作是在社会背景下进行的一个未来实验，在这座城市中，生活中的人、建筑、车辆都可以通过数据和传感器进行连接和通信，同时我们还可以测试连接虚拟和物理领域的人工智能技术，其中的未来技术包括城市基础设施的数字操作系统。

二、管理学相关认知

设计管理由英国设计师迈克尔·法瑞（Michael farry）于1966年首先提出，他认为"设计管理是在界定设计问题，寻找合适设计师，且尽可能地使设计师在既定的预算内及时解决设计问题"。设计管理作为一门新学科的出现，既是设计的需要，也是管理的需要。设计管理的基本出发点是提高产品开发设计的效率。由过去设计师的视角，提升到企业发展的视角来看产品设计。由宏观外部的经济环境来驱动企业内部的设计行为和方向。不同的企业管理层面对具体设计管理的目标认识不尽相同，在企业中，这个未来的目标服从于所在企业的发展战略之下。

在对未来产品的质量管理上，威廉·爱德华兹·戴明（William Edwards Deming）[①]认为，从项目的开始就应该将质量的标准导入产品中去，而不是依靠在产品下线后使用检验工具来维持产品质量。在实际的生产过程中，85%的产品质量问题是由于系统的设计问题，只有15%是人为原因导致的不良结果。戴明的管理方法提出了14点质量管理要求，可以看到这是一个目标导向的管理方法。

对于未来来说，需要设定一个明确的未来目标，同时也认识到质量管理中的均值回归现象以及周期规律，上层系统和下层系统都会对未来的产品设计与服务产生影响。在这个体系中有两个观点：一是质量的目标导向；二是尊重作为生产的主体工作者的尊严。这样从目标设定到起点驱动，即从两端来提高中间段的效率。

1940年前后，苏联发明家根里奇·阿奇舒勒（Genrich S. Altshuler）通过整理与分析巨量的专利文献之后提出了"TRIZ发明方法"，试图通过寻求现象和问题背后的一般普遍规律找到可以遵循的科学方法和法则，并且能迅速获得新发明创造的途径和路径或者能够快速解决技术难题。这种通过分析巨量专利得出总结并且分析创新规律的方法是可行的，因为对一定认识范围知识存量的理解越全面，越可能提出接近正确的选择方案。根里奇·阿奇舒勒认为，任何领域的产品改进，技术的变革、创新都和生物系统一样，产品的未来发展走向是有规律可循的，都存在产生、生长、成熟、衰老、灭亡的过程。如果掌握了这些规律，就能主动进行产品设计并能预测产品的未来趋势，某种程度上说，这是一种技术进化论以及技术达尔

[①] 威廉·爱德华兹·戴明（William Edwards Deming）是世界著名的质量管理专家，他对世界质量管理发展作出了卓越贡献。

主义，也就是说未来是可以预测的。

三、未来学相关认知

大约在 1600 年，未来学就已经萌芽。这也是文艺复兴到巴洛克的转折时期，就全球视野来说，威廉·吉尔伯特（William Gilbert）发表了地磁学；同时期的中国，即 1600 年左右，是万历年间的中兴时期；在日本，德川幕府开始了延续几百年的统治；此时也是东印度公司成立的年份，从这些景象，约略可以看到当时处于资源顶层的群体对全球地理范围的认识和视野上的概念的产生，也是全球视野的启蒙时期。全球作为一个整体的讨论语境逐渐出现。关于未来以及未来发展的概念，也开始有了讨论。

在 1600—1800 年这 200 年间，未来学的概念开始出现。1687 年，艾萨克·牛顿（Isaac Newton）的《自然哲学的数学原理》标志着当时科学研究的顶点，为后来的工业革命奠定了基础，这也是法国大革命思想启蒙的来源之一。他的著作第三卷的标题为"论宇宙的系统"，他在这一部分中提出了直到今天仍然具有指导意义的四条哲学中的推理规则，由此而发端的对时空的思考，直接体现在未来几百年对未来的想象。知识阶层开始考虑可以验证的、普遍性的未来，并且从未来的角度对标当下。如 1771 年，法国作家默舍尔（Louis-Sébastien Mercier）在其《2240 年》中畅想了几百年后的巴黎，描述了以科学为基础的医院，以及与当时社会中一切无用的职业和虚耗品都消失的社会，是一个对于消除了极端财富的社会乌托邦未来的畅想。1842 年，《牛津英语词典》收录了未来主义这个词，是"未来"这个名称的起源。当未来主义再次进入公众视野是在 20 世纪（1900—1930 年），艺术家们组成了未来主义艺术的运动。

相关的未来学作为一门对未来进行研究的学科，纽约新学院在 1966 年、得克萨斯州休斯敦大学在 1975 年、夏威夷大学在 1977 年，相继开设有未来学硕士课程[2]。

---

[2] 有关本书视角的未来学 400 年发展图景，见文后附录图 -2。

第三节　思维科学领域对未来的认知

一、哲学相关认知

对于未来的思考，无论是东方还是西方哲学，都是一个重要的命题。在东方哲学中，尤其是中国古代以《易经》、诸子百家为代表的学说，大多具有哲学的性质和内涵。比如"天人合一""金木水火土"（系统、相生相克），至今都是具有前瞻性、与未来社会发展相吻合的哲学。

《易经》和老庄学说认知到未来的范围无界，也认知到未来的情况不确定，大抵都认为，顺天应人，顺应客观大我的变化，以本体为中心，即时因应，如水般大者宜下，最终顺流到达理想国。这看似简单的顺流而下，联想到物理学上对于湍流现象研究的未有定论，不得不让人叹服古人对于简单复杂的辩证描述，从这个角度也充分说明了古代哲学思维的系统化、混沌化的时空价值与思维价值的深厚。唯有思维可以纵横古今、穿越时空。同时，所谓"反者道之动"[1]"否极泰来"、《易经》的"变易""不易""简易"，都是在相对的认识范围内的应对和循环往复。

而儒家的思维边界即有相对明确的界定，认识到天地万物上下同流，这个天地万物即是边界的范围，讲究的是在一个相对确定的系统内的和、同、流、变，这与系统论、控制论有一定的呼应。对于墨家来说，思维的范围仅在于天下，以上天为不变的前提，而一切事物都是从天而启动，君主的权力低于上天的权力。对于法家来说，思维的范围又下一层，主张建立君主专制的中央集权国家，这个思维的顶层与边界就止于君主，一切皆随之而动，这个系统结果的好坏完全取决于是否天生尧、舜而降明主。

从中国古代诸子百家哲学思维的简略范围可以大致看到各学说对于未来的态度，从法家的未来取决于明主到《易经》的未来取决于对客观环境不确定时的即时因应，大致反映了宏观、中观、微观视角对未来的看法，也就是前提条件边界或认识范围边界的界定对于未来的看法是不同的。

---

[1] 冯友兰.中国哲学简史[M].北京：北京大学出版社，2013：165.

再从西方哲学简略来说，柏拉图（Plato）时期认为宇宙由混沌变得秩序井然，其重要的特征就是造物主为世界制订了一个理性的方案。柏拉图一派的学说认为，未来是确定的，而且是确定被安排好的、设定完善的。人类的主观能动性就是按部就班地做好自己的角色即可。而对于这个方案的付诸实施就是一种自然而然的事情。这种思维否定了人类对于客观世界的主观能动性，这是一种历史必然主义和机械主义的未来观。

黑格尔（G. W. F. Hegel）认为，一个历史的进程，其中每一个连续的运动都是未来解决前一个运动中的矛盾或者问题而出现的。这种观点确定了人的主观能动性，也没有否认未来的不确定性。让今天告诉未来，就是今天所做的对过往问题的解决，将会对未来的进程产生影响，这样也就产生了很多著名的历史进程和事件，过去是确定的，未来或许是不可知的，但是未来会受到今天人们主观行动的影响，人开始有主观能动性，并且在一定程度上有了自己对未来的主宰。

哲学家卡尔·波普尔更多地倾向开放式的未来，对真理对科学持有一种可以证伪的批判性思维，联系到今天在物理研究上所证实的在微观层面上的时空不对称性，甚至认为，连过去的发生也不一定是确定的。人类对于客观世界、对于未来的认识，大多时候是基于自身主观认识到的知识范围和边界所得出的结论，我们过去认为的很多正确的必然的发生，在今天不断增长的知识容量的对照之下，也可以认为很多过去发生的"事实"不尽正确。如地心说、日心说之类的学说，在当时一定是公认的真理。但是，随着知识和新的认识的不断出现，这样不受质疑的观点同样会被推翻。而在未来，必然和今天我们所设想的未来完全不一样，因为，随着时空的不断膨胀，整体知识容量的不断增长，未来也一定会推翻一些我们今天认为正确的观点，所以从卡尔·波普尔的思想来说，未来是未知的，但是可以用一种开放式的不断可以证伪的方式达到未来。

英国学者约翰·D. 巴罗（John D. Barrow）在著作《无限之书：从宇宙边界到人类极限》中认为，"无限"对哲学家、数学家以及神学家来说，是一个具有启发和挑战的难题。无论是从其他各个方面还是从设计方面来说，无限都是非常难以彻底思考清楚的概念。思考"无限"的观念是如何形成的，到它将会在人类智慧的前端向何处发展，提示了我们存在于一个没有边界的设计思维空间中。

再从宗教哲学的角度来说，在《圣经》21：1中，"我又看见一个新天新地，因为先前的天地已经过去了，海也不再有了"，可以看到未来的情境不是今天的复制或者延续，是一个全新的未来，但是时空总的边界容量没有发生变化，也就是未来会重复今天的模式，但是日常环境会有全部的更新，未来是可知的，但是全新的内容，有一定的改良和希望的所在，类似于今天的一个不完全对称的镜像。

在伊斯兰教的《古兰经》中，"天地万物都是他的，一切都是服从他的"这个论述，即是由"他"的角色来创造并且训领万物，也就是未来是恒定的，并且亘古不变，未来就是今天，思维也是固定不变的，未来与今天一样，没有任何的变化。

而于佛教来说，因果相续，周而复始，前世今生轮回无尽，未来的"果"由今天的"因"来决定，一定程度认为主观能动性对于未来好的趋向所产生的作用，但是，未来不会有根本性的改变，是一个思维的闭环。对于未来的看法，基本上是有既定的边界和既定的结果，未来在某种程度上来说是限定的，只要遵循一定的规则和规范，即可达到预先设定好的一个循环式的未来。

系统哲学中的老三论是系统论、控制论、信息论，是20世纪30至40年代创立的三门系统科学理论的分支学科。

系统是由系统内相互作用、依赖的相关组成部分结合成的具有特定功能的有机整体，而系统本身又是从属的一个更大系统的组成部分。

控制论是研究生命体与机器系统及社会系统中一般规律的科学。1948年诺伯特·维纳（Norbert Wiener）发表了《控制论——关于在动物和机器中控制和通讯的科学》，主要内容是研究动态系统在不断变化的环境下如何保持平衡或稳定的状态。

信息论是基于数理统计用于度量信息以及利用概率论阐述通信理论的学科。克劳德·艾尔伍德·香农（Claude Elwood Shannon）在1948年发表了《通信的数学理论》，是信息论的研究开端，借用热力学中的熵的概念来描述信息世界的不确定性。指出系统是通过获取、传递、加工与处理信息去实现其有目的的运动，若要消除系统内的不确定性，就要引入信息。

新三论是耗散结构论、协同论、突变论。其中的耗散结构论是研究远离平衡态的开放系统，从无序到有序的演化规律的一种理论，以1977年I.普里戈京（I.Prigogine）等人所著的《非平衡系统中的自组织》为标志。耗散理论基于对进化的时间方向上不可逆的认识，借助于热力学和统计物理学用耗散结构理论研究一般复杂系统，提出非平衡是有序的起源，并以此作为基本出发点，在决定性和随机性两方面建立了相应的理论。

协同论认为，客观世界存在着各种各样的系统，包括社会的系统或自然界的系统，有生命或无生命的系统，宏观的或微观的系统，等等。这些看起来完全不同的系统，却在运行机制上具有深刻的相似性。

突变论是强调变化过程的间断或突然的过程转换对发展路径的影响。用形象、精确的数学模型来描述和预测事物连续性中断的质变过程。1972年发表的专著《结构稳定与形态发生》，系统地阐述了突变论。认为高度优化的设计很可能有许多不稳定的性质，因为结构上最完美的建构或者构成也同时伴随着对结构本身缺陷高度的敏感性，同时也接近系统转变的临界点，当问题出现时，就会产生更难以补救的破坏性的"突变"。

从以上对于系统哲学的描述可以看到，系统哲学认为物质世界的未来是一个有联系和关联的未来景象：无论是从宇宙基本构件到可以为之主观的"主体"观察，且有经验的有形自然实体；还是从有形自然实体到有机的生物世界，以及人，再从人到大尺度的宇宙认识，从世间万物乃至宇宙洪荒的存在都是相互联系的。万物的这种相互作用有组织、有条不紊地进行、具有同一的构型即为系统。在这个系统联系的每个层级上，本系统都是其下层组成部分的构成整体，同时又是上层系统的参与者。在系统层级体系内，每一个层级结构都是协调其下层组成部分，而在整体意义上作为由上层系统决定其配定位置的分界面。

所以，系统为基本构型的"存在"具有不可还原性，任何一个系统如果拆成其组分后都不可能具有作为整体上存在的系统的特性和功能，这就是整体大于部分之和。由客观系统构成的世界具有单一的时间方向，并且任何一个系统解体都将作为下一个客观存在的物质要素继续存在于相应的时空位置当中，而不会重新回到自身系统发展的开端当中去。这个方向性使得系统一旦成形，即趋向复杂化的能量的子系统构型，成为抵抗熵的构件。

二、创造学相关认知

创造学是在现有的客观环境和资源下,主动思考,主动作为,通过创新提高生产力和资源转化效率,从认识角度、技术角度提高未来竞争力的学科。公元前 300 年,古希腊的帕普斯(Pappus)就提出了"发现法"这一术语。现代创造学开端于 20 世纪 30 年代,一方面从时代背景看,充斥着战争以及大的国际变动;另一方面对于美国来说,经历着经济危机的困难时期和胡佛新政(New Deal)的推行,同时在世界的另一端也可以看到苏联的饥荒场景对社会的影响。这时的未来学试图解决从整体社会系统到经济活力的问题,促成了顶层设计主动面对世界的失序,通过对人类的创造性、创造活动和创新发明方法的研究,试图掌握人类发明创造的规律,主动提出对未来的理性思考,并以此有效地促进整个社会生产力的发展。

对照创造学的发展历程,20 世纪 50 年代左右对创新技术的研究以及新的设计思维的提出,引发了关于设计思维的思考,并且用于解决实际中的问题。1959 年,约翰·E. 阿诺德(John E. Arnold)发表《创新工程》,1963 年美国犹他州立大学举办"全美科学才能鉴别与开发研究会议"对美国的创造学研究和发展起到了有力的推动作用。1965 年 L. 布鲁斯·阿彻尔(L. Bruce Archer)发表了《设计师的系统方法》,这些方法主要应用在商业、教育和计算机科学中。

到了 20 世纪八九十年代,创造学与创新理论进一步融合,美国经济学家保罗提出"内生经济增长模型",指出经济增长的核心是技术创新和知识创新。1980 年上海交通大学许立言教授等人首先将国外关于创造学的内容翻译发表并且在国内传播。1983 年成立"中国创造学研究会筹委会",并于 1994 年正式成立,形成了创造哲学、创造工程、创造教育学三大学派。

三、艺术学相关认知

1900—1930 年,意大利和俄罗斯的艺术家们开始未来主义艺术运动,艺术家们感受到了时代的脉搏,在面对工业社会的种种效率工具,明确意识到一个新的时代的存在,他们放弃了传统艺术中的表达主体,转而描述激情澎湃的时代发展,自然而然地在作品中表达了关于机械速度、技术和能量爆发力的内容。

这些现象都是时代精神驱动下的艺术创作呈现，如同艺术批评家丹纳在《艺术哲学》中写道："每个形势产生一种精神状态，接着产生与精神状态相适应的艺术品"[②]，……客观的形势与精神状态的更新一定能引起艺术的更新。在你们踏上前途的时候，大可对你们的时代和你们自己抱有希望。

瑞典画家希尔马·阿夫克林特的绘画作品，以对地球以外空间的想象和对物理定律本身的描绘，赋予传统绘画的面貌，描绘的主题包括土星及卫星的太空场景，预示着某种概念上的未来。其作品在纽约古根海姆美术馆的展览中，标题为"画给未来"。

卡尔·波普尔的著作中提到关于音乐创作和未来希望之间的一个事例，即在法国大革命时期社会剧烈变革的年代，贝多芬虽然看到的是各种悲惨的景象，可他在这一时期的作品中，并没有去写现实社会的残酷，而是以浪漫主义的情怀为自由和理想去呐喊、去谱曲，通过艰苦走向欢乐，走向未来的希望。

从艺术的角度来看，并没有过多的"未来理论"，更多是在作品创作中体现对未来、对力量的感受和表达，以及对全新的未来生活的向往。例如为数众多的面向未来的电影作品，每当科技的脚步向前迈进的时候，对于大众的未来愿景都是一次巨大的推动，从描述旅行者1号的电影到NASA主导的电影《火星人》（The Martian），乃至更为人熟知的电影《阿凡达》，中国的电影《三体》以及上海科技馆、上海美术电影制片厂联合发布的4D科幻动画片《荧火》庆祝中国火星探测器成功着陆在火星的预定地点。在产品造型设计领域，为数众多的未来风格的概念汽车以极致的未来风格造型出现，但大多数并没有投入商业化的生产和消费中去，如设计师巴克敏斯特·富勒（Richard Buckminster Fuller）设计了一款可以搭载11名乘客的空气动力学概念车——戴梅森汽车（1933），外形类似一根可以飞翔的管子。通用汽车造型经理哈利·厄尔（Harley Earl）带领设计部门制造了别克 Y-Job（1938）汽车并在第二次世界大战后展出，以及通用汽车 Firebird 1 XP-21 和雪佛兰汽车品牌的"宇航Ⅲ"概念汽车，1931年的德国铁路"齐柏林"号等众多受到科技进步力量启发的具有未来设计风格

---

② 丹纳. 艺术哲学[M]. 傅雷, 译. 北京：人民文学出版社，1996, 66.

的产品逐一呈现。

从艺术的角度看未来产品设计与未来主题的科幻艺术作品有着很大的不同。从艺术角度出发的产品设计，更多的是对未来生活的期许，以文化附着科技的方式来描绘产品的某种未来寓意在当下的实现，是一种"现在的未来"设想；而未来主题的科幻艺术，则是将视野投向"未来的未来"的资源边界的开拓与生活场景的畅想，是一种未来愿景的体现。

德国"齐柏林"号高铁设计概念（1931）

雪佛兰"宇航Ⅲ"概念汽车设计（1969）

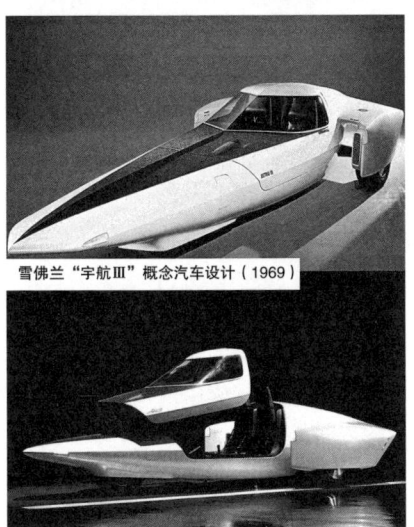

图1-1 德国铁路齐柏林号（1931）[3]、美国雪佛兰"宇航Ⅲ"概念汽车造型设计（1969）[4] 参考了当时的飞机外观与风格元素

---

[3] Vincze Miklós, The Zeppelin Train, The Aerotrain And Other Classic Streamlined Trains. [EB/OL]. (2014-04-08) [2019-08-17]. https://gizmodo.com/the-zeppelin-train-the-aerotrain-and-other-classic-str-1564713752.
[4] 这款实验性质的三轮汽车的外观造型类似科幻电影中的喷气式飞船，专为当时的州际高速公路旅行设计。SHORTLINE BUICK GMC CELEBRATING THE HISTORY OF GM INNOVATION. [EB/OL]. [2019-06-05]. https://www.shortlinebuickgmc.com/GM-Vehicles-And-Innovation-Shortline-Buick-GMC.

第一章　相关学科对未来思维的认知　　045

第二章 未来设计的相关概念

第一节 未来设计的概念界定

一、未来设计概念的提出

本书论述的未来设计的概念，更多是从设计思维如何作为工具定义未来的"生活"样貌来讨论。

人类在发展过程中一直是具有未来意识的。曾经各个古代文明都有类似的史前传说和神话，无论内容如何，时空上会描述模模糊糊创世的过去，以及在主观惯性上设想的未来，在描述过程中产生了一个明确的时空方向，即过去曾经发生过的直到今天正在发生的，由此产生了过去—现在—未来的认识。设想以观察者的角度站在过去上古神话时代来看，那么今天是上古时代的未来，而今天所谈论的未来则是未来的未来。

西方文艺复兴以来，继而是伽利略的日心说提出以后，尤其达尔文在全球探索时期对于历史物种进化的研究，使得宏观历史时间跨度上的发展样貌呈现在人们面前。研究者们从发现的生物化石推测几十亿年前生命存续的环境到几十亿年后今天的现状，可以看到宏观视野上过去未来发展的总体大趋势。物理学家们也对客观物质的最终未来提出冷酷判断，同时哲学家们对存在、时空、目的、意义的思考，都使得未来思维自然地产生。

主观未来的存续意愿使得人类一直在不断地对未知领域和未来发展方向的探索中前进，永远面对未来去探索、去求解。未来设计思维是未来进程中不断创新的主观意义实现工具[1]，所以未来意识产生了未来的设计概念。

未来设计思维在主观思考上有积极的意义，借用陀思妥耶夫斯基的观点，"伦理的关键，在于选择目标。如果不考虑我们要什么，可能无法得偿所愿；人类存在的价值不在于活着，而在于寻找为之而活的目标"。未来设计有明确的研究目标，如果没有生命形式在时空当中的鲜活存在，以及承载着思维及主观意识的主体和对优势信息的不断保存接续，未来设计思维的方向也就失去了最根本的目标。所以，未来设计思维概念的提出是基于主观伦理目标提出的以人的未来发展愿景和目标为设计思维概念的思考锚点。

---

[1] 拉尔夫·L.基尼.创新性思维：实现核心价值的决策模式[M].叶胜年，叶隽，译.北京：新华出版社，2003：64.

在社会发展进程中，人类总是希望在未来的生活中寻找自身的生存价值，希望在未来的生活空间中能够为自己提供一种美好的社会生活模式。践行者与设计者们也都在不断地探索。例如，19世纪，罗伯特·欧文（Robert Owen）提出了"新协和村构想"，艾比尼泽·霍华德（Ebenezer Howard）在《明日的花园》中提出了"花园城市"的示意图解。产生于意大利的"未来主义文艺运动"，发表了《未来主义宣言》，这一运动对人类关于未来的探索也起到了积极的作用。圣·艾利亚的"未来城市构想"；富勒提出的"海上城市设计方案"和控制小范围区域气候设计；美国建筑师尤纳·弗里德曼提出的不改变自然面貌的"空中城市"；苏联建筑设计师格·波·波利索夫斯基《未来的建筑》一书中描绘的"吊城"；苏联人克拉尔克在《未来的轮廓》中提出的"悬浮建筑"；卢基·柯拉尼的"未来交通工具"……还有科幻小说、电影、动画中对未来生存空间的描述。这种不断探索，一直延续到当今的社会生活中。现在的商业行为，也运用着未来设计的概念进行商业营销，比如车展中的未来概念车、未来的生活与休闲环境等。

思想者们则是从历史上物种的不断灭绝、失去未来的进程的现状而对社会生活的未来产生了忧虑。因为考古学和物理学呈现出的"过去未来"的趋向似乎预示着一个冷酷的结局，在已知的历史和考古发现上也可以看到，无数的物种曾经在地球的表面欣欣向荣，它们的生存和延续时间远远超过人类目前在地球上存在的时间。但是今天，作为曾经的历史进程主体的"它们"，都已成为博物馆里的化石。这明确表明了那些没有走到今天的物种，是因为各种原因的灭绝而失去了未来。同时，在对未来的认识上，除了以人本为主体的视角，或许还有其他主体的视角，或许我们并不是唯一被"看不见的那只手"拣选的未来世界的候选人。尽管我们认为未来是，也必须是人本的未来，但同时也不能否认其他"主体"未来进程的存在。从这个角度上来看，这是未来视角的设计思维呈现出的多样性与可能性优势。

换一个角度，脱开以人本为主体的思维视角，从局外的视角来看人类在地球上的活动，显然我们不是唯一的居民，即便从统计数字上来看，人类也并不是地球上数量最多的生物，已知的生物数量远远超过了人的数量。从未知的角度上来说，万物在"客观大我"面前平等，都可以对地表的生存空间进行拓展和占据，并不是单一的由人本来对地球生存环境的未来做主导。这时，我们共同进化到今天的其他物种自然产生了同理心，也是"人本"的未来目的而出现的主观设计与建构的一种方式。例如挪威斯瓦尔巴特群岛上末日种子库的设计，将全球超过 100 万份的各种植物种子样本保存在经过设计的地下仓库里。更进一步地设想在电气和电子工程师协会（IEEE）航空航天虚拟会议上[②]，有科学家设想未来将地球上的数百万种子通过智能工具的辅助保存在月球的熔岩管道中，试图通过某种人为的主观设计来避免全球物种迅速减少而造成物种灭绝。这样的设计案例也可以理解成应对实现未来多样性共存的诺亚方舟式的思考。

由此可以看到，未来的主观传递是本能，也是设计思维讨论的最终目标，这是基于时间流逝在主观上的认识。相较于与自然界物竞天择、被动接受自然界拣选的那种被动传递的未来有所不同，人类传递的目的是一个主观选择的过程。这个主观的未来并非自然生长的未来，是由主观来设定目的，确保思维主体程序为最终目标的设计思维及子系统超越其他子系统，在上一层系统时空范围内，最大可能地存续，继而跨越上一层系统边界，将思维主体系统跃迁到甚至可能更具有时空价值的系统中去。诚然，目前的思维、设计，以及设计思维更多地聚集在子目标，也就是设计思维在过程中的子目标，比如工具的设计、器具的设计、社会信息信号的传递等，而非聚焦在由人本设定的"最终目标"上（Steven Pinker: the better angels of our nurture）。当然，从物理学宏观的客观可能的未来终极角度来看，未来的宇宙终极呈现无非是物理的粒子概率排列，在终极的宏观面前，所有由人设定的主观目标都是子目标。

所以，未来设计思维的思考同样服务于人本传递这个目的，即由物质信息与人本信号互相缠绕的方式向着未来去传递主观目的。这个物质是可以支撑未来进程的资源与信息，这个意识是主观价值概念下的目的和意义的传续，包括未来文化与生活场景的建构。

---

② Jamie Carter, Science，Why We Need A "Moon Ark" To Store Frozen Seeds, Sperm And Eggs From 6.7 Million Earth Species. [EB/OL]. (2021-03-09) [2021-03-26]. https://www.forbes.com/sites/jamiecartereurope/2021/03/09/why-scientists-want-to-build-a-moon-ark-to-store-frozen-seed-sperm-and-eggs-from-67-million-earth-species/?sh=16853dc1787d.

二、未来设计概念的定义

未来的"目的"有两个组成部分：一是主观思维对客观物质的主动获取；二是思维主体的意识的传递。

未来设计是对未来长期目标所产生意义的回应，是根据当前的走向及对未来发展趋势认识的基础上，对将要到来的某个时间目标进行探索、预测和实验，从而创造性地提出新型造物的一系列构想。

未来设计概念的定义服务于未来宏观目的，是这个宏观目的的子目的的建构和实现。这个子目的的构建由设计思维指导下的工具产品设计为结构形式，是上一层级目标的分解，并且通过对未来设计规则的设立使得未来设计的产物的"物的作用目标"与"人的未来目标"保持一致，避免了效率和优势驱动下产生的工具、产品、智能带来的伦理思辨和奇点之后的技术主导性担忧。在理解宏观的客观物理世界的未来之后，可以看到，未来设计的一个重要的定义是建构资源与目的之间最高效的"实现路径"，是一种唯效率的未来实现方式。

首先，在效率的基础上，以人的目的为目的，设计建构的产品是使之成为人的使用工具，而不是将人逐渐地变成产品的附庸工具，我们的生理系统不是一个效率至上的系统，在今天的生活场景中，我们已然依赖随身的智能电子设备，将生活和工作的重要节点和效率部分交由产品来处理。在信息网络中，人俨然成为设备和智能产品的信息节点，生活资源、经济活动、医疗卫生都依赖这个"大而不能移"的设计和规划之下的产品系统，离开这个系统，社会生活似乎处处难行。

其次，以工具产品和智能效率工具作为"人"这个非效率系统的功能延伸，始终保持人的行为和思考主体的主导的地位，来完成未来各个目标和各个目标分形层级的子目标任务。通过设计思维创造未来以人为主导的未来生活方式，即具有人文温度和智能效率的未来。

三、未来设计思维的特征

爱因斯坦在其《人类生存的目标》一文中[③]写道:"我们犹太祖先,即先知者,和中国古代贤哲们了解到并表明:铸就我们人类存在的最重要的因素是一个目标的产生与确立。"这个基于"实现主观非效率的未来目标"与基于"实现最大化效率的未来工具目的"的未来设计思维有几个明显的特征,即前瞻性、探索性、预测性。

(一)基于未来"目的"的前瞻性特征

对于创新来说有两种视角:一种视角在边界内的创新,在既有资源信息的限制和约束下的最大化的效率提升;第二种视觉是对现有的系统或者子系统的产品边界进行颠覆,部分或者完全地重新构建系统,重新构建的系统由更上一层的资源牵引,或者趋向更上一层的宏观目的去获取未来优势,将不符合目标要求的现有系统通过废除或者重构的方式废弃,重新适配未来的信息与资源分布状况。

在产品设计思维上,只有将关于未来变化的客观信息与逻辑清楚地结合在一起的时候,才能相对准确地把握未来。在获取未来资源的前瞻过程中,从各学科的观点可以看到,未来沿着时空轴的方向不断向前,创新设计思维是一个在不断向前的过程中获取资源和效率的工具,无论是最原初的一块石头被偶然捡起作为工具,成为实现主观目的的物理工具,偶然地参与人类的未来进程中;还是发展到今天"嫦娥"号月球车在月球表面带回的土壤作为未来可能的资源来研究,其中的产品设计本质上都是未来进程中获取与转换资源的工具。在向着未来的创新过程中,工具的效率在各种因素的推动下不断最大化,同时受到人本主观目的的牵制,形成一个由非效率的生理系统指引效率驱动的工具系统。这个景象并不符合宏观未来发展过程中所观察到的效率最大化的一般现象,我们认识到的工具呈现的现象与观察到的现实并不一致。正是这样的主客观之间的不一致,才使得产品设计作为工具在其间发挥作用。同样,主动寻找

[③] 阿尔伯特·爱因斯坦. 爱因斯坦晚年文集[M]. 方在庆,韩文博,何维国,译. 海口:海南出版社,2014:244.

可能的未来类地星球上的栖息地的行为，并不是一个进化进程中形成的本能的行为，而在于人本主观意志对未来、对传递的前瞻性驱动下的行为，是在整个生态环境的总的资源存量可以预计以及最终结果可以预见面前，我们通过设计思维进行更睿智的思考，通过工具产品去实现未来的主观目的的行为。

在未来社会生活场景的建构中，效率趋向使得获取资源与信息的网络形成，未来也必然在效率的主导下不断地将旧有的资源和信息处理节点通过新的效率工具的设计与建构，去淘汰乃至废弃。同时，新的资源中心和节点将在上一层的优势维度上建立起来。这样就形成了一个效率导向、不断动态迭代的"中心化"与"去中心化"的发展场景：当下的工具产品所形成的处理资源与信息中心被不断地废弃，新的中心不断地形成。人居的空间也产生更多的可能性，不断地向着之前并不宜居的空间去发展，这也可以看作是一个效率驱动下的未来社会产生的场景。同时万物互联在技术和智能的不断发展下逐渐成为现实，计算的效率和生产的效率趋势之下，国家层面也在进行工业产业的布局以应对未来，如德国西门子的物联网战略以及德国政府的工业 4.0 计划、中国制造的 2025 计划等，这些都会影响到作为物联网节点的产品系统导向性、前瞻性的产品设计转变。

其中包括但不限于：

工业物联网（IOT）[4]

智慧城市[5]

智能医疗[6]

脑机接口[7]

---

[4] 解释：工业物联网（IOT）是将具有感知、监控能力的各类采集、控制传感器或控制器，以及移动通信、智能分析等技术不断融入工业生产过程各个环节，最终实现将传统工业提升到智能化的新阶段。
[5] 解释：智慧城市（英语：Smart City）起源于传媒领域，智慧城市是把新一代信息技术充分运用在城市中各行各业基于知识社会下一代创新（创新 2.0）的城市信息化高级形态。
[6] 解释：智能医疗是通过打造健康档案区域医疗信息平台，利用最先进的物联网技术，实现患者与医务人员、医疗机构、医疗设备之间的互动，逐步达到信息化。未来将融入更多人工智慧、传感技术等高科技，使医疗服务走向真正意义的智能化。
[7] 解释：脑机接口（Brain Computer Interface，BC），指在人或动物大脑与外部设备之间创建的直接连接，实现脑与设备的信息交换。

个性化制造[8]

自动驾驶[9]

未来的食物[10]

（二）探索性特征

未来进程中的可能性导致设计思维的探索性，是可以容错、具有宽容度的思维，对于具有发展可能性的未来设计路径都加以研究，进行探索。包含以下几个方面的内容：

一是对未来可能的资源边界进行的探索性设计；二是受惠于对未知世界的认知研究下的设计探索；三是对未来新的社会生活形态的设计探索。

探索是对现有信息资源边界的不断拓展试探的反应和验证。在历史发展过程中，有着对边界之外资源的索取诉求的渴望，但是过往的经验也告诉我们，边界外的信息与资源的规则与现有边界内的信息资源的规则不尽相同，难以使用现有的规则和方法去面对新的情境，那么作为获取信息与处理资源的工具的产品，也具有探索性的特征。未来设计思维的探索性由此而来。认知边界、资源边界不断融合变化，新的范围不断形成，各种在现有边界外进行的资源与信息获取工具产品不断出现，应运而生的如各种场景中的探测工具、各种深海下潜的探测与获取资源的产品或者设备设计，以及在各种由工具与产品进行的不适合人去工作的场景，都使得人造物、工具、产品成为探索未来的工具。

不单单是作为获取未来物质的工具，设计思维探索的未来视角对社会生活形态的探索也是未来思维的特征。在未来获取资源的工具设计的探索上，例如 SpaceX 项目计划建立火星生活基地的设想，意图建立在火星上可以维持上万人规模的人类社区，相关的试验和实验

---

[8] 解释：个性化制造是快速成型技术的一种，又称增材制造，3D 打印（3DP），它是一种以数字模型文件为基础，运用粉末状金属或塑料等可黏合材料，通过逐层打印的方式来构造物体的技术。

[9] 解释：自动驾驶系统采用先进的通信、计算机、网络和控制技术，实现车地间的双向数据通信，传输速率快，信息量大，使得运行管理更加灵活，控制更为有效，更加适应自动驾驶的需求。

[10] 解释：未来食物的创新设计，从农业化到工业化乃至生物智能化的发展，开辟新的食物来源的可能性和必要性，探讨获取食物的远景方法和工具的产生。

也正在进行。以此为基础的在异质空间中提供食物的设计概念，如室内种植器的设计，探索人工环境下的照明和模拟自然界的生长机制、建立新的驯化植物的方式，由此太空种植也成为未来的可能性。在未来社会形态的构成探索上，康奈尔大学天文学家科尔·萨根（Carl Sagan）认为，应该建造一个可以旅行数万代的社区，虽然在今天还不能实现，但是或许在未来的某一个时间点，新的物理定律的出现或者对现象有新的本质上的认识，使得这样的星际旅行成为可能。

这些探索性计划在本质上就如同今天的环球航行，也形同数万年前的原始人梦想挥动翅膀在天空翱翔，希望能够自由地到达想去的地方那样的情景。未来的形态和社会的未来生活样貌的组成也会在不断地变化和发展之中。所以，未来的社会显然也不是法兰西斯·福山认为的社会的现状稳固和历史的终结。

（三）预测性特征

没有预测就没有行动[11]，即便是动物对于日常路线中的下一步行动路径的判断也是预测而来，并非完全的随意与概率地去躲避天敌，这是一种相对信息、规律掌握下的预测性，所以在一定的范围内，未来是可以预测的。这样的未来预测需要有大量的信息作为前置储备，所以获取信息是未来进程中的重要能力。

主观对未来发展的确信，相信未来必然会以某种与过去不同的形式出现，以确保行为主体可以用一定的方式有效应对，并且在过程中获取效率剩余。数学家认为，未来目标的产生是基于客观认知下的主观意志，在运用恰当的数据上，自然法则可以预测未来。但在拉普拉斯看来，未来有简单系统和复杂系统，体现在概率上并不确定，也就是说未来可以有预测概率的方案，而非准确性的答案。

举例来说，可以通过历史性队列的研究方法对于客观事物发展的预测进行工具的设计，如阿拉斯加的因纽特博物馆藏有一批猎人使用的围猎工具与围猎策略示意图，可以看到，猎

---

[11] 大卫·克里斯蒂安.时间地图：大历史，130亿年前至今[M].晏可佳，段炼，房云芳，等，译.北京：中信出版社，2017，471.

人团队会根据某些特定猎物的行为规律设计可以围猎的工具系统。再如某些观测工具的设计，哈雷彗星每76年的规律性回归，使得人们可以准备并且制造合适的观测工具或产品，并提前调试到最佳使用状态，以待规律的出现等。再如伏尼契手稿的破解过程[12]，其被证伪也是基于对过往历史编码的分析和推测，以及学者们认为其中的规律缺失。这些案例都是建立在规律的观察与理解的基础上的预测性设计，所以能够被未来解读的必然是规则性的事物。

对未来社会生活样貌的预想，是未来设计思维的意义所在。19世纪的科学家相信现实世界是决定论的，在某种程度上是可以预测或者是预言的，但是不能够进一步地预测真实的未来。今天看来，在某种意义上，我们可以设想某些特定场景下的可能性，虽然无法预言未来，但是我们可以从相互的关系来看未来的目的和趋向。由于主观的未来的目的性，使得设计思维在一定程度上可以设想未来，产生预测未来行为，这也是有机体在进化过程中产生的本能。一般来说，在宏观的尺度上，预测是相对容易的，因为宏观的未来在热力学理论范围内是基本确定的，不确定的范围比较小，但是对于在千年到万年尺度的未来预测，在今天看来，难以实现，因为不确定的因素很多。然而对于常规的时间尺度内的未来走向的预测上，比如100年的时间跨度之内的未来设计，我们基本上可以做到相对准确的预测[13]。从资料上看，1900年12月31日的英国《每日邮报》对今天的城市和交通工具的预测，在某种形式上是与当今的现实相吻合的（图2-1），这样的吻合也是基于当时的技术现状在工具产品上的实现，比如在1914年即在预测13年后就实现了空中商业航班旅行，在10年后就实现了南极的抵达，然而无线电话机、海峡通道以及海峡火车、电动汽车的实现直到70~100年后，其中涉及城市规模的中心化[14]和海底旅行需要解决的生理系统的问题，则到今天，也就是当时的百年后仍然没有实现。

从这个案例的分析可以看到，基于今天的现有状况，对于未来的短期预测是可行的。对

---

[12] 戈登·鲁格，约瑟夫·戴格尼斯.思考的盲点[M].张濯清，译.北京：人民邮电出版社，2018，95.
[13] 大卫·克里斯蒂安.时间地图：大历史，130亿年前至今[M].晏可佳，段炼，房芸芳，等，译.北京：中信出版社，2017，540.
[14] 关于在1900年预测到2000年的英国卡迪夫的城市规模超过英国伦敦这一则在今天并没有实现，原因见本书第四章第二节的获取未来信息的去中心化优势的部分内容，信息化使得城市的聚集更容易；关于海底旅行的预测在百年后的今天没有实现的原因，本书认为是生理系统对自身的限制，见本书第三章第三节生理系统的阈值限制的部分内容。

1900年12月31日，英国《每日邮报》刊出了对百年后（2000年）的预测，在今天再看事物的发展过程，当时大部分的预测都是正确的。

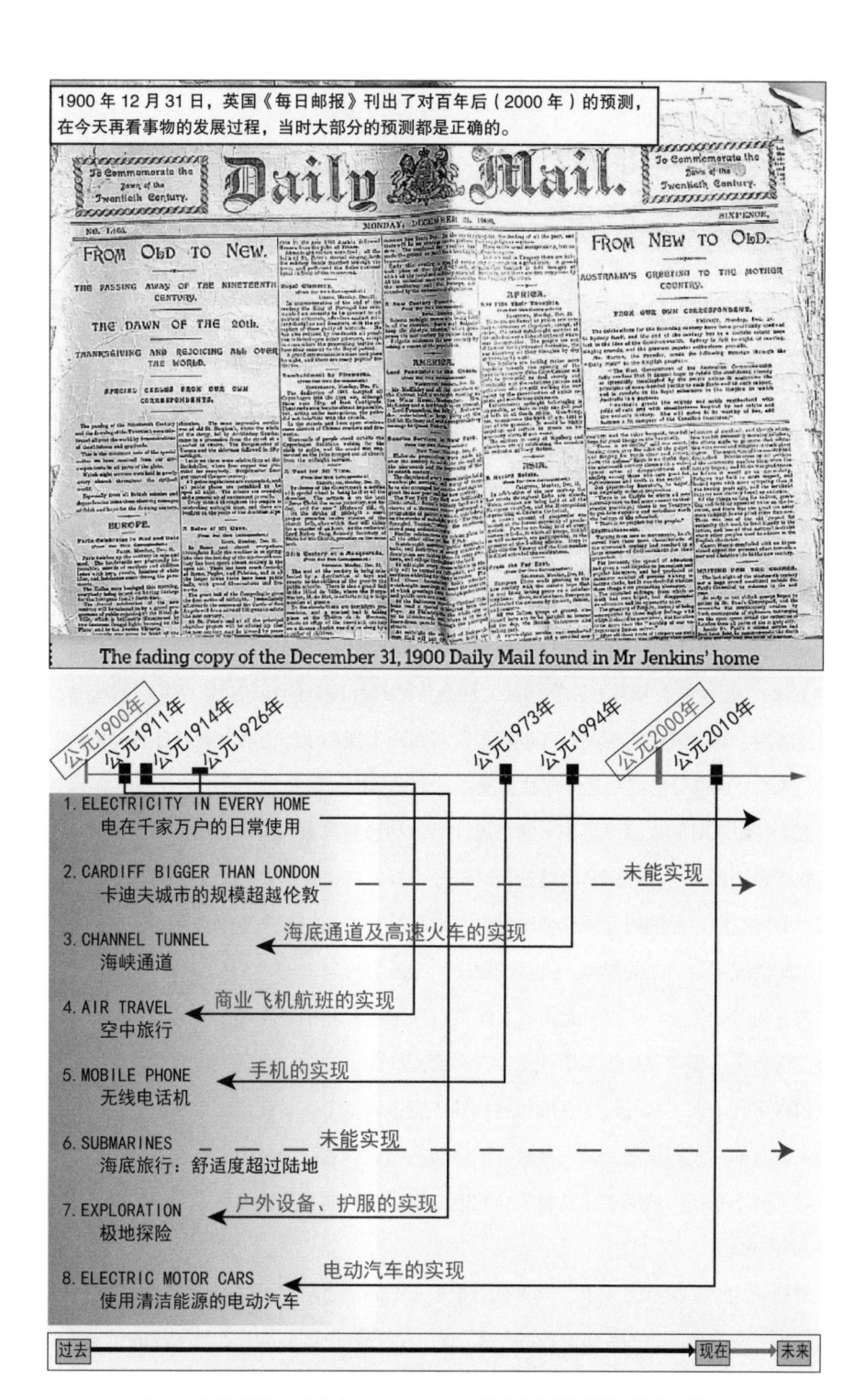

图 2-1　跨度为百年左右的（1900–2000年）对未来产品预测的历史性队列分析，可以看到在工具及产品实现上是基本可行的（自绘）

第二章　未来设计的相关概念　　055

于未来的预测，以及通过工具产品的设计的实现，也对应着本文提出的"由果及因"的未来视角的产品设计方法的观点，提出在未来某个时间点的设想，对标当下，在可能的技术前提下，实现未来的目标。

在产品设计中，依据今天提出的技术指标和走向，从几十年来基本稳定的客观发展趋势进行判断，我们基本能在今天预测十年后的生活场景中信息产品的样貌，进而提出设计。以未来生活场景中的物联网产品为例，其中关于光纤的速度指标的预测，我们知道从1966年高琨博士开拓了光纤通信的理论基础开始，到20世纪70年代，美国康宁公司研发世界上第一根光纤，到现在工程院院士邬贺铨预测的十年后无源光网络（PON）性能将从10G提高到十年后的100G。而这样预测也可以为相关的社会生活产品设计的预想提供依据，那么基于此的工业互联网、智慧城市的相关设计也就可以有新的实现形式与方式，并且在效率的驱动下，必然会淘汰一大部分已经覆盖全球并且进入日常生活中的现有的光纤通信产品系统。

而从千百年的未来时间尺度来看未来的可能性，预测趋向资源的未来必然会因为每一个边界范围内的资源消耗殆尽，进而转向寻找新的资源目标，有如到达复活节岛屿的最早的一批岛民一样，不再返回原处的居住地或者出发地，以经验与决绝的心态走向全新的未来。在可能并且概率的情况下遇到新的资源，进而涌现出新的社会形态，抑或没有结果，那么，某些群体的未来进程就此终结。所以未来设计思维具有探索性并非确定性地描述某种未来的样貌，而是通过在历史进程中呈现的某个过程中的经验发展而来的认知主观主动地对未来进行一定的预测和修正。未来视角的设计思维预测和修正更多地基于人本社会的主观目的，与宏观观察下的未来有不尽相同之处，是一种普罗米修斯式的设计思维，是为了未来社会生活产生的人文活动，而不是任由效率主导发展的纯智能未来。这样的未来设计思维的探索性，即产生了自身应有的价值。

回到未来视角的产品设计上来说，预测是一把未来的钥匙，从发展的规律中寻找主要趋势，同时梳理相关参与者产生的变量之间的关系，对可能出现的影响因素作为考虑的重要环节，是未来设计思维得以产生预测性的依据，那么在新时代背景下，资源的获取工具产品的建构则是以客观规律与人本目的的关系来预测未来。

第二节　未来设计思维的路径

一、终点思维——以终为始

未来设计思维是实现未来"目的"的决策模式。未来总体存续目标的实现过程使得设计产生现实生活中的意义，工具产品是这个过程中的效率优势获取手段。

从终点的结果看设计的事物发展的过程，这个过程显而易见类似人类一直以来比较擅长的加减法，这是长期进化生活过程中对客观事物的已经发生的积累记录，如结绳记事的产生与记录、逐渐增加的数字记忆储存的关系，在时间的轴线方向上，将已经发生的事物进行效率表达和信息的循序记录。在回溯历史的视角中，事物的发展是因果关系，前者为后者的结果，是一种由因至果的发展过程。

未来，即"终"的那个结果与当下的关系是一种以终为始的未来思维，而在设计思维上，这个未来的工具或者产品的产生是作为未来目标与当下现在的关系产物。类似于数学中的除法[1]，相对于乘法则要难得多，一般要借助口诀等工具来计算，我们所研究的未来设计思维的路径，或许是这样的工具，是一种由果至因的、以终为始的主动思维过程。

由于技术的快速发展，带来了现代化的生活，也导致了前所未有的危机。因为技术和效率的提升导致了社会生活中对人力需求的减少，例如在发达工业化国家，可能有 710 万的工作岗位的削减，虽然在服务业兴起之后，会创造 200 多万的岗位[2]，但是，其中的智力岗位的削减尤其严重。因为技术和智能会替代很大一部分的现有工作，尤其是现在无人工厂的兴起，生产型机器人大量的使用，无人服务业的发展，智能服务机器人也大量地投入生活场景中去，大多数现有社会服务体系中的岗位将被智能化的数据运算和机器替代。如果是这个趋势，那么很多现有的人类社会的行为和社会活动将失去当下的"意义"。

所以，从未来的视角不断思考未来目的实现过程中产生的意义以及产品的建构原则，这个"意义"基于某些主观的思想，也就掺杂着最原初的伦理标准。在有人类文明记录以来，

---

[1] ［英］戈登·鲁格. 思考的盲点 [M]. 北京：人民邮电出版社，2018，41.
[2] 阮一峰. 未来世界的幸存者 [M]. 北京：人民邮电出版社，2018，6.

意义就不是一件单一标准的事情。比如亚里士多德强调美德、康德强调责任、老庄强调"无为"、儒家强调"有为"。整体上来说，各家学说都试图创建一个"一体并且更好的世界模型"。虽然这样的价值观在全体人类的层面远远没有达到共识，但是对于尊重生命的存在，促进未来存续和发展这样的概念上有着广泛的认同。

以技术带来未来，可以看到由智能机器、工具产品的无人化未来；以文化预置未来，就可以看到现有的城市建设者们用形态与色彩构建未来希望的案例。在完全效率导向的技术未来的反思中，有人认为，人类生活在一个异化的世界边缘，我们应该抛弃现代性，否则地球生命难以逃脱毁灭的命运③，尼克·波斯特洛姆在《超级智能》中提出"正交性论"(Orthogonally Thesis)，认为正交性论点是赋权的，未来的终极目标并不是事先注定的，而是由人主观去赋予未来以意义。所以，没有人作为未来主体的存续，目标也就没有意义。

这样以终为始的设计思维，就需要对未来的产品与工具设立规则，即对设计设立规则，并且使得工具产品的规则置于人本的未来规则之下，自始至终都是为人的未来预期服务，不断地由"目标"来修正，形成未来设计思维的导航路径。

二、布局思维——寻觅因果

对于未来的布局思维，体现在为未来的设计思维设定规则。古籍中有所谓的"形者言其大体得失之数也"④的论述，同样的布局思维在《易经》《孙子兵法》等都有体现，是取得未来优势的思维。

对于布局思维产生的根源，有研究认为，由长期缓慢进化而来的大脑皮质层的构造和机理在获取处理信息的过程，是趋向宏观快速地分析处理重要的整体节点，在处理机制上避免细枝末节上的能量消耗，这或许是布局思维现象的产生因素之一，同时也是社群活动产生的基础，在这个过程中，系统性的产品由此涌现，都是布局思维下的产物⑤。

---

③ 李祖扬.创新原理与方略[M].天津：天津人民出版社 2007, 7.
④《资治通鉴.汉高帝三年》.
⑤ [英]罗宾·邓巴.大局观从何而来[M].成都：四川人民出版社, 2019, p XIII.

在设计思维进行的过程中，从未来可能发生的最终结果，反身来看当下的选择，就会是一种由果到因的未来设计思维与指导方法。在数学上也有这种思维方法：从过去的历史发展看到未来，总结规律，以及在进化角度上看到的优化方式作为启发。有如农夫的寓言："如果知道在什么地方死去，那就永远不要到那儿去。"知道结果，那么在初始布局的思考上应该更审慎，这个布局是从宏观上对新的资源获取下的环境资源和生活进行整体的布局思考与设计。

追求未来生活的幸福感是人类社会生活有别于动物的本能行为。心理学家平克（Stiven Pink）认为，人类对艺术对快乐的追求，源自原初对脂肪和糖的需求映射，是对精神蛋糕的追求。而心理学家弗洛伊德（Sigmund Freud）认为，人类的物质需求是由动物本能驱动的，这是历史进化的观点，终点在于 DNA 的传递。而道金斯（Clinton Richard Dawkins）认为，为历史发展而来的生物基因复制利益服务与为我们现在和未来的以幸福为目标的利益服务是不同的。乔治斯库·罗根（George Roegen）认为，今天所有的经济活动都是为了增加人生的幸福感，他在《熵定律与经济过程》中指出，经济过程实质上是高熵向低熵的转化过程，由此构成了有价值的经济活动。用"熵"来赋能与干预，而设计思维与方法则是干预的手段，所创造的产品或者服务的价值都是符合人类目的的人工制品或者服务。也有物理学家认为，秩序和信息的本质是一样的，可以将知识的创造性置于经济的内在核心，这样的未来设计思维将建立在创造性的核心中一样。

显然这些观点中涉及几个完全不同的未来描述：一是生物未来的传递；二是人本"本我"主体的主观感受。但是这两个不同的未来却共用了同一个生理的载体，即基于更宏观物质系统的人本系统本身存续的目的。不断快乐的阈值的提升需求，不断幸福的阈值的提升需求，也是从熵的角度重新建立秩序。

那么对于未来的布局思维，即是对未来生活中产生意义的布局——生活场景中的幸福感，是未来产品设计服务的目标。在过往对未来设计的案例中也可以明显地看到这一点，如百年前对今天的生活畅想，以及今天我们仍然可以开启对百年后的生活的畅想。如果认为未来生活的构建是指向未来"幸福"的意义，若幸福作为未来生活的"果"，那么设计思维就可以再重新谋篇布局，对未来的样貌以及过程进行重新设计，使得未来视角的工具产品以及产品系统成为从属于创造未来幸福感的工具之一。

三、复合思维——未来机会

不同的思维方式和倾向导致了不同的未来预期——技术思维下的智能未来场景，人文视角下的人类在宏观事物发展进程中的主体视角，以及更有意义的主观意识的未来。所以未来也必然是不同的思维，不同的资源、信息，以及不同的工具符合思维的未来，体现在：资源边界的融合带来的不同资源组合下的未来可能性；工具与方法的融合带来的不同建构方式融合下的未来呈现；思维和认识的融合带来的对于目标价值的未来美美与共的认可。

研究表明，在创新和创造活动中，认知多样性是一个关键的解释变量，随着认识的发展，当下的阶段需要解决的设计议题已经远远超过了个人思维能力所能够处理的程度，同时研究的项目也越来越庞大，爱因斯坦式的全才与天才越来越少。从诺贝尔奖的统计数据就可以看出，单人获奖的比例在下降，而多人合作的获奖者比例在上升。同样地，不同视角和认识下的思维在不断地交叉融合，设计思维也在与其他学科的思维不断地交叉融合。让思维工具在不同的领域之间自由流动，将不同的工具结合起来，就可以实现更大的突破。从问题出发，会带来更多的问题；而从未来视角的思维出发，会带来更多的思维与思路。

最为重要的一点，对于技术发展来说，工具和技术可以组合起来成为新的工具，而技术的一个重要特点就是组合现象，从而达到自然界中通过进化而来的工具的效果。对于交叉融合，从弦理论来说，一件事物可以有五个不同的视角来描述，这从另外一个方面说明了一个对象多样性与未来发展的可能性的融合。客观环境对多样性来源的承载同样也预示了未来发展的可能性。设计思维的这种交叉也是认识与发现规律以及改造与驯化客观存在的事物为人本身所用，进一步来说，从宏观的生存环境的拓展与融合到中观的科技思维与方法融合，再到微观的社会文化与个人差异与多样性的融合来描述，未来是一个多样性的可能的未来，而单一表征的未来是不具备存续概率的。

如果只是从效率的单一角度看未来，人类社会快速发展的最近几百年间，在效率驱动下向着未来方向快速发展的过程也是创造的过程，尤其是工具、产品在其间产生重要作用。或许今天的科技与设计工具的进步和效率的快速提升，反而造成了我们对整个未来前景的担忧。据以色列雷霍沃特的魏茨曼科学研究所（Weizmann Institute of Science）统计，从 1900 年到今天所有人造物的总重量与全球所有生物的重量比较，当发展到 2013 年时，人造物的总重量已经超过生物的总重量，预计到 2040 年，整个人造物的总重量将会达到生物总量的两倍，增加到 3 万亿吨[⑥]。因为毕竟我们所在的资源系统是一个有限系统，如果我们尝试转换一个或者多个思维视角，也必然产生新的应对未来的方法，以及设想与拓展和扩张资源边界的不同方向的未来思维方向。在边界内通过设计思维与现有的环境共生组成一个整体，共同迈向未来。虽然从宏观物理的视角来看数百亿年后的未来黯淡，但是在与地球融为一个整体的可见的未来面前，这仍然是一个上佳之选。以全球为思维基准的、气候变化影响下的产品设计，以提高人口密度急剧扩张之下的人居生活环境设计，以及人口在外部环境压力下的减少和不同的社会年龄阶层的针对性的产品系统设计等，应通过复合思考，主动获取未来的可能性的机会，而不是限定在单一思维之下的单一解决方案。

[⑥] Eben Diskin，Human-made materials now officially outweigh all natural life on Earth，[EB/OL]. (2020-10-10) [2021-02-16]. https://matadornetwork.com/read/man-made-materials-outweigh-natural-life-earth/.

第三节　未来设计思维的价值

一、从 0 到 1 的创新思维

从 0-1 的设计思维突破，可以是对客观资源的利用，也可以是对认知思维和应用的突破，是主观跨越客观的过程，跨越现有的资源与信息的处理模式，过去的 0 是历史发展的结果，是平均效率，由果及因，现在的 1，是设计思维下的果。

以交通工具的设计为例，在趋向资源的从 0-1 的创新思维过程中，从第一辆马车借助动物的力量前进到第一辆使用化石燃料的诸如煤、油、气等可燃物质的车辆，一直到今天可以飞行的汽车的生产方法，每一次突破都是源于创新思维的推动。例如在北美消费电子展上，通用汽车发布了凯迪拉克纯电动"飞行汽车"，能够实现垂直起降，驾驶舱门往前移动后，即"变身"为一台标准的四轮汽车，而收缩闭合之后，将会成为一台"飞行器"。这样的突破将长久以来受到技术和材料限制的设计概念最终得以实现，也是"过去的未来在今天的验证"。这样的产品设计案例不胜枚举，如 20 多年前就有的能够卷曲屏幕的电子终端概念产品，今天也在材料和技术的支持下得以实现。

从资源利用角度来看未来的产品设计，如飞行汽车、飞碟形式的交通和工具、氢气、原子能驱动的交通工具设计等都可以成为未来 0-1 的突破，甚至可能的量子汽车在未来实现所谓的瞬间移动，那么一念间能够到达目的地的未来产品的实现，也或将成为可能。随着这样的跨越而来的是一个新的产品系统和生活样貌的展开，逐渐与原有的旧的继承系统越来越远，形成新的系统的迭代和进化，也逐渐形成了未来视角的社会生活的新形态。

再如未来的工具产品作为生理系统的延伸。人类一直在探索肢体"延伸"的可能性，重新定义肢体的用途。例如设计手腕上"延伸"出新的关节，能够在日常生活中完成常规需要完成但是无法一步完成的动作，不仅仅是物理的延伸，也可能是智能的延伸，这样的肢体延伸的意义，相较于生理系统的原生功能来说，是 0 的突破。因为自然进化是不可能达到这个主观延伸的地步的。这个 1 是主观思维造物的效率远远超过自然界生理进化的速度的体现，是一个能够围绕产品的功能所要服务的"目的"进而与"物"的合作获取未来效率优势的过程。

那么，今天对未来的设想，在某种程度上也必然会因为未来的技术和认识效率的提高而实现，即"今天的未来设想"作为0，而"未来的未来"作为1，那么在未来同样可以看到0-1的突破。

二、颠覆式的创新设计

颠覆式的创新是去除现有的产品系统节点，从源头重新思考创新的过程，成为鲇鱼式的外来物种，成为原有生态系统空间的颠覆者以及新的行为与未来进程中的主导者。在未来的进程中，往往一个产品系统并不是被自身的同类型的产品淘汰，而是被边界外的其他系统发展所带来的边界融合，进而由于新场景的效率需求而被颠覆废弃的。如手机短信和电子邮件对传统邮寄信件的颠覆，同时手机作为信息处理中心的节点对于传统相机行业的颠覆，以及银行柜面业务的颠覆等。尤其是在网络时代以来，5G技术快速进入社会生活的场景当中，手持个人智能产品所带来的新的生活方式，颠覆了由历史发展自然形成的原有的街头商业生态和某些市场的系统形式。

由此可以看到，颠覆式的创新并不着重于对当下问题的解决，而是由未来生活的预期产生新的需求，并且以破坏性的创新面貌产生新的产品生态系统，颠覆原有系统的结构和边界，或者直接让原有的产品系统废弃。在生物学视角上，同样在一个旧的系统灭失之后，新的系统才有空间、时间在原先的系统边界范围内进行发展。这个现象根本上还是对信息及资源的处理效率最大化下的去中心化，去除了在未来进程中不再具备效率优势的产品系统和制约发展的因素，重新构建了新的"产品生态环境"，呈现出一个新出现的颠覆式的样貌。即通过设计思维的野火，覆盖掉旧有的系统和体系，产生新的产品系统和社会体系。

如传统计算机产品的CPU等部件采用硅材料制造，相关设计与产品的限制都与这个根本性的前提有关，在此基础上的摩尔定律也获得普遍认同，但当科学家们提出有其他途径可以实现计算和存储的时候，整个产品形态和生态或许就会有全新的改观。现有的实验显示，可以在活菌体内构建生物计算机和存储器[1]，如果这样的产品能够大规模实现，整个计算机的产品设计和使用方式也会因此而颠覆，这些也都映射着一个大趋势，即用最小的分子或者原子来制造机器[2]。这个情景如同早期的电子工业，将会产生新的创新和产品生态。

再以 PSA 汽车集团为例，在欧洲市场上的法式设计汽车销量非常可观，但是在中国销量却非常低迷，2020 年在华市场份额仅占 0.3%，无法与同层级的其他厂商相提并论，与友商的销售数字形成巨大的反差，某种程度上成为中国汽车消费市场上的不适者。从这个例子可以看到适者生存的启示，创造生存才是产品系统的设计根本。以一个创新者，而不是以一个销售者的角度来重新设计 PSA 汽车在中国的存在，走上颠覆创新的路径才是未来的可能所在。这样的创新设计才是跨越当下的节点向上一层资源与信息系统的边界分形创新的未来。

我们可以看到工具产品从适者生存到创者生存的迭代过程。适者生存是进化带来的结果，创者生存是未来设计思维的特征。未来的颠覆式创新依然是效率驱动下的工具系统的创新和主观文化驱动下的生活系统的创新。

三、指向未来的创新设计

"指向未来的创新设计"需要回答未来生活的意义是什么，产品设计在未来生活中的意义是什么。在对未来进行设想的过程中，不同群体视角的未来思维并不一致，大部分人或许会等待未来发生在自己身上，而少数人则在当下的情境中创造未来。这也指出了未来的创新设计逐渐地设想和实现，将大部分人的未来认识从"昨日必然重现"这样的思维中解脱出来，明确地表明了未来时空的单一方向性。

未来必然会有两个视角：一是以观察者的视角朝向宏观未来的方向，宏观的思维必然将目光投向下一个可能的栖息之地，对于生存或者生活空间的可能性未来，朝向宏观未来的人

---

[1] Emily Waltz, Complex Biological Computer Commands Living Cells, Researchers build the most complex RNA-based computer in living bacterial cells [EB/OL]. （2017-06-26）[2020-03-12]. https://spectrum.ieee.org/the-human-os/biomedical/devices/biological-computer-commands-living-cells-to-light-up.
[2] ［以色列］罗伊.泽扎纳，未来生活简史 [M]. 成都：四川人民出版社，2020，194.

居思考也必然导致类似史丹佛环面计划那样的太空酒店的设计[3]；二是从微观方向审视历史的发展过程，试图从因果关系出发，修因改果，重新设定未来，这样的未来指向也必然促进今天的基因技术的编辑技术、脑机接口的技术研究在产品实现中的可能，也可以预见一部分人群将可能通过修改的方式，在自然进化的生理系统呈现上进行主观修改，从而实现某种程度上坐在凳子上将自己举起来的可能性。那么也必然会出现更高效的系统，这个系统服务于生活的未来目的，比如人工智能、生物技术、效率工具，这些构建了未来生活的支撑结构的呈现。

如果从另外一个思维视角将未来的目光留在地球的边界范围内，留在人类能力的范围内，以全球资源为一个思维的整体，在中期以及短期的未来思维建构未来的生活形态。设想对我们的身体系统进行适应未来目的的改造，即无限可能地延长系统的运行时间，保持系统的最高效率的获取转换，在输入能量的可能性上有全新的进入生理系统的能量补偿，如未来食物的组成形式的产品化创新等。

甚至在未来的厨房中，高效地处理设备，淘汰曾经的信息与资源处理工具，智能烹饪的机器人与物联网相接的智能冰箱，甚至食物的某些组分，也是由智慧产品构成，来实时地提供营养或者观察身体系统内部的状况。以人进食获取能量的过程为例，如果从最高效率最短路径的未来视角，那么所有厨房将完全成为一个类似能量中转节点的设计，或许只需有一个智能输入输出的接口，就可以匹配一个人有需要进食的全部需求。而现有的所有中间环节的工具产品都会被效率所淘汰而成为历史，或许连现有的最先进的 3D 打印方式的牛排等人造食物的制成设备都会成为文化留存的化石，留在数据存档中。这是由人本不断溯层跨越处理过程并提供更高效的设计、不断缩短与目标之间的思维距离导致的可能结果，同时这也是符合数学和物理上的斯泰纳原则的，因为"大我"对于一切事物的驱动都会选择最短的路径和最高的效率。

在另一方面，我们跳出这个未来技术终结论的定式，认为人本的未来目的是存在和传承，

---

[3] 美国 Orion Span 公司推出名为"Aurora Station"（极光空间站）的太空酒店，预计将于 2022 年开始接待游客。

设计为人服务，设计造物的优势最终要转化为人的优势与获取，那么，靶定这个"目的"的未来设计思维，必然会将悲观的"纯技术未来"排除在外。因为指向未来的创新设计中，纯粹技术效率至上的无人化的智能未来生活显然不是我们今天设想的未来生活的状态。在我们对未来效率的极致追求的过程中，一直希望的是以"我们"的"主观未来目的"为中心，在追求与实现这个未来的过程中产生当下的生活意义。体现人与未来工具产品及智能之间以人为主导的一致性，如果不这样设定，那么最极致的未来只需将人的遗传编码载入某种介质，就可以完成宏观世界宏观未来对人的要求。但我们主观认为未来的人居社会，个人生活必然要保留文化的痕迹，由此也必然会主观地设定和推定人与机器人、与产品之间的最终界限和关系准则及效率工具的工作目标，即产品的未来创新必须与人的未来目标保持一致，并且从属于人的未来生活目标。

第三章　未来产品设计思维的制约因素

造物工具或产品的产生，受到一系列外部条件的限制与制约，其中最明显的是受到外部环境周期的影响。宏观的天文周期，地理环境本身的长期变化周期，必然也相应地对主观获取客观资源的工具产生影响。主观造物的现实依赖于客观的温度环境，体现在双向制约两个方面：一是造物材料与外部环境适配属性；二是环境温度对造物的影响。

未来视角与人本视角并不完全一致，预示着未来的产品设计系统受到主观思维的限制和效率与"奇点"[①]关系的制约，另一方面来看，约束是观察者与事物之间的一种关系，任何特定的约束特性既取决于事物，也取决于观察者[②]。这样在对未来的认识上就形成了一个双向的制约，其中涉及客观对主观的制约；主观在受到客观制约时的造物与工具应对方式，以及行为主体自身的主观应对客观的造物行为也受到自身生理系统效能的影响。由此可以看到，这个双向队列中的未来进程以及造物在这个过程中的非效率景象，从另外一个方面预示了未来主观非效率的进程，并且这个进程受到主观进程的客观支配。主观在顺应客观的同时，也在不断地向着可能的边界之外推进，在实现这个主观目的的过程中，工具的作用显得尤为重要。

第一节　周期对未来进程中造物的影响

一、宏观周期环境对未来造物的影响

法国历史学家埃马钮埃尔（Emmanuel Le Roy Ladurie）认为，对过去曾经发生的历史事件进行研究的相关学者，一般可以分为两种类型，一种是如同伞兵那样从宏观视野的高度俯瞰历史，另一种则是如同松露猎手般关注历史细节[③]。从宏观物理学认识的视角来看，我们

---

① 本书的"奇点"非物理概念，描述当人工智能的发展达到某些点时，引发的人与智能之间的关系的讨论，在技术背景下首次使用"奇点"的概念是 John von Neumann。
② ［美］杰拉尔德·温伯格. 系统化思维导论 [M]. 北京：人民邮电出版社，2015，42.
③ ［美］布莱恩·费根. 小冰河时代 1300–1850 [M]. 杭州：浙江大学出版社，2013，pII.

所在的星系围绕银河的漫长旋转过程中，在宏观未来的某个时间点必然会迎来与天体的剧烈碰撞的宏观周期，这是生物灭绝时的周期产生（2600万年左右的周期）的原因；当太阳系穿越银河系的某些天文位置的时候，冰河时期就产生了（1300万–1800万年左右的周期[④]）；当地球与太阳资源中心的相对位置运动到某一个特定点，就产生了可以观察到的四季变化；当地球和月亮的相对位置运动到某些特定点时，阴晴圆缺、潮汐等现象也就产生了。这个客观维度上的现象的规律变化是不以人的主观意愿而改变的，主观必须顺应客观的周期现象。造物与工具的设计也是顺应上一层周期变化的产物，难以逾越。

　　日月星辰出现的周期，季风的不同周期带来不同的资源，日夜周期变化产生的温度差异，可见周期对生产生活带来很大的影响。在古代从《易经》开始就认识到周期下的现实中的生活状况，也是周而复始地受到某种规律的牵制和制约。比如《左传》中提到的"六气"：阴、阳、风、雨、晦、明；中国传统的"二十四节气"，等等，都反映了先民们顺应农时、通过观察天体运行认知一年中时令、气候、物候等方面变化规律所形成的知识体系，不仅在农业生产方面起着指导作用，同时还影响着古人的衣食住行，甚至很多文化观念如顺应四时而形成的天人合一，以及相关的风水学的设计概念的产生等都受其影响。在此认识下的农业生产工具、祭祀用品、舟车出行工具，以及应对四时的粮仓等传统器具的设计一一呈现。

　　资料显示最早的太阳历的观测设计，是大约75000年前位于南非的亚当的日历 Adams Calendar；最早的月亮历的记录是在法国多尔多涅地区的阿布里·布兰查德发现的布兰查德骨牌，上面刻有一系列月相，年代可追溯至公元前25000年至公元前32000年。从这几万年前刻在骨头上的远古月亮历可以看到，对于现象的记录局限在观察者的视角，由于观察的整体信息边界的限制，观察者群体在长期的观察中仅仅可以确定的是每天的月亮的形状有所不同而加以记录；另外慕尼黑大学的迈克尔博士研究的可以追溯到15000年前象征性绘画作品的解读，记录了月球经历不同周期呈现出来的图像和位置的变化信息，因为当时远不可能设

[④] 纽约州立大学的地质学家迈克尔认为，彗星和小行星雨每2600万年左右造成地球生命周期性灭绝.百度百科：地球生命死亡周期 [EB/OL]. (2016–04 –04) [2019-08-16]. https://baike.baidu.com/item/%E5%9C%B0%E7%90%83%E7%94%9F%E5%91%BD%E6%AD%BB%E4%BA%A1%E5%91%A8%E6%9C%9F.

想到地月关系完全客观的信息，在信息不全的情况之下，在没有新的确定的信息进到思维者的大脑中时，所有对真实观察的论述都是某种程度上的猜测。直到伽利略利用自制的望远镜当作工具，观察到月亮面向地球的一面的景象，才接近于几百年后人类观察到的真实月亮。

这些例子也可以说明外部周期的变化与产品设计之间的关系，一是现象周而复始地反复出现，使得历史经验的学习和传承产生价值，因为再次出现的现象也从另外一个角度预示着未来时间的方向。二是有了在上一个周期中习得的经验储备，当下一次周期出现时，人们通过迭代修正后的造物作为工具，能够获得更好的应对效率，微弱优势的不断叠加积累也预示着未来的长期优势和可能性。在此周期影响下的造物也会随着不同的周期而产生变化。在产品的呈现上，冬穿棉、夏穿单，不同地域环境下的人们对周期都有不同的应对。例如在季风可以经过的地区的耕作工具与干旱少雨地区的农作工具是完全不同的，都是顺时而动的产物。当主观对更高的生产效率产生需求时，就会很快地明显看到周期对主观造物活动的影响与限制，某些可行的工具产品将不再有效，需要更具效率的设计来应对。

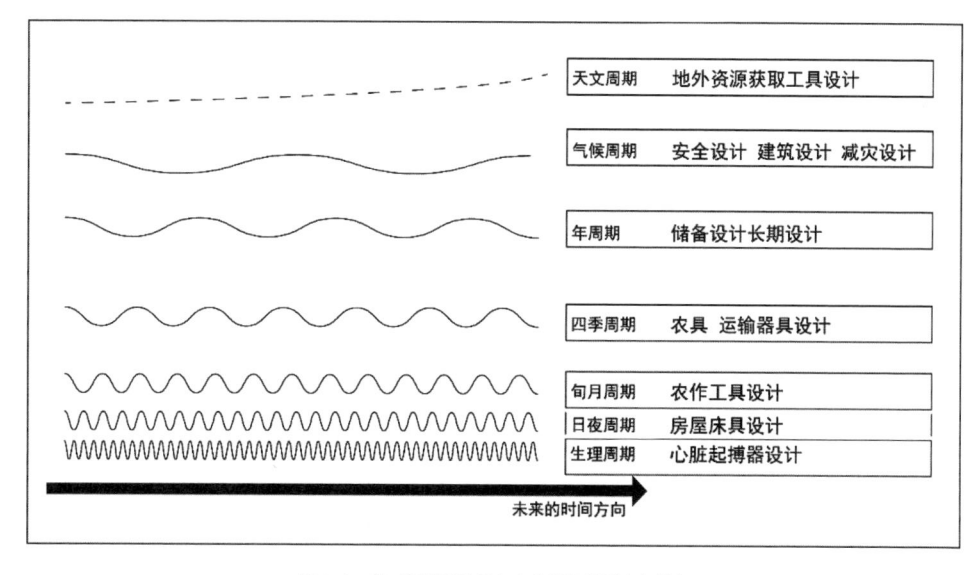

图 3-1 应对周期的造物与产品设计举例（自绘）

由上图可见，沿着时间轴的方向，外部的资源环境并不是一成不变地向着未来前进。客观周期在主观的视角上即呈现波动的图景，也是资源边界在主观目前的呈现。

在外部的宏观周期的影响下，工具产品作为应对的手段而存在，最大化地顺应上一层的资源系统。周期的出现也使得主观生理系统有着足够的经验应对，趋利避害。如显而易见地认识到月亮产生的潮汐对造物的影响，船只的设计也要考虑潮汐对船只运载能力和行动能力的影响，当巨型轮船在运河内搁浅时，正常的工具无法使之脱困，但是潮汐却可以轻易做到。

对于日常生活中的四季衣裳应对的是地球的公转周期，休息床铺等应对的是地球的自转周期。交通工具的设计，同样可以应对不同的季节，某些全时运行的汽车设计采用可以智能变动的悬架调节，以及更自然的空气调节应对不同的昼夜以及四季周期等传统汽车无法工作的外部环境。但对于跨越几代人经验的百年以上的周期却难以完全应对。如应对小冰河周期，比如瘟疫的周期。站在更宏观的时间跨度视野上看待周期对设计思维的影响，就能够在未来提出适配的设计工具或者产品的因应方案。应对冰河周期乃至应对2600万年的地质灭绝周期，其应对方法或许就如霍金等科学家提出的建造可以载人的"星舰"跃迁到新的可能的天体上去获得未来人类社会存续的可能性。所以，宏观上的未来进程是一个动态化的过程，受到外部环境周期变化的制约，而不是一个单一形态的未来进程。

二、中观环境周期对未来造物的影响

人类社会的繁荣和衰退，在历史上来看，呈现出阶段变化，有着线性的兴盛与衰落状态交替变化的特点。而在社会生活与经济发展的层面，可以更明显地看到经济周期产生的影响。

外部自然环境对人类的活动会产生制约作用，这一点毋庸置疑。灾害频发或者土地数量不足、质量低，对社会发展产生影响，所以人们总是在做一些降低影响的创造，比如粮食的储藏方式作为一种工具思维下的产品设计就是一种应对周期的方式。

法国18世纪最有影响的学者孟德斯鸠在《论法的精神》中认为"气候的权力比任何权力都大，气候的国王，才是最具有权力的国王"。德国哲学家康德承认，社会与自然之间有因果联系，更重要的是把生产活动与环境和资源连接起来。英国的亨利·巴克尔在《英国文明史》中，把自然环境周期对社会的影响分成四类，主要是气候、食物、土壤和总的自然面貌。认为生产和分配完全取决于这四个因素。

在已有体系下的周期循环或脉冲式变化，人类社会繁荣与衰落的交替变化受到其中周期循环的周期性影响。脉冲式变化受气候变化的影响，人类社会仅表现为社会短期偏离原有状态，无须做出重大结构变化。当气候突变或趋势性气候超出变化幅度，超出人类社会可能的经验的适应范围是那么需要作出相应的剧烈的变化，历史记录表明在没有能够应对剧烈变化或者应对变化失败时，就表现为衰落。如果社会发展中断或倒退为较低的水平，未来的发展也难以为继。

例如1211年到1225年蒙古高原的湿润期成就了成吉思汗政权[5]，弓箭、铠甲和相关的长途奔袭工具的产生和发展，使得横跨欧亚的帝国得以发展壮大，彼时蒙古游牧部落迁徙，可以看到搭建的可拆卸帐篷以及可以通过木制车辆进行移动的大型固定帐篷。又以蒙古军队的马鞍为例，这种蒙古马鞍可以让士兵坐在马鞍上短时间休息而不用下马，剩下的一半士兵不休息，牵着马继续前进，在遇到情况时可以迅速出击。而后期的干旱气候，又使得帝国文明最终走向崩溃与衰落，这是因为外部的气候变化影响超过了人类社会的适应能力，在湿润时期可以产生很高效率的工具在干旱的时期失去效率。历史记载中在古代南美洲玛雅人通过发展节水的玉米农业以及一系列的适应性措施度过气候干旱危机，但是东南亚的吴哥文明最终却被干旱摧毁；气候的宏观变化在古代的北美洲产生了迁徙与生存空间的替代，现代人经过白令海峡到达美洲大陆凭借的是最后一次冰期的低海面；而印第安人在美洲大陆向南扩张通道的打通则依赖于北美冰盖；小冰期的寒冷气候使得欧洲大陆遭遇饥荒、黑死病及30年战争，这些气候影响下的事件也影响了欧洲的稳定，为生计所迫的大规模移民也影响了新大陆的文明发展。

包括郑和下西洋借助的季风，使得舰队得以远航，这也是借助了自然周期的力量。再如过去理论上发现西北航道或许可行，但无数的航道探索的先锋在气候面前失败不前，当时设

---

[5] 方修琦，等. 历史气候变化对中国社会经济的影响[M]. 北京：科学出版社，2019，21-23.

图 3-2　AIA 设计竞赛中可以抵抗飓风的地下居住设计概念方案[6]（作者拼图）

计的特制的船舶也无法通行，而在今天由于全球变暖的温度处于上行的时期，北冰洋的冰的覆盖减少，使得这条航线的航行成为可能，相应的航线和船舶等工具产品的设计制造也产生了可能性。如黑海的捕鱼船队，如今搁浅在海边不复存在，也是因为大的周围环境周期的变化，以及青藏高原变绿等一系列的气候事件。从宏观的角度来看，都是大的宏观周期的一部分，这部分的未来完全可以通过设计与造物再进一步地适应和创新，而不是一味地恢复到过去的样貌。同样在今天发射人造飞船的设备，也需要等待合适的行星运行的周期已获得最大化的效率，由此看到客观周期对于生物造物的影响在一定程度上是难以察觉的。

　　在人类社会生活中遇到的某些极端的气候周期、地质灾害以及拓展到不适合现有生存要求的资源边界时，这样的外部周期对人造工具产品产生影响。例如各种减灾的设计中，应对沙尘暴、台风、干旱、洪水、干旱等极端气候的设计，在新的材料基础上，可以提出全新的设计可能性，同时使用智能工具或者智能机器人产品去拓展生存边界，应对温度变化的周期。而在更主观的应对上，造物工具同样受到上一层周期变化的影响，如现为世界灌溉工程

⑥ https://www.archdaily.com/262505/an-erupting-stability-tornado-proof-suburb-10-design：An Erupting Stability: Tornado Proof Suburb / 10 DESIGN [EB/OL].

遗址的"都江堰"⑦在丰水时期可以分流,在枯水时期可以蓄水;如服装的设计,不同的季节应对不同的衣服,也是对周期认识下的一些设计的应对。北方取暖设备也在相应的时间到来时启用,作为平衡生理系统温度的系统性设施,例如2009年启动的国王潮汐⑧追踪项目,志愿者们通过摄影来记录特定的路线上哪些地方可能发生洪水,在哪些地方建造新住房是安全的,以便科学家、城市规划者和决策者可以使用这些图像来研究和应对气候变化的影响。

三、生理周期在未来进程中受到的制约和影响

作为获取客观资源主体的人,同样受到自身生理周期的制约,无论外部系统如何变化,生理系统一直试图保持边界的稳定,保持37摄氏度的恒定温度和相对固定的寿命系统。这个时间段在万千年来也没有本质的变化。也正是这样,人生百年的生命周期形成了独特的主观未来造物视角。古人很早就注意到了自身生命周期的存在,认识到单一的生理系统本身不能获得永生的未来。古人对永生的希望寄托在"转世"的循环上,通过转世来迎接未来。这一期望也催生了人类社会独特的埋葬文化,例如秦始皇的陵墓、法老金字塔中为未来设计的物品等。人类对未来的期望,还反映在对生命的延缓衰老上,希望通过药物、工具和产品来保持身体主体的优势,持续自身环境的各项生理指标的边界稳定。但是人本生理系统未来的历程同样受到经济周期影响的制约,由于繁衍的复制传递的特性,在经济扩张时期,大量的人群涌入城市带来繁荣的同时,也剧烈地消耗着资源,当某一个城市的资源无法承载负担不断增长的人口,社会分层对资源的消耗也就必然产生了两极分化,特定时间限度下的效率要求也必然对生理周期的未来产生影响,在有着很大生活压力的城市,生理系统的自然本能受到制约和影响,生育意愿降低,总人口呈现下降趋势,如日本和韩国的大城市人口发展趋势都是下降的。

主观的经验和认识,通过复制繁衍传播的方式,一代代地将未来的希望传承下去,这与

---

⑦ 都江堰始建于秦昭王末年(约公元前256~前251),是蜀郡太守李冰父子在前人鳖灵开凿的基础上组织修建的大型水利工程。
⑧ "国王潮汐"是一个非科学术语,用来描述异常高的潮汐,它发生在太阳、月亮与地球连成直线的时候。

客观世界沿着时间轴的方向不断增加的信息总量有着很大的不同。但是，从当下的科学研究看来，人的生理系统不可能无限地进行效率扩张，如何通过技术的侵入来持续生命系统的承载，一直是人类在研究的课题。最近，谷歌的未来科学家关于人类将实现永生的预言，认为纳米机器人将接管人类的免疫系统，将病原体、肿瘤等一系列免疫系统错误进行修正；可以通过 3D 打印技术重新打印生物器官，进行组织器官复制，对人体进行"组织编程"；未来科学家认为这些非生物智能技术强大的创造力将最终实现人类永生的主观意愿，并发布了首款"脑机插管"的新技术产品，作为下一个时代的预言开端，在未来的智能化的进程中，人类的发明创造，正在颠覆我们的认知，借助智能工具与产品的延伸，或许在未来能够取得对生命周期的限制突破。

第二节　主观视野维度对未来造物的双向影响

一、宏观视野上的未知对造物的限制和影响

主观对于客观资源的未知受到边界的制约，而这个边界的拓展也是由点到面，一直到三维甚至到多维的过程，在这个探索的过程中，未知一直是存在的。而这个思维过程的前提，是对于认知和边界范围的认识，随着时间的推移和经验的不断积累，思维的时空范围会逐渐扩展。设计作为技术嗅探的工具也在这个不断获取的过程中发挥作用。从古代通过肉眼观察记录的星空星宿的岩画到今天通过科技设备可以清晰地观测到黑洞的天文照片的漫长过程，都是在对未知的领域不断探索积累，直到最近数十年的研究和观测工具的制造使用成为可能，使得某些在过去的未知范围成为已知。在更宏观的视野上，对未知的动态化的拓展一直在持续进行中，思维的时空范围也在[1]逐渐扩展。而要穷尽无数亿光年范围内的知识为确定的已知，才能够解释全部的客观现象，那么在今天看来，未来的未知是永远的未知，所以我们对未来的认知是有一定范围的，这个客观视野上的未知对主观的造物产生影响和限制。

所以，我们对未来的认知是一个范围，而不是一个明确边界的内容和信息，从原初的造物起点开始，历史能够记载的兴衰成败都和对未知的探寻有关，从著名的糖域模型实验（Sugarscape models）[2]可以看出，对未知的探寻指向面对未知的资源与信息的获取和转换，在初始条件的随机之下，各单元未来发展的可能性取决于机会和概率，以及在此之上的信息判断。而设计作为意志对客观资源的作用以及对外部资源的转换效率的延伸，与知识、材料、信息的构成互为表里，在尽可能的情况下，对于远方的客观资源的判断将决定未来设计的趋向，即便如此，在一定时空范围内获取优势的主体也不可能保证最终的优势和势态，因为从每一个资源的边界之外再上一层的维度来看，总是会有更具优势和更具有机会的主体存在，损有余而补不足，构成了"优势"这个行为本身的进化图景。

---

[1] 怀特海. 思维方式 [M]. 刘放桐, 译. 北京：商务印书馆，2010：98.
[2] 糖域模型实验（Sugarscape models）被认为是第一个大规模社会仿真的主体模型，用于人工智能、基于主体建模以及社会仿真等领域。

二、中观对地理资源认识的边界限制与制约

从系统的视角来看，在资源和能量的牵引下，万物向"阳"而生，在主体可见的边界范围内的资源终会不敷所需，这和培养皿中的细菌③一样，在初期的成长和高速发展过后，由于皿作为边界限定，资源营养物质必然逐渐减少，最终耗尽之时，细菌的群体发展就会结束。实验可以看到单一边界范围内的设计最终景象，无论工具效率有多高，单一边界范围内的资源存量在一定的时间后都会消耗完结，主体思维如果需要进一步发展，只有重新获得资源的注入，或者向可能的未知边界拓展推进、跃迁，转换到可以支撑发展的时空范围内去重新获得相应的荣景，继而传递。而在中观和微观的景象来看，设计和产品则充当了主观资源边界不断拓展过程中获取和转换的工具角色。

古代对地球的知识和信息范围不确定，基本上是依据过往的经验来推断未来，甚至认为地球是平面的。④在今天的科技和认识来看，古代经验所认知的地球并不正确。随着对客观边界的不断拓展，站在今天的全球地图面前，可以看到在不同时期对资源边界的客观认知之间的差异，也无非在于资源信息的边界范围和信息的完整度之间解决方案的差异。这样的边界的拓展和动态化的认知，受到边界动态化扩展与收缩的限制。从古代地图的案例可以看到，公元前 636 年绘制的"T/O 地图"⑤对世界的认知范围与今天对世界的认知范围完全不同，古代阿拉伯地图时期，对于亚洲、欧洲、非洲的认知仅仅是在红海分隔下的 T 形的世界认知。古代以色列的人们在信息不完全的情况下，对客观范围的推测和设想显然与实际有较大的差别，甚至认为星空是密闭穹顶上的无数开孔，上帝之光从开孔处射入，这是由于当时对地球表面资源信息的认知欠缺所造成的。

主观目的指导下的资源拓展与自然界被动地迁徙去适应边界的变化有着本质的不同。对

---

③ 生物学中的实验之一，观察细菌群落发展过程。本书借用说明边界范围内的资源和信息在消耗殆尽后，进程终结，某种程度上来说，这个菌落失去了未来。
④ Mara Hvistendahl, citizens of the world's edge [J]. Popular science, fall, 2019，75.
⑤ ［英］彼得·惠特菲尔德. 世界科技史 [M]. 北京：科学普及出版社，2005，132.

于有主观能动性的人类社会来说,是通过思维以及造物工具来主观拓展生存空间。以成吉思汗为例,他不是被动地为了养活一个草原部落在有限的牧场上迁徙,而是通过战争等手段主动拓展边界到达欧亚大陆,其间借助科学、技术、工程等知识群体,大大拓展了其整体的生存空间。大航海时代,达·伽马、哥伦布等人的环球航行,驶向无边的深海去探寻可能的资源和宝藏,以及达尔文的全球航行去探寻获取自然资源的资料,都可以看作是主动对未知边界的探寻以及对可能的成功或失败的坦然接受。

当今天的我们对全部地球表面信息已知后,我们的未知则扩展到三维或四维的空间信息领域。从三维球面的表面来说,分为内部空间和外部空间,当人类认识到不断扩展与获取必然会导致球体表面的资源不能满足人类的生存需求时,在面向球体的内部方向,人类开始主动向球体表面的下层和海洋去开发可以用来生存的空间范围。在 20 世纪 50 年代,科学家就设想通过打一口超深的钻井,一直钻穿地球壳幔边界的"莫霍面"[6],以做研究来探寻这个未知的范围,试图开发更多的资源以备未来发展所需。在探测的过程中,某种设计方案考虑了一种具有重钨针的岩石熔化放射性核动力胶囊,可以将其自身推向莫氏不连续面,并探索它附近的地球内部和上地幔。由此发展起来的大洋钻探计划,已经成为地球科学史上规模最大、时间最长的一项国际合作计划。相应的工具产品设计上,全球最大的日本海洋探测船"地球"号 2007 年开始在南海勘探海槽相对较薄的海层,其高科技钻头可以配合海沟裂缝钻达地底 7 千米进入地幔。

在面向球体的外部方向,当全球的拓扑表面全部可知之后,整个球面作为一个新的整体维度单元,迎来了全球化认识时代。不单单是产品的设计与制造的全球协作,例如手机、笔记本电脑产品的设计制造,从芯片到生产的全球协作,可以看到这时的设计作为工具随着边界维度的拓展,开始了火星计划或者月球计划等新的面向客观物理空间探索未来资源的进程。各国目前都在进行新型火星车设计测试[7],都是为了在未来的某个时刻能够着陆在火星的岩

---

[6] https://zh.wikipedia.org/wiki/%E8%8E%AB%E6%B0%8F%E4%B8%8D%E9%80%A3%E7%BA%8C%E9%9D%A2 [EB/OL] [2018–12–06].

[7] NASA Tests Mars 2020 Rover's Sky Crane Landing Tech, NASA Tests Mars 2020 Rover's Sky Crane Landing Tech I Space [EB/OL]. (2019–09) [2019–01–21].

石地表做技术准备,虽然人类并没有实际载人登陆过火星,但是作为探索工具的火星车已经先遣到达,为了最终的载人建立人类社区的未知可能性做主观有目的的预设计。而今人类对边界维度的认识以及当下对于客观视野边界的真实推进,也是由探险机器人完成,即旅行者1号、2号[8]探测器,有如1971年由NASA发射升空的旅行者号宇宙飞船一样,带着人类文明的记录飞向未知的未来,这样的科学前端探测对于未来产品设计的意义在于附着其上以及紧随其后的人类的真实到达,使得未来生存形态和生存、生活方式的设想有了科学的依据,产品设计也可以从愿景的设想逐渐转变到未来可能的真实场景当中去。这一幕和一个原始人走向黑森林去探寻可能的未来、哥伦布带领船队在未知的大海中探寻未来的过程有着本源的似曾相识。

三、主观认识对造物的影响以及社会文化的预置

(一)主观认识的局限对造物的影响

对于信息边界范围以外的未知与认识的局限,一直以来都是未知大于已知。

相对未来的已知部分,提出问题解决问题,通过设计造物去获得未来的优势,是一个有效的方法和途径。而面对未来的未知部分,无法通过提出问题解决问题的方式去应对。因为在资源和信息的已知边界范围以外出现的客观事物,现有的主观认识是无法解决的。在过去的历史时期里,由于无法找到相关问题和全部的信息所在,只能用文化经验的预置方法来面对未知,充满了巨大的不确定性。以今天信息论的观点,原初时代对于月亮表面形成的图形的判断,在世界各地都是趋同的,即便是在美洲,月亮的远古图腾中也是一只兔子[9]的形象,而不是我们今天认知的环形山。同样,今天我们可以通过观察和计算测得银河有四条悬臂的

---

[8] 技术设计与艺术设计目前所能真实到达的最远端的是1977年发射升空的、目前距离地球21550000000千米远的旅行者(voyager)1号探测器,除了科学探索的任务之外,最重要的是它带着一个21寸的金色外壳的铜质磁碟唱片,将人类文化的一切指针性的信息记录其上,以期在可能的与地外智慧相遇的时候可以让他们得知地球文明的概况。
[9] 得克萨斯州奥斯丁分校麦克唐纳天文台陈列有一只古代印第安时期的碗,图案描绘为一只兔子。

大致形状[10]，但是仅仅在数百年前，银河仅仅是牛郎织女的鹊桥，是画家笔下的故事而已，主观的认识和想象的边界无法跨越未知客观的数万光年的距离，因为主观对于客观知识的局限造成了认识的局限。

在社会生活的公众领域，面临病毒的侵袭，即使是今天的现代医生依然没有针对性的解决办法。如面对瘟疫，医生在欧洲黑死病暴发期间治疗和隔离患者，他们一般身着厚重大衣（材料是用蜡泡过的亚麻或帆布）、皮手套，头戴组合有护目镜的类似鸟嘴那样的面具和宽檐帽，防止病毒侵入。面具前端的鸟喙里放有棉花、香料和草药，过滤有害的空气，是一种早期的防护面罩产品。其采用银质的材料来制作，因为白银可以测出毒物，被视为具有一定的消毒效果。手持木棍，用来掀起病人衣物，避免直接接触。而在某些未知的场合下，甚至将砖头放入逝者的口中，以避免可能的伤害来袭。更为极端的，在某些地区，由于认识的局限，甚至为病毒设置神位而祭拜。

在更多的未知面前，古代玛雅文化的某些地方的人们甚至采用人祭来献天献地，向未知祈求主观希望的未来结果。这样应对未知的设计思维是一种防御与保护的设计思维。对应这样的状况，造物与设计必然呈现出主观视角出发的文化心理预置型设计，在本质上都是由于对资源与信息存量边界外的未知造成的。

（二）文化是应对未知的主观预置

文化经验具有明显的信号作用以及与客观信息的相互作用关系，是因应未来的设计思维的预处理机制。从整个设计史的角度宏观来看，造物和设计都有明显的文化递进的意味。很多观点将文化一般描述为价值观的体现，塞缪尔·亨廷顿在其著作《文化的重要作用》中认为，不同的认识流派对于文化有着不同的见解，但是文化作为一个具有主观意识的个体与群体在长期的历史发展进程中的优势是信息信号标记，这也是毋庸置疑的。

---

[10] 南京大学，中美德科学家组成的国际科研团队绘制出尺度为 10 万 x 10 万光年的全新银河系结构图。彻底解决了这个天文学中长期悬而未决的重大科学问题 [EB/OL].（2020-04-23）[2021-02-06]. http://www.yangtse.com/zncontent/463478.html.

另外，从科学研究的角度来看，文化经验有着类似视觉生理特性对于事件处理的预置作用，这个预置也明显有着"经验"在处理未来的未知场景中的先验模式。美国《大众科学》杂志刊文，在视觉看到交通信号或者紧急情况时，会将大致的情况图像以最快速度进行处理，而不会等到看清楚完全的信息以及危险到达眼前再进行处理，以提高处理速度和规避可能的风险。也就是说，在未来到来之前，历史经验会先行做出一定的预判与判断，指引行为获得最高效率来获得未来的优势。

在文化视角上也是如此的主观预置，将文化作为应对不可知未来的方法。从宏观的文化视角举例，早期从中国出发到各国去的新移民，初期大多出于对中餐的留恋，保留了中式烹饪的日常饮食方式，但是新的现实环境并不支持中餐的做法，因为资源背景环境不一样，食物材料的品种供应、饮食加工的器具、社会习惯等的不同，并且在几代人之后，生活习惯和饮食习惯就会完全在地化，这时文化母体作为新旧文化的缓冲和传递的襁褓，也就完成了她的特定的使命，原先特定的文化必然会随着时间的流逝在与新的环境融合后消散，但是母体在新的基础上的新的文化建构同时会出现，犹如森林中的母树，最终这些曾经鲜亮活力的文化落叶成了新叶获得生长滋养和营养的来源之一，从这个角度上来说，文化是永远不断递进与传递的。在每一次的造物解决方案获得优势后，文化的标识与表记就会同时出现。以日本文化的发展脉络为例，站在汉文化的角度来看文化向"和、倭"的方向延伸，初期的唐物对于日本文化的启迪和影响，但是在当地的数百年融合之后，可以看到作为母体的唐文化的逐渐消解，以及重新站在日本文化视角下的和汉界限的清晰与模糊[11]。

同样在一般的社会文化行为上也是如此，每当科技和观测对未知的认识有明显的突破的时候，文化的处理和预置就会随之而来，比如在发现火星资源获取的可能远景之后，数十部影视作品包括中国的科幻电影《三体》都从不同角度的畅想上描述了相关的未来可能性。在确切的事实上，人类目前并没有登上火星，但是在未来的详细图景没有完全到来之前，会做出一些基于过去文化经验的关于未来的判断。比如说，将可能的外星人的样貌想象成人类的

---

[11] ［日］河添房江. 唐物的文化史[M]. 汪勃，译. 北京：商务印书馆 2018, 270.

模样，为了表示其比我们更智能，描绘了比我们更大的大脑。但理智地想一下就可以知道，人类的外形是在亿万年的与地球一体环境进化而来的，除非有一个完全一样的镜像外星进化环境，经历一致的进化过程，才有可能遇到与我们一样的外星人，这就是文化的预置。

用动态扩展的边界的角度来看，特定历史时期形成的文化最终也会消散，这也是一种更进一步的发展。在设计思维的表象上，可以从这些物和行为的呈现过程明显地看到文化的特征：从一个母文化出发——复制到新的环境——为了未来而适应新的环境——逐渐的新的母文化形成——再一次复制到更新的环境，以此不断前进，不断迭代。也就是说，文化在设计思维上作为一种预处理机制，预置在新的场景的前端，当完成这个新场景的襁褓的作用之后，就会消散融合，在下一次的新场景出现的时候继续预置。

在特定的产品发展的过程中，各种功能的实现依赖于社会生活的反馈，进而解决问题，进而满足用户的需求。可以看到，很多风靡一时的功能在今天已经消失不见了，不断变化的外部环境使得设计呈现出犹如珊瑚礁般的自然生长，这是一种条件反射式的设计。所以，文化的预置是人本处理未来的设计思维的一种有效手段，也是人本设计思维在长期的历史发展过程中的经验与方法，即一种"历史发展的方法"。1938年的可移动电话机和2019年发布的可以折叠屏幕的智能手机是完全不同的概念，除了可以手持这个物的特性之外，1938年开始的文化的痕迹在新的手机上已经荡然无存。所以，这种文化预置类型的设计思维与方式受到外部短期因素的影响，同时是一种条件反射式的设计。从产品设计的角度来看，汽车最初的设计从马车而来，手机的最初设计从电话而来，电脑的最初设计由家具而来，这些都是文化预置的例子。因为未知的全新情境是谁都无法详细描述的，只能借用旧有的文化作为最初的"母体"引子[12]，生产出最初的产品。但是从今天来看，个人交通已经和马车完全没有关联，手机也和当初的电话机完全不同，但是看连续的历史发展，文化都是在作为新的产品出现之前的预置程序，这是历史的发展带给未来的文化启示。

再从逆向的角度来思考，站在今天我们的思考立场上，如果没有这样的文化预置过程，

---

[12] 借用药引子的概念，指某些药物能引导其他药物的药力到达，起到"向导"的作用。

直接以未来的资源或者能源的方向将通信工具建构为获取转换的过程的工具，那么设计又会是一个新的未来景象。所以，文化对于未来设计的思维上提供了过去的标记，同时也是推测未来的母体，文化和人类生物记录的 DNA 一起构成了未来以远的新的双螺旋，也是人类跳脱 DNA 生物双螺旋的上一层的存续分形，而这个分形的构成必然是"人＋文化"＋"人创材料"的分形。

（三）主观干预是对现象归纳演绎后的资源获取的效率行为

这样的干预思维，是从归纳推理到演绎的过程，是一种非颠覆式创新。与归纳相对应的是演绎，演绎是一个推理的过程，它的结论是从一个前提出发，根据逻辑判断而来，在无法演绎的时候，即会通过过去的发展结果来推断可能的答案，这是归纳的思维。比如，低级的细菌会朝向浓度更高的资源方向前进，这种行为隐含了一个预测的过程和模式和结果的反馈机制，即向着更富有营养的方向移动，这样的细菌有目标（食物）和识别模型（化学梯度），会进行预测和接受反馈（食物在什么方位）这一系列的归纳过程。这个过程和蚊子在夏夜里寻找一个可以吸血的对象有着同样的过程——向着资源的方向不断嗅探和反馈，最后达到目标去获取[13]。

因为这样的反馈结果的效率会直接关系到存活与繁衍，这预示着资源的存在是作为行为的明确目标，设计思维是为了实现目标而进行的主观的效率手段，这也是被动地向着目标的层面，而再上一层，主动地创造资源，对客观的发展过程进行干预将提高资源的属性和可以获取和转换的价值。例如人工嫁接的水果、新的合成材料、合成的蛋白质、人造肉、人造金刚石、人工降雨等，这样的干预结果会奖励行为进一步地干预，所有的资源都有可能在人造干预的情况下出现，所有的干预形式也必然产生对干预工具的设计与需求，比如人工降雨飞机的设计、肉类 3D 打印设备等。可以看到，更多的赋能与干预的方式，在正规的发展过程中加入了人为干预的过程，使得结果更好。同时，这样的干预也是创造性地破坏与干预，经

---

[13] [美] 约翰·布罗克曼. AI 的 25 种可能 [M]. 王佳音，译. 杭州：浙江人民出版社 2019, 179.

济学家熊彼特指出，经济创新过程就是改变经济结构的"创造性破坏过程"，是竞争产生的存在基础和旧系统的更迭与迭代创新。

在这样的描述中也可以看到，全局优势和局部优势都是相对的不断分形的展现，在局部优势中也会有小的全局的体现，在我们认为的全局视角上，或许有更大视角的全局。有时，由于局部视野的限制，造成大的全局的损失和不可逆，比如，长江堤坝的设计与建设，数十年来对社会的巨大贡献不容置疑，但是这些人工造物的存在，导致某些长江鱼类无法回到上游的产卵场地，虽然用了局部思维的方法来建立大坝下的人工繁殖场所，或者设计专门的作为鱼道的构造物，但是于某些生物来说，最终还是灭绝，失去了这个物种的未来。孰是孰非，站在不同的维度和不同的全局上来看，答案不同。

（四）知识范围造成的律的局限

从各学科的观点来看，未来是一个未知的合集。我们对认知范围之外的物理现象的变化也并没有能够确切地了解，甚至从宏观的测量来看，时间属性的不一致性也得到了认同。那么对生物规律的未知、对出现的病毒的未知、对平行化世界的各个主体的视角的未知，以及对于维度的认识也远没有定论。一直以来，物理学家追求的"统一律"还没有确切的结果。这些从爱因斯坦之前就开始的对于物理学视角上的统一"律"的追求一直没有停止过。所谓的大道归一，就目前来看，远远没有达到我们想要的这个"一"。

例如对于平行线的认识，毋庸置疑的是欧几里得平行线是永远平行的，但是1826年，俄国数学家罗巴切夫斯基提出平行线可以相交，撼动了数学研究的某些"律"，并且在黎曼和爱因斯坦的后续研究中得到证明，同时也对思维和造物产生深远的影响。在每次对于新"律"的认识和验证之后，设计思维和造物就有了全新的面貌，如从木船到钢铁船舶的转变、日常生活中的有线到无线的状态转变等；同样，对超导材料、超临界的现象的认识，都会使得未来的设计与日常的生活从旧"律"的极限转变到新"律"的造物空间当中去。从这些角度来看未来，可能的新的规律和新的视角的出现，从设计思维的角度知道未知也是对苏格拉底"智慧意味着自知无知"的回应。

以太阳帆的未来设计运行为例[14]，"NanoSail-D"的设计是人类可能在太空中运行的第一个太阳帆，这个太空飞行器将太阳压力作为主要动力控制其方向和轨道。整个飞行器的重量不超过 5 千克，其制作材料主要是铝材和太空塑料，届时将会在太空中展开四个小型帆板，帆板完全打开后，飞行器受光面将近 10 平方米，通过吸收大量的太阳能作为飞行器在星际空间中飞行的动力来源。这样的新"律"下的未来空间飞行器设计，与常规的地面飞行器通过化学燃料推进的设计将是完全不同的领域与呈现。所以，从最初的造物思维下产生的独木舟到大河的深远处去探寻未知的资源，再到设计制造旅行者号飞船携带的人类文化印记，本质上这些对未来的探寻行为都是一样的。这个动态的探寻有两个层面：一是对资源存量的探寻与获取；二是对更大的能量源的靶定。在持续的探寻和反馈的过程中，信息获取工具的设计使用重要性不言而喻。

而更远的未来，新"律"会在未来设计中产生可能，人类或者可以利用或许能够证实的新的物理规律去进行时空旅行，在未知的新"律"之下，必然也有完全不同的未来设计与思维。

[14] NASA's First Solar Sail NanoSail-D Deploys in Low-Earth Orbit. [EB/OL].（2011-01-21）[2019-02-12]. https://www.nasa.gov/mission_pages/smallsats/11-010.html.

第三节　转换资源能力的客观制约

一、资源起点的概率和不平均的限制

做确定性的事情是人类社会在发展过程中产生的信条，在未知的方向上对于确定性的追求古今恒然。但是从中观或者宏观的角度来看，个体很难穷尽范围内的所有信息，做出准确无误的判断。在法国数学家拉普拉斯提出概率论之后，大家相信，很多时候的结果是概率，而不是必然。

几乎所有的人类社会群体都意识到，某些具有特定强度和硬度的领先性能的材料形成的工具的应用将会帮助本人或者本群体获得竞争的优势，比如金属锄头相对于骨耜的天然优势，尤其在使用寿命和工作效率上的优势；尽管陶器可以由水土组合而来，石器可以由岩石而来，骨器可以由猎获而来，但是除了少量的地生铁，陨铁是唯一在地球表面可以由先民偶然获取或者观察追逐陨石落地的位置以后找到的天然原生金属元素。由于个体对不同方向的概率选择以及与资源之间并不平均的初始距离，造成了最后的优势聚集和边界范围的不平均状况[1]。历史记载，赫梯人使用披着铁甲的马拉战车冲锋，所向披靡，曾使周边的埃及等国胆寒。此时的铁制武器在某种程度上造成了历史的转向，也意味着关键性材料的出现会对未来进程预期作出的改变。

从造物的历史表象可以看到现有的文明经历了石器时代、青铜时代、铁器时代等发展历程，每个时代的造物遗存在今天的博物馆中的呈现都是美轮美奂，闪耀着极致光芒，而从资源的获取与转换带来的社会发展视角看，又会是另外一个争战连绵的图景。这些成败和荣光背后的一个重要的角色就是铁制武器作为获取优势的工具。原因是，优势群体掌握了某种优势的材料，或者在偶然概率下的机会使得某些群体获得某种优势材料，从而在应用之后取得群体优势。

同时个体与资源之间的距离与获取速度，即效率，也对结果产生重要的影响[2]。关键性

---

[1] 一般认为在西亚的赫梯人（Hittite）是西亚地区乃至全球最早发明冶铁技术和使用铁器的族群，同时也是世界最早进入铁器时代的民族。直到公元前1180年左右赫梯灭亡之后，赫梯铁匠散落各地，将冶铁技术扩散开来。有研究认为，中国的铁器最早也是大约在公元前600年由西方传入。也有少数学者认为公元前800年左右传至印度。

[2] 本书从"糖域模型"的计算机推演过程看造物受到资源存量边界的限制。

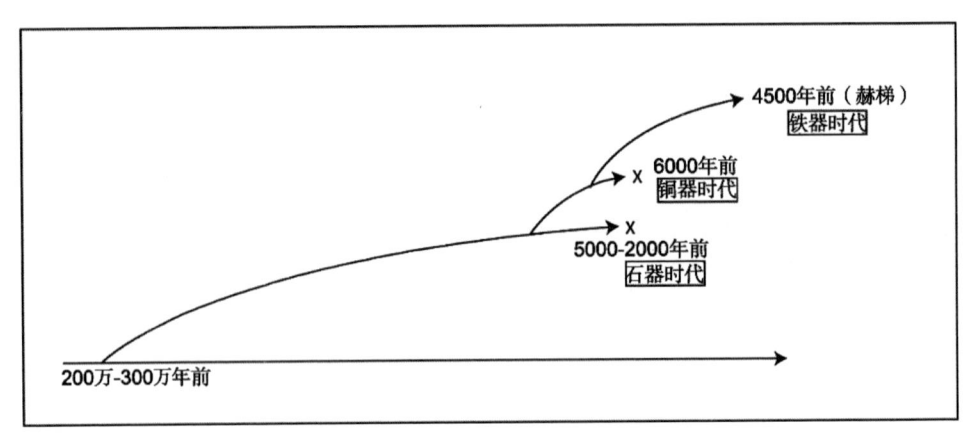

```
                                    → 4500年前（赫梯）
                                      铁器时代
                          × 6000年前
                            铜器时代
                        × 
                          5000-2000年前
                          石器时代

  200万-300万年前
```

图3-3 优势性能材料能够推动时代的转折（自绘）

资源的起始有很大的偶然性，在更大的层面来说，或许是上帝掷下的色子散落在不同的位置造成了不同的结果。那么从不同的资源起点所看到的未知也是完全不同的，体现了物质材料对于获取优势的重要性。设计思维与方法作为获取与转换资源的工具，也在不同资源的起点基础上有不同的呈现。资源的不断获得，边界的不断扩张，依据可能的概率以及采取的思维方式和可以提升的速度和转换效率造物。

显而易见的是，在这个由物质构成的世界中，具有材料性能优势的产品或者造物将会给使用者带来最终的优势，通过不平等的材料制作工具，产生优势获得效率剩余，在我们可见的资源边界范围内，铁作为一种不平等的资源优势起到重要作用。因为原初的能够用来造物的铁材料大多数从陨铁中获得，而陨石的落地是随机的概率事件。有考古证据最早的铁的使用来自陨铁（Meteoric iron），有明确记载的一块巨大的陨铁是由美国海军北极探险家罗伯特·E.皮里（Robert E. Peary）于1894年通过北极的因纽特人向导找到，几百年来，居住在陨石附近的因纽特人通过冷加工的方式即通过冲压和锤击来制造器具或工具，使用这些偶然概率坠下的陨铁用来制作工具和鱼叉的金属来源。资料显示，作为优势工具的铁器生产至少可以追溯到公元前20世纪。

由于铁在历史进程中有偶然和必然的出现概率，在没有铁的边界范围内，相对于最具优势性能的材料就会成为设计思维模型中一个非常重要的变量因素。就比如，不同体积的生物需要不同的骨骼作为获取资源和信息过程中的结构和构建物，用来支撑自身的生理系统[3]，那么对于造物来说，整体的资源边界内的可以转化加工的材料就需要有一个可以在硬度和强度上作为工具和结构的材料。尤其是效率工具，需要在性能上可以"将"物[4]，即在物理性能上能够胜出，通常的做法是选取范围内可以取得的最有硬度的材料。因为人类习得现象与组合的造物历程从物理现象开始，工具优势的获取很大程度上取决于材料的硬度。

例如美洲的某些早期人类社会一直没有能够进入铁器时代，因为当地根本没有大规模可用的铁，只能利用金、铜等金属作为工具材料，材质软、效率低，并且在数量上很稀少，无法作为普遍的效率工具去大面积使用。相应的社会发展规模就会要求相应的材料来支撑，以复活节岛[5]（Easter Island）的社会发展和文明崩溃为例，关键材料的消耗殆尽导致了文明和社会的崩溃，失去未来。相关资料显示，这是个没有金属资源的岛屿社会，岛上的先民在几千年前由各南岛体系的岛屿过洋而来，在最初的繁荣和人口增加的需求之下，对关键资源的过度开发使用造成岛上乔木的消亡，进而在若干年后，渔船的木材腐朽导致可以近海捕鱼的最后一艘渔船消失。因为没有乔木材料可以制造渔船，那么只能转向岛上的存量资源进行开发，这进一步加速了文明崩溃的速度。虽然这个文明社会的进程不是以铁器为主导的，但是范围内性能最好的乔木大树的灭绝导致了由此而来的造物的中断，比如独木舟、纤维的来源、酿酒的来源、原木搬运工具的来源以及海鸟巢穴带来的鸟蛋等，因为关键性的材料资源的供应中断，终结了岛民们向周边海域获取蛋白质的可能性。他们只能在近岸的地方寻获小海螺，导致资源获取总量只有先前的20%–25%。如此必然使得原有的工具系统废弃、社会层级崩溃，以及未来进程终结。20世纪70年代，罗马俱乐部提出"增长的极限"的命题，也可以与这

---

[3] Adrian bejan, DESIGN IN NATURE [M]. anchor books, 2013: 71.
[4] 本书借用"将兵""将将"之意，将物：即是在行为主体能够控制的边界范围内的性能最强的工具产品。
[5] 复活节岛（Easter Island）：以复活节岛为例在考古学、社会学、人类学、资源学等学科中早有研究，成果汗牛充栋。本书作者从未来设计思维的角度来整理相关文献，从工具产品在这个兴起衰落过程中的作用，提出本书的分析。大约在1000多年前，有人类从密克罗尼西亚的其他岛屿到达了现在的复活节岛，岛上的居民在社会繁荣时期达到2万人左右的时候，由于生存和互相攀比建立石像的运动，导致了棕榈树的大量砍伐，由此使鸟类和其他依附于森林系统的生态环境崩溃，也失去了建造船只的材料，在这样的情况之下，耕作和养鸡等农业行为进一步消耗了土地的营养，带来了进一步的水土养分的流失，土地的承载力崩溃，人口无法继续繁荣，资源冲突进一步发生，加上欧洲殖民者的贩奴隶的行为，到了1877年，岛上居民仅仅剩下150人。本书作者对这个单一边界内的工具产生的作用分析，见文后附录图-4的内容。

个例子印证，认为人口增长消费也产生了全球性资源危机，使得全球面临现实的问题，就是说使得人们从全球的尺度上认识到，地球是一个有限边界的一个单元，它所能够承载的人口数量最终受到整体的资源存量限制。

　　以上可以看到，优势的材料不是历史的必然出现，而是概率带给某些群体的偶然的未来优势，特定边界范围内的优势材料会对未来走向产生影响。这个过程中对于每一个群体和个体的未来发展机会都是不平均的。同样，失去关键材料的供应也会导致未来进程的终结，材料作为构建获取资源和信息的网络构建的物质基础，与社会合作构建与传输通道的构建嵌合，整个范围内的未来发展是基于物质存在的基础之上的。而获得这一比较优势的唯一限制就是同一边界内的最具性能的优势材料构建成工具的既有限制。如20世纪七八十年代，工厂工人会利用手头可能的材料来制作工具产品，如利用内燃发动机的金属气门杆加工制作可以剥蚕豆的厨房工具，利用工厂的钢筋等材料制作折叠桌等，工人们会利用边界内的最具性能的材料来制作可能的工具，直接跨越农业社会以来的以木材等材料制作的方式，但是，只要走出工厂的范围之外，就又不得不重新使用传统材料。从另外一个角度来看，未来也有可能从一种全新的未知材料从外部空间的偶然落地，重新带来一种全新的未来材料，在工具性能上完全超越现有材料，犹如流星带来陨铁，从而开启未来视角上的新时代历程。同时，新能源新材料作为对资源的新的认识，也对设计的面貌产生了很大影响，以交通工具为例，从最初借助自然能源来驱动风帆到借助动物能源来驱动车辆，再到借助化石能源来驱动汽车，到今天借助电能来驱动自动驾驶汽车，到未来借助氢能源以及全新的由人工智能合成的能源来驱动完全智能与数字化的效率移动工具，这样的未来依然受到物质材料的发展限制。

二、材料作为工具本身的客观限制

　　客观世界是由物质构成的，任何主观意识之下的设计思维所指向的目标以及达成目标所需要的方法和手段，最终都必须由客观的物质来建构实现。这是一个趋向资源获取与转换的以造物主为工具的过程，包括思维与造物两个方向：一是系统传输与转换的思维网络路径的构建，这是获取宏观目标下的子目标的思维；二是实现系统物质网络路径这个子目标而进行的造物与使用的过程。

　　从漫长的历史发展时期可以看到,某些聚落从渔猎的剩余骨殖到陨铁的获取来制作工具,进而带来偶然优势,进而发展繁荣。但这样的部落一旦遇到用新材料制成武器的外敌的入侵,很快就会倾覆。古代中美洲文明时期,由于没有足够的铁作为原材料来作为武器的制作材料,在外来的西班牙殖民者的枪炮面前,印加军队不堪一击,帝国的历史就趋向终结,由此改变了地缘政治和经济版图,对自身边界范围内的未来发展产生了影响。所以,如果没有铁器,某些区域文明的历史可能会有另一个版本的描述。如果没有强势的物质支撑,在火药面前,土墙无法抵挡;在铁器面前,石器部落必然衰落。而所谓的枪炮、细菌、钢铁的组合更是重新塑造了大多数地区的历史与自然进程。

　　可以想见,任何失败的部落,已经尽可能地采用了自己所在范围内性能最强的材料作为武器,但是入侵者的武器材料性能更胜一筹。可以造物的材料并不是平均分布在各处的,这是一种物质本身出现的概率导致的发展不平等,最优性能的材料的出现是偶然而不一定是必然,即便一个部落拥有相对性能最好的材料,这个优势也不能永远保持。而当材料本身经过进一步的人工合成以后,性能就会有很大的提升,应用的范围也最大化地扩展,整个世界的设计面貌就从木材、植物纤维、石材、铁质材料的组合范围内解放出来,逐渐在新材料特性带来新优势上发展,生产工艺和全新的生产门类产生,新的造物工具、产品、制品带来社会发展和贸易经济上的新层面上的优势。

　　材料作为工具的限制有几个方面,一是资源与信息的前置存量对设计思维产生直接的制约,以山陕地区过黄河的交通工具的制作为例:羊皮筏的功能和作用要满足将人货渡过黄河这个目的。在客观资源限制的前提下,就地造船的材料并不存在,而以今天的视角来使用直升机这样的交通运输工具在当时的特定时空环境中也难以实现。因为客观的既有资源边界内的资源和信息的初始条件是既定的,如果这个资源与信息的边界又相对封闭,那么只能由信息范围内的水曲柳和山羊皮作为造物材料,使用这些材料的某些物理特性的组合,才能完成这个目的。以铁轨为例,在今天的现代工业制造的无缝钢轨之前的旧有的钢轨系统,是无法支撑更高的设计效率和机车运行速度的列车运行的,原因也一样,关键的材料没有出现之前,设计难以实现。这样的现象在对效能极致要求的军用产品设计上更为突出，如在未来的战场情境下设想的超高速飞行速度的飞机设计方案，在符合要求的材料出现之前也只能在设计计划和思维层面上等待材料未来的到来。

　　二是环境会影响物质与造物的可能性，同时人本对温度与造物之间的关系进行干预或者设定也会对造物产生影响。同样的环境温度对常见材料的物理性能产生影响，例如常见的锡器制品，常温下性能稳定，但在 –13.2℃以下的温度趋向上，会逐渐变成粉末⑥，这也导致了1812 年冬天拿破仑远征俄罗斯的战役中，士兵服装上的锡纽扣因为低温粉化，造成了战斗力的损失；1912 年的南极探险队携带的锡制汽油桶，在低温下粉末化，导致存储功能消失、汽油泄漏；同样在航空产品设计当中，耐高温材料的研发决定了产品设计的可实现性，比如耐高温的发动机叶片的生产制造；在民用产品的设计上，常见的温度影响下的造物与设计，比如陶土器具的产生，在原始时期的火塘边就被先民们制成可用的器具了。现在我们知道，陶瓷的烧结范围，常温的陶土在 600-800℃左右，在 1140℃左右成陶，1200℃左右成瓷，而陶瓷之间的温度称为炻器。如果高温再进一步人为提升，也就超过了材料本身的耐受限度而焚毁。

　　从另外一个角度来看材料的特性在不同温度下的应用，以水为例，水在不同的温度下有不同的物理特性，利用这个特点，北极的因纽特人可以建造雪屋、冰屋；丹麦设计师受到启发，在南极利用现有的冰山建造未来的居住站点，这个方案不需要将材料运输到南极，仅仅使用大型的挖掘机从大型冰山中挖掘出洞穴状的空间，并且在使用完毕后也不需要考虑拆除的问题，因为这个居住空间最终会自行融化。

　　所以，主观造物以客观物质的存在为前提，工具产品的设计是由客观物质构成的人造物⑦。我们认为元素周期表上的所有元素是构成客观世界的共同基石，所以材料的各项特性是构建原初工具到未来造物以及今天的实际产品的最根本要素。例如原初时期的骨耜相对于

---

⑥ "科普中国"科学百科词条编写与应用工作项目 [EB/OL]. [2020–06–12]. https://baike.baidu.com/item/%E9%94%A1/1196.
⑦ [美] 克里斯托弗·威廉斯. 形式的起源：自然造物人类造物设计法则 [M]. 杭州：浙江教育出版社，2020，5.

适宜耕作的泥土；铁器时代的铁制品相对于木器或者骨器的效率优势；今天的合成材料相对于原生材料上的各种特性上的竞争优势，都说明了在一定范围内最具目的性能优势的材料构建而成的产品将在范围内占据优势，因为这个"最"的材料是可以最终"将物"[⑧]的材料：最具硬度的材料、最具柔软度的材料、最具比强度的材料……

再以常见的植物块茎马铃薯所能够涉及的大致与设计思维相关的思考为例，说明全局优势和局部优势在设计思维中的体现。这种常见的蔬菜一般只是当作一种可以食用的蔬菜，作为热量和维生素的自然来源。如果只是熟食，即便是在野外，最基本的要和火来组合作为熟食的工具，这个火＋马铃薯的搭配，在局部比较优势的情况下，一直可以发展到现代化的厨房和最科学的营养和烹饪搭配研究。从这个层面上衍生出的设计与服务作为商业开发的一环，就会围绕品牌而展开现代农业、商业运输、连锁经营、管理与服务等一系列更为庞大的设计呈现和服务呈现。那么，在局部优势思维下，跳脱出食用的概念，使之成为化工原料，再上一层，在全局思维下，再次跃迁，成为航空材料。在这里可以看到，对于来源于植物的某种成分的利用效率，越来越接近物质本身的属性，越来越数据化，在此基础上提出的完全不同的全局设计思维与设计解决方案，达到了一个完全不同的未来。

再则，主观对于客观资源的转化效率也有限制。比如，贝茨定律认为风能的转化约为59%，在未来的电动汽车的设计上也是如此，电池的效率制约了最高效产品的实现。目前的产品设计一般都会在这个限制之下产生，但是当某个创新研究从另外一个角度来突破当前的获取与转换效率的限制，那么未来也会影响新的造物产品的产生。

通过以上的例子说明，物质是设计思维实现的基础，而思维是在主观层面上作用于跨越客观的效率路径和方法。设计思维的限制在于思维赖以存在的总体的信息存量，而思维的速度则是远远超越了物质，可以瞬息于大千之外。人在主观思维之外的真实存在依赖的是客观物质，对于造物，是客观的系统网络的实现，这个顶层子目标的实现取决于物质材料的最终形态和最优性能。所以，设计思维的实现依赖于客观物质的前提存在。而重要的资源获取的

---

⑧ 将物，由"将兵""将将"之意引申而来。

节点事件将对未来产生影响，在迈向未来的可能性的合集中，任何重要事件和重要产品的出现都将会改变未来的进程。

三、未知新材料的未来优势

由于人工合成的材料并不是地球上原生的前置存在，也不是在可见的自然循环当中的产物，完全的人本主体思维下去主动设计和创造出的产物，是跳脱出自然范围的思维结果，这样的人工合成产物的未知，也是今天的未知。

相对于自然形成的材料性能，原始人在火塘边偶然观察到水土混合并且经过高温硬化成为一种新的人为产生的材料，这样类似土陶的合成在很多的范围和领域中正在进行着。比如使用淀粉材料与土质混合而成的砖块，用来构建居所或者防御建构；比如天然漆材料与麻纤维组合的材料，比如人造丝绸是从木浆中组合而来，塑胶从石油中创造而来，包括防护材料与产品设计，户外材料与产品，航空材料与产品，创新的食物材料，面向特定环境的材料，凯夫拉材料等，不胜枚举。再比如人工合成疫苗的材料，通过 AI 的巨量算力，根据可能的特征进行海量的组合排列，以筛选和生成新的材料达到人本主观的目的。这样的新材料的发明和组合，在偶然和必然的产生后，将对现有产品和日常社会生活中的产品设计的样貌产生很大影响。如牛仔裤的染料的合成，这种创新的材料与蓼蓝一样[9]，利用经基因改造过的细菌——通过它们可产生一种相关化合物吲哚酚——创立一种生产靛蓝的"绿色"方法。这种酶遇细菌产生尿蓝母，可以被轻易分离并长期保存。之后，当要染色的时候，另一种酶直接在布料上将尿蓝母转变成我们熟悉的靛蓝。再如在对适宜生活的极端环境的边界范围的探索过程中，创造并且使用气凝胶这种由人创造出来的非天然材料，在抗击极端寒冷温度环境时优于所有现有材料制成的保暖方案，因为具有这样一个在性能上全面的优势，也就导致了御寒类产品根本性的设计思维的改变。例如在服装设计上，不断有新的材料开发与应用，与传

---

[9] Tammy M Hsu, Ditte H Welner, Zachary N Russ, Bernardo Cervantes, Ramya L Prathuri, Paul D Adams & John E Dueber, Employing a biochemical protecting group for a sustainable indigo dyeing strategy [EB/OL]. 14, pages, Nature Chemical Biology, 256–261 (2018). [2019-06-25]. https://www.nature.com/articles/nchembio.2552.

统的植物纤维或者动物纤维的保暖棉衣相比，Solar core 气凝胶材料的服装可以抵御零下 200 度的严寒，这样使得用户可以在以往完全不适合日常活动的区域得以完成工作。

目前使用现有材料到创造合成材料，在物质层面上，面向未来创造了组合新材料的可能性，从化学元素周期表的信息已知以来，预示着未来材料之门的开启与可能性。材料的性能和极限以及新材料虽然制约了设计与造物的效率上限，但超越表中现有材料的合成未知材料的性能上限却将在未来带来新的优势和可能。对现有材料的进一步提升性能的能力也对未来的优势获取有着关键的影响。比如，中国工程院院士赵振业在《中国航空工业院士丛书——如钢人生》一书中指出，F15 飞机上的螺丝有 70% 采用了 PH13-8Mo 钢材，但是中国 40 年后仍在仿制。在飞机的制造设计中，钢材由于能获得最高的绝对强度，以及耐热性能要显著优于钛合金、铝合金，因此有相当部分的部件依然要用高性能钢材制造。从这个角度上看，即便是设计和认识达到了飞机设计要求，没有合适的材料也完全没有办法实现设计意图。在民用产品的设计上也是如此，每当新的材料出现的时候，就有很大的可能颠覆原有的产品生态。如《自然通讯》刊文[10]，科学家们提出了一种新的微型光学元件镜头，空间板的概念使得光学成像系统设备的体积极大缩小，可以看到薄如纸张的相机等设计的出现，从而可能影响我们生活中的许多方面。另有韩国厂商 LG 电子，基于新的屏幕材料的应用，在 2020 年推出可以横向卷轴的电视显示器（Signature OLED R），进一步的卷轴显示产品在 2021 年 6 月取得世界知识产权组织（WIPO）的正式认可专利。

这些新材料[11]不单单是工业产品上的新材料的合成材料，也包括可以构建新的信息传输转换系统的材料，应用的范围从宇航服一直到新的可以食用的材料。通过技术，从六千年前的类蜀每株 10-20 粒种子，培育到今天玉米穗中的玉米超过 1000 粒，这样的过程也是主观

---

[10] Orad Reshef, Michael P. DelMastro, Katherine K. M. Bearne, Ali H. Alhulaymi, Lambert Giner, Robert W. Boyd & Jeff S. Lundeen, An optic to replace space and its application towards ultra-thin imaging systems. 一种替代空间的光学器件及其在超薄成像系统中的应用, Nature Communications volume 12, Article number: 3512 (2021) [EB/OL]. (2021-05-10) [2021-05-26]. https://www.nature.com/articles/s41467-021-23358-8.
[11] 未来视角的产品设计上的新材料，包括但不限于：石墨烯、佐欧态的非塑料制品、单层锡原子材料、克降解粒子材料、高分子膜、富勒烯材料等。

对客观效率的提升，在同样的土地面积上可以承载更多的人口和未来的可能性[12]，再进一步的人工对淀粉进行合成，使得未来的食材和相应的成型工具及产品的设计也提供了足够的想象空间。Science 杂志曾刊文介绍"土豆2.0"，这样的人工合成的新食品材料，从更本质上裂解了传统上对于食物的认知，更进一步地将人本作为一个获取和转换资源的子系统来看待。可以想见，在食品工业中，未来的新材料合成食物也必将大行其道。

虽然今天以整个客观环境中的材料现状来造物的可能性基本都在门捷列夫的《元素性质与原子量的关系》论文中所列出的元素周期表当中，包括已知的63种元素，以及4个未知元素作为未来造物的可能性，但是未来的新材料必然会带来未来的优势。当一种具有完全相对优势的材料进入社会现实当中，旧的资源和信息的获取与转换系统将会瓦解，新的工具组合时代将会到来。所以，从原初由偶然和概率获得的现有材料发展到组合加工材料，再到现在创造出全新的人工合成材料，直到未来最具性能的新元素的组合材料，这样会进一步地减少人到客观目标资源之间的层级与分形，进一步提升转换的效率，进而到达可能的全新未来。

四、生理系统的阈值对造物的限制

作为未来进程中的思维主体的人的生理系统是一个有限系统，并不能无限度地输出或者输入能量。现有的生理系统边界的形成是受到亿万年来生物进化与环境平衡的限制，匹配了客观环境的发展进程，同时受到环境的制约。

这个生理系统在宏大的温度跨度中，适合人本生理系统正常运转的温度范围是非常有限的很小的范围，且是一个具有相对稳定边界的系统。这个系统所在的客观环境仅在37℃左右。我们从研究成果中知道，已知的环境温度的绝对零度的−273.15℃（绝对零度）到最热的由实验室创造出来的5.1亿℃[13]；而由人的主观能够控制的温度范围大约是 −180℃ ~ 3000℃

---

[12] [美]帕梅拉·罗纳德. 明日的餐桌[M]. 上海：上海译文出版社，2016，67.
[13] 在人工环境下由人类所能产生的最高温是5.1亿度，该温度是美国普林斯顿等离子物理实验室核聚变反应堆于1994年创造。

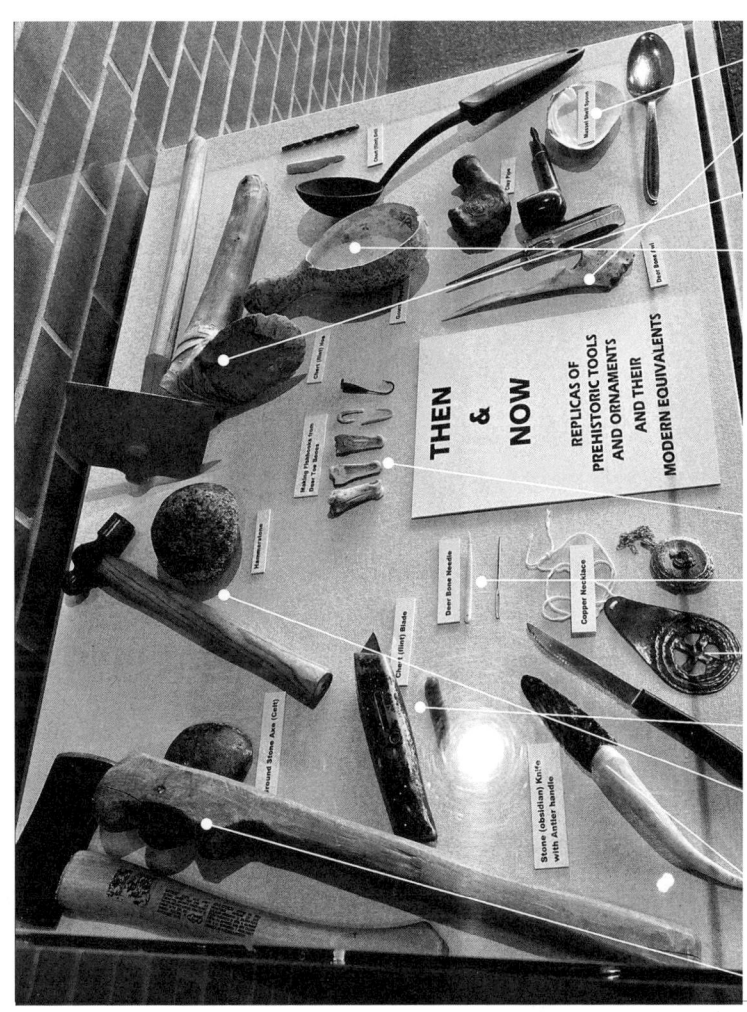

图 3-4　伊利诺斯州 Cahokia（600 年—1300 年）印第安遗址展呈中的原初手持工具与现代手持工具的对比，从工具产品的设计视角上看，一千多年来并没有本质的变化（作者考察自摄图片）

1. 蚌壳勺子与今天的金属勺子
2. 鹿骨锥子与今天的金属改锥
3. 蚌壳锄头与今天的金属锄头
4. 葫芦瓢与今天的金属勺子
5. 鹿骨制作的鱼钩与今天的鱼钩
6. 鹿骨制作的针与今天的金属针
7. 铜制挂饰的对比
8. 燧石刀具与今天的刀具
9. 卵石锤子与今天的铁锤
10. 石头有柄刀具与今天的有柄刀具
11. 石头斧与今天的金属斧头

之间。

在趋向未来的发展进程中，对于外部世界的资源与信息的处理需求和能力要求都大幅度攀升，这个巨量的处理需求与人本的生理处理能力之间的差距越来越大。在信息处理的效率要求之下，相应的处理工具及产品也应运而生。即便如此，也需要更多处理能力的可能性，不然单人处理的能力瓶颈很快到来。因为，视觉、听觉等五感作为信息输入工具的处理阈值是有一定的限度而不是无限的。

从上图的展呈对比中可以看到，大约千年前的原始的手持工具与现代的手持工具在形制以及使用方式上并没有什么本质的区别，这是因为人的手部的生理构造和动作方式千年来并没有什么改变，相对于生理进化所需要的漫长的历史时期，千年仅仅一瞬而已。从工具产品设计的角度来看，生产劳动效率（人本的肌肉效率）正常人的生理指标也是恒定的，从生理学的记录也可以大致看出人本系统输出的大致数值范围。相对于生理系统之外的宏观系统，生理系统无论是获取资源信息还是转换目的物，人本系统的处理能力似乎不能超过人本边界的范围，不可能在单位时间内无限度地提高资源与信息的输入总量和转换的效率。同样，在从获取转换到输出作用于外部世界的能量上来说，现实中也不可能如神话中夸父般追日近至炙烤，或者如小说中虚构的鲁提辖般徒手拔杨柳。但是面对效率的需求，即便是最熟练的工人也不能无限提高生产与劳动效率，在氧气供应不足的地方，必须提供氧气的设备；在水下工作场景中，建立呼吸循环的工具产品也是必须有的要件之一。即便如此，在不适合生理系统工作的场景下，工具产品也只能提供有限时间内的工作效能，同时在质量上也会产生均值回归的现象。这时的设计思维辅助设计也必然成为生理系统功能的延伸。从未来视角的设计思维"目标"来看，维持人本系统的平衡稳定和补缺是解决的途径之一。比如外骨骼的设计，比如植入视觉导航产品的设计，对于处理巨量的信息需求来说，是必然的，也是必要的。而从未来的视角来看，拓展和延展肢体的可能性的设计也是一个可以看到的现实选择。

  例如，当下社会生活系统中的个人在工作分工以及生活中需要处理的事务的总量比过去多，信息化和高效的信息传输又会进一步增加要处理的工作内容。这时若再以过去要素驱动时期的思维与方法将"人本"生理系统作为处理外部整体信息的一个系统单元，没有看到数据和信息作为新时代的资源主体与传统生产要素之间的本质不同，仅仅是借助工具提高处理效率，使用的处理流程和方法还是要素时代的流程和方法，那么处理能力和信息存量之间的巨大落差就会导致社会整体的过劳。人本从信息的孤岛到整体将信息的判断交给数据去处理，这是我们这个时代的巨大变化，也对要素时代带来巨大冲击。可以想见，即便是计算机也会因为摩尔定律[14]达到自身效能的极限，所以在创新驱动时代重新建构设计思维和方法是未来的需求，也是通向未来的必要方法和途径。然而通过造物产品获取效率的过程中，每当人这个生理系统不堪重负的时候，也就预示着到了新的工具系统、新的资源获取转换系统产生新的可

---

[14] ［英］布莱恩·克莱格.量子纠缠[M].刘先增，译.重庆：重庆出版社，2019：130.

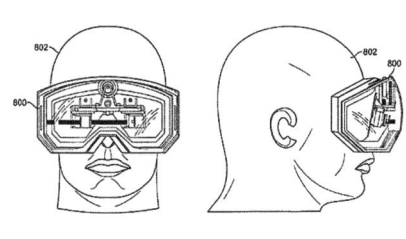

图 3-5 苹果公司头戴设备专利图[15]

能性的时候。犹如工业革命时期，机器等设备取代了很多产业工人的工作，但是从另外一个角度也应该看到机器带来的效率提升，从整个社会发展进步的角度上来说，是积极的变化。因为相对稳定的生理系统通过新的技术变革和生产生活方式，创新地匹配了更高效率的系统，使得社会面貌向着未来又跨进了一步。

如信息的获取处理对于视觉的分辨率来说，超出视网膜处理能力的需求必然由工具产品来实现。对于信息的记忆要求，当下社会生活的信息复杂程度远远超出了田园时代的需求，快速扩张的城市规模，使得原生的记忆能力难以应对，在这样的信息处理需求增长之下，必然出现机械式的导航设备，以及更便捷的个人手持智能导航设备，这样的设备淘汰了纸质地图信息工具的作用，因为有限的纸面信息在今天就不具有过去那种信息提供与识别的优势。所以，在大数据面前，处理的速度和效率在获得优势上具有决定性的优势。

历史不断发展的结果必然使得原有的工具系统不堪重负，从人类最初渴望像鸟类那样飞翔与地球引力相抗衡开始，到五百年前达·芬奇的飞翼探索，都明确了未来的指向，即对造物主以及历史进化而来的人本系统构架进行一定程度的更改，使之更符合人本的主观意愿。面对未来急剧膨胀的数据处理需求，在人本的生理处理数据能力的极限到来的情况之下，无论思维还是方法都必须有新的路径和解决方案，从限制及制约中看到新的造物和设

[15] 生理系统可以通过工具产品的辅助，作为原有生理能力的某种延伸。上图中的系统可以通过红外传感器来收集目标物体的光谱信息，并通过多种传感器的组合来生成物体数据，同时还能通过与数据库信息的比对来实时显示物体的各种信息。可以通过该系统实时识别食物的各种信息，其中包括新鲜度、脂肪含量、食物类型、甜度等，从而可以评估食品的成熟度和热量含量。

计的可能性，才能因应未来。以线性发展的思维来看效率导向的未来生活场景，必然将人本边界内的未来发展方向指向效率最大化与数字信息化的生存状态，仅仅是预想将人的思维与记忆进一步数字化，就可以看到一个只有数据的冰冷未来。这样只有数据没有人的未来存在的设想和场景，在今天已经有很多寓言式的方案了。在物理学的未来视角下，人类是宏观进程中的时空过客。但是，从未来视角的设计伦理角度，则必须是由人来经历时空的进程、作为未来时空进程中的有力参与者，而不是过客。从另外一个角度来看，这种极限感如同每次技术或者思想突破之前的境况，在未来新的方法流程提出并且运行之后，会有新的设计气象的出现，这是未来的技术视角和人本视角的不同。

今天，人类的创新设计思维的火种不断地与外部现象合作，与技术、思维或者力量的综合之下产生的造物与产品或者解决方案的合作将不断地重新建构人自身的系统，这也为未来人本的再造与替换设计的思维提供了可能性。例如，生理概念上的一个人由母体而出生，是一个有时间先后顺序而发生的事件，子体的状况特征取决于在他之前若干时间里出生的母体的状况。这是由"因"而"果"得到的一个新的子体，从思维上可以认同，如果前因改变，那么结果也会随之改变。如早期的克隆羊多利的案例到美国莱斯大学的学者所进行的基因修改婴儿的实验一样，人们在试图修改自己存在的前提因素，重新设定一个新的自己，这样修改线性的过去，重新看到一个可能性的未来，也说明了修因改果的未来设计思维的可能性。

然而在这个宏观环境系统对生理系统运行环境的限制与设定，也意味着生理系统的效能是有限度的。只能够通过造物来拓展系统适配的环境温度，形成"皿"环境。从未来的视角，通过造物工具来跨越当下的效率壁垒，通过设计思维进一步提高效率，使得相对不变的生理系统的输入输出能够重新适配未来新时期的需求，产生新的社会生活形态，这也是未来视角的产品设计思维从当下的限制条件中看到的未来机会与生机，即限制也是一种未来机遇。

在客观系统中的每个层级的有机系统都在保持自身的系统边界的稳定性，这个边界大体上也是经验的边界。在趋向未来资源的过程中，当外部资源丰沛的时候，行为主体通过复制自身系统的方式来提高获取与转换的效率。在资源不能达到获取转换效率的时候，通过终结一部分子系统的进程来保持最基本的获取与转换效率，这样的方式使得个体在未来的进程中成为互为备份的系统，在保持系统边界稳定的前提下，系统中间的任何子系统都可以用功能相同的其他系统来替换，这样可以进一步提高整体系统的稳健程度。所以，更完善的成为节点和接口的生理系统的稳定和组成现有的产品包括人工骨骼、人工外骨骼、人工喉咙、人工心脏……都在全方位地提升人本生理系统获取资源及信息的效率。回望效率工具对于人本生理系统的目的和意义，并且在起点的伦理标准上一直保持着谨慎的定义，则是未来产品去中心化的设计准则。可以看到，不断地与自身生理系统的延伸的组合在这样的未来发展趋势下，能够跨越生理系统阈值限制的脑机接口[16]在未来发展与效率的要求下也必然会出现。而经由产品、造物作为未来优势的解决方案之后，也必然将生理系统从自然环境的限制中跳脱出来，使得未来的生理系统从各种限制中有一定程度的释放，接受新的环境的适配，这样可以看到，未来的食物营养的输入方式，能量的输出方式，未来的生理系统的效能，等等，都会在有限制的思考下进一步发展。

所以，在生理系统处理信息可能性无法满足未来需求的情况下，站在未来的视角来逆向看待"人本"的已有架构，进行人本系统的改造，也完全是符合思维逻辑的。但从未来设计思维的角度来看，结果未必就尽然如此。因为未来是可能性的合集。数字化生存的未来镜像也可以是一些基于人本优势传递的设计思维下的非数字化的生存状态。

---

[16] 脑机接口（Brain Computer Interface, BCI），指在人或动物大脑与外部设备之间创建的直接连接，实现脑与设备的信息交换。这个概念很早就已出现，但是到20世纪90年代以后，才开始有阶段性成果。

第四章　产品设计中获取未来优势的工具

未来的进程是一个趋向主观目的的实现过程。本章从"过去的未来"的视角,以观察者的角度[①]从造物工具在历史队列[②]中的发展来看未来,从过去的"未来式"归纳今天的"未来式",以至将来的"未来式",试图归纳演绎[③]出工具产品在获取未来优势的进程中的作用和属性,这个工具的属性从属于人的最终目的,即在未来的最可能的传续。

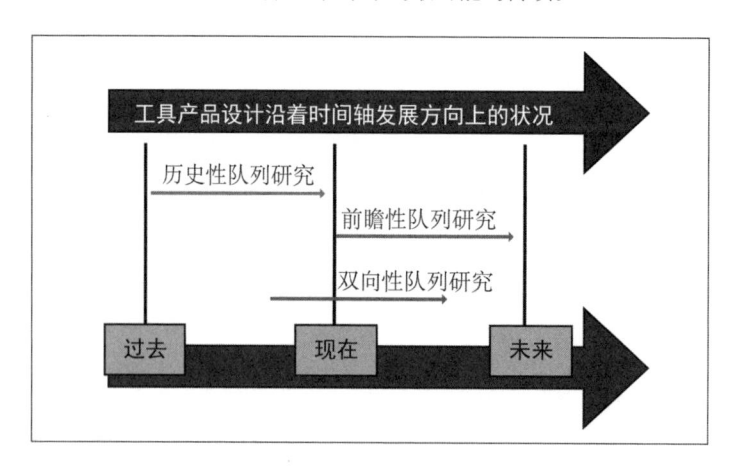

图 4-1　工具产品在历史性队列中的未来优势研究示意图(自绘)

在 Science 杂志相关研究论文的[④]论述中,我们了解到,非平衡系统的产生是从开放系统中通过获取资源从而获得新的秩序,形成未来的方向。也就是说,作为更高效率的系统和具有更大质量的系统,必然在一定边界范围内取得优势,主导未来的进程。物理学的观点认为,客观世界是一个不断膨胀拓展的过程,而生理学系统是以人的身体为边界。我们将这种认识

[①] 观察者视角(Observer),在物理学中,理想化的(通常是假想的)设想每个惯性系都有一位观测者,人们便能得到同一事件的一个实际过程中两种不同的时空描述。

[②] 队列研究(Cohort)方法,从历史性队列研究、前瞻性队列研究、双向性队列研究几种方式来帮助研究者在未来结局发生之前定义样本和预测变量,对本书的研究来说,即是从历史性队列的研究来看工具产品在研究者、观察者视角下的定义样本和收集研究变量,提出未来视角的产品设计在未来时空进程中的作用以及与资源边界之间的关系。

[③] 归纳和演绎是科学研究中运用得较为广泛的逻辑思维方法。人类的认识活动,总是先接触到个别事物,而后推及一般,又从一般推及个别,如此循环往复,使认识不断深化。归纳就是从个别到一般,演绎则是从一般到个别。马克思主义认识论认为,一切科学研究都必须运用到归纳和演绎的逻辑思维方法。

[④] Pavel Chvykov. Low rattling: A predictive principle for self-organization in active collectives. Science 01 Jan 2021:Vol. 371, Issue 6524, pp. 90–95. DOI: 10.1126/science.abc6182 [EB/OL].

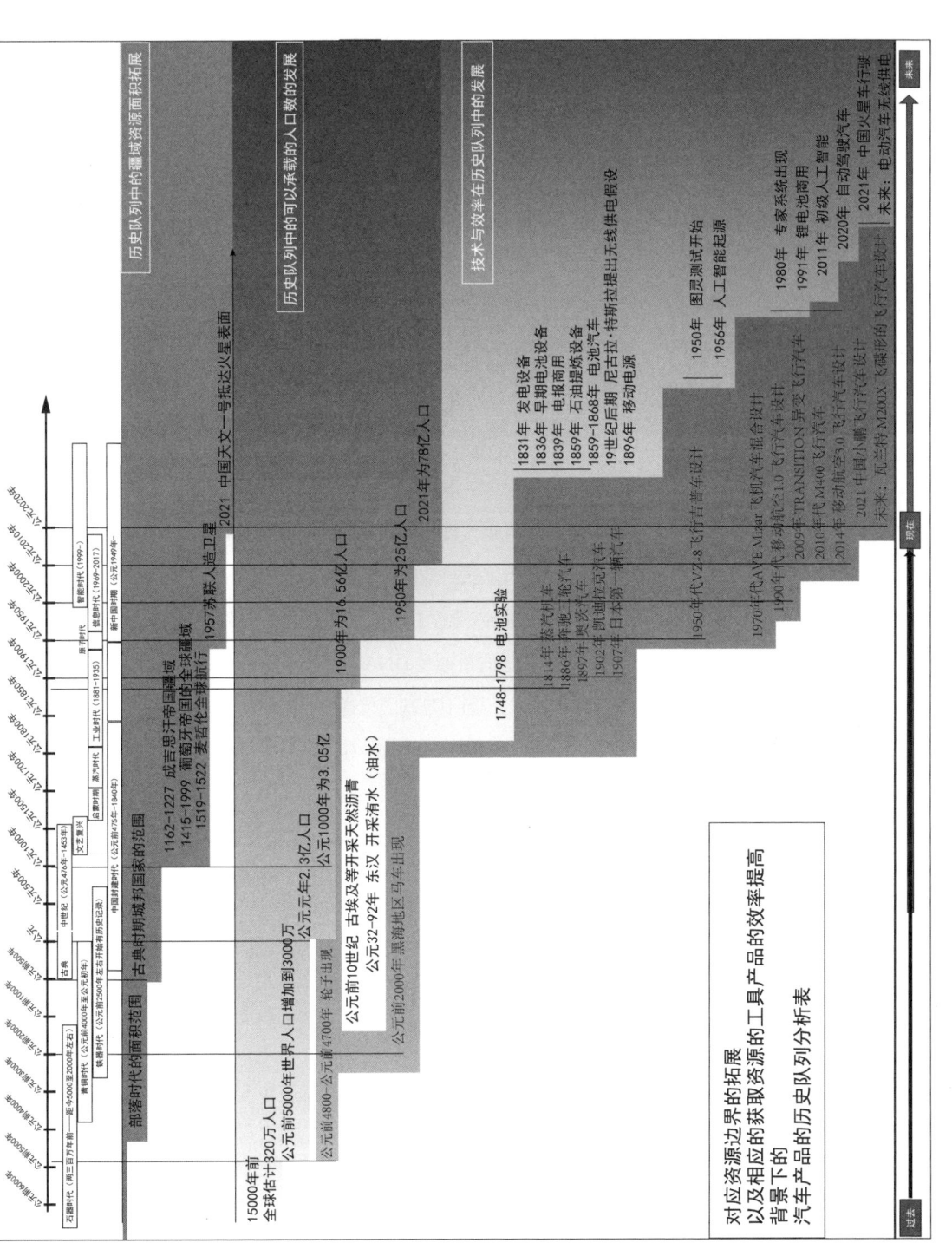

图 4-2 以今天汽车产品的发展的历史队列分析为例，可以看到产品的发展与资源边界拓展，以及技术转换能力有着很大的关系，本书从这个关系入手，认为产品是人^{5}与不断拓展的资源边界之间的效率工具（自绘）

第四章 产品设计中获取未来优势的工具

引入设计学领域，客观世界信息膨胀的过程是"向着未来方向不断增量"的过程，而身体这个系统的边界是"相对不变的量"。本书描述的造物、产品则是身体主观生理系统相对不变和客观外部空间不断拓展之间保持"主客观一致性"的工具。这个工具是由主观的未来存续的目的驱动，是由未来"目的"驱动下的"实现方法与建构"。

我们知道自然进化总是在不断打破平衡，实现稳态，再打破平衡的不断运动的过程中发展的，造物和产品作为工具，也参与到整体的进程中，逐步形成了"人+工具"的组合。人不断地组合物质工具，依靠其产生的能量不断地推进客观世界的发展，同时也发展了人自身的能力，获得相对的效率优势。这种组合与其他可能获得效率优势的资源链接，从而形成更大一个层级的效率优势。组合的不断优化发展，逐渐实现了由人类主观开启的未来。

再从生物学的角度上我们可以看到，人本传递的目标是 DNA 的不断复制和传递。但是在事实上，是我们会更依赖自己的主观意愿的感觉，而不是基因传递的本能驱动，主观地进行意识的传递。在科学家的显微镜下，人类的生命现象不过是物理粒子的特殊排列组合，并且人类的生理系统本身也是符合热力学和"熵"理论的一架机器系统，必须从外部环境获取负熵来平衡系统内的熵增。在这个过程中，与物理系统的不同在于生理系统是有时间限度的，人不能通过无限延长寿命来获取更多的资源。那么在有限的单位时间内提高效率就是生理系统对于获取未来长期优势的回应[6]。生理系统的主观能动性由特有的繁衍本能驱动，通过自然进化获取微弱优势，不断应用了朴素的对物理规律的认识，进而与生理系统之外的"他物"组合而成新的行为单位，使得原初的人们从自然进化的、优胜劣汰的系统生态平衡的稳态下胜出，使得通过主动造物创造出新的主动未来成为可能。

从热力学角度出发的某些技术观点认为，机器人、自动化、人工智能最终会变得比人类

---

[5] 图中人口历史的数据源自苏联人口学家 Б.И.乌尔拉尼斯的研究数据。飞行汽车的相关数据来自：安德鲁·里奇韦. 遇见未来世界[M]. 刘宇飞，译. 北京：中国画报出版社，2017：112.
[6] 与人本表面边界外的传输网络和工具需要由人本来创造不同的是，生理系统虽然也是一个资源和信息的传递与转换的系统，但是这个资源与信息的传输网络是经过亿万年的历程而已经完成的，边界的稳定是这个系统的最大的特征。本书借用物理中对客观认识的镜像的概念，提出以人本表面为分形边界的设计思维的内外不同的两个视角来描述生理系统视角上的未来。

更强大，技术的进步和发展很有可能导致人类社会重构，在可以预见的未来，技术或许能够淘汰人类[7]。但是从思维主体的角度来看未来，却有明显的主观目的指向主观，由主观来赋予客观意义及确保思维主体，也就是说人本生理系统的长期存在与存续，即使希望长久地通过复制的方式来达到未来，显然在宏观的观察尺度上是不现实的，因为物质虽然不灭，但是有物质构成的客观世界的样貌的呈现一直在变化，如果从这个角度来看待未来，那么相对不变的生理系统与不断动态化变化的外部资源空间之间的差距会越来越大，而主观世界与客观世界之间的相互关系，由设计思维来保持主客观的一致性，造物、产品也就是实现未来主客观一致性的工具。

---

[7] 湛庐文化. 关于未来的14种理解[M]. 杭州：浙江教育出版社，2020，175.

第一节　与造物组合获取未来优势

一、未来视角中的原初优势工具

（一）原初的朴素优势工具产生

万物趋向阳光，在这个以太阳能量为中心的系统中，人本生理系统同样遵循热力学定律，需要不断输入能量来维持自身生理的特征稳定。所以，无论主观和客观，发展过程都受太阳系统边界内的资源整体存量影响。这个过程在宏观景象下呈现的是一个被动获取的进程和样貌。

趋向资源去获取转换为本系统所用是万物发展的原初驱动力。设计思维的起点是对物理效能的现象模仿，以及效率需求之间差距的解决方案，初期的解决方案是现象的叠加。从输入和处理能量的角度来看，牙齿或许是从自然进化式设计到思维设计的思维起点，因为为了更有效地转换能量资源以及对食物更高效率的获取和输入，口器这样的类牙组织和牙齿的出现正是"用进废退"法则对这个效率需求亿万年的进化过程的回应。

无论是人类还是其他动物进食，大都遵循大致相同的模式：获得可以转换为能量的物质——输入本体的范围内——消化提取——废弃物排出，这个过程在生命亿万年的进化中形成，是为了更好地获取和处理初级能量物质，现有的科学研究也清晰地佐证了这一点[①]。细胞进食的口部特征，是对资源更高效地吞入的需求而逐渐产生的，同时在整个生态系统中，平行地进化各类主体都可以看到更理想化的形状的口器产生。牙齿作为工具型的器官在漫长的进化历程中产生，早期人类在自然界中与动植物之间相互长期攻防，牙齿一直是有力的武器和工具之一。其中，门齿用于切断食物，犬齿刺穿并撕裂食物，臼齿磨碎食物，这应该是自然设计最初的几件工具之一。

同样，产品设计思维从系统的角度来看工具产生的最初形态，认为牙齿作为提高效率的

[①] Bacteria send messages to colonize plant roots，Science 30 Aug 2019: Vol. 365, Issue 6456, pp. 868–869 DOI: 10.1126/science.aay7101 [EB/OL].（2019-08-30）[2020-10-03]. https://science.sciencemag.org/content/365/6456/868.full.

工具可以将资源对象的物理尺度缩小到合适的体量，进而纳入自身生理系统中处理。如果没有牙齿，仅仅是靠口器的吞咽，就只能选择小于口器大小的食物，这样显然效能较低。这在生物学与解剖学上，具有相当重要的意义。

从设计和造物思维的角度来看，牙齿的物理效用和原始石器的物理效用在类型上是一致的，有很大可能从偶然到必然迈出了造物的第一步。回到工具最原初的样貌，大体上都是为了提高生理系统获取客观资源，提高转换为营养、能量的效率而进行主观与客观事物的组合[②]。显而易见，在同一个背景环境系统内，具有更高效率获取资源的个体将获得未来存续的优先与可能性，因为效率带来的优势会使得主体获得生存竞争的胜利，使之更有可能走到未来。但是自然效率是倾向于平均的，万物在未来的进程中互相制约，每一个有机的系统都在最大化地获取与转换，那么呈现的结果就是一个互相制约下的被动生态平衡现象。而要超越这个自然的平均，就必然对单位时间内能够获取转换资源的效率提出要求。在偶然的情况下，动物及原初的人群借助于自然界中"他物"的合作组合出了最原初的工具作为肢体功能的延伸以后，产生了相对微弱的生产生活优势，逐渐积累而来的获取竞争与转换的"效率剩余"，开始与造物即产品共同组合与发展，创造了今天呈指数级的信息增长扩展的人类社会的发展图景。

这样由偶然的突变进化而来的最原初的工具产生积累的优势，逐渐地在与同类的竞争和比较中获得了未来更多的可能性。因为，进化而来的工具有着相对自然工具更高效的输入效率，在边界内的资源获取过程中，效率高的个体最终会胜出，所以有着更高效率的主体显然比同类有着更高的获取资源的效率以及更多的繁衍机会。在获取未来优势的过程中，很大程度上借助了工具。以使用偶然产生的第一件"工具"为分界线，人类逐步进入有意识的设计制造工具的历程中，人类主动获取资源与信息的效率逐渐超越了其他能偶然利用简单工具的

---

② [美]布莱恩·阿瑟. 技术的本质[M]. 杭州：浙江人民出版社，2014.

动物[3]；并且在抽象出了新的思维方法之后，可以进一步应对不断增长的未来效率需求，使得思维主体进一步超越了自然进化设定的平均速率，向着主观能动性的未来方向快速发展。所以，产品设计本质上是用新的设计思维和方法去实现未来"目的"的方式，是思维主体主观获取未来优势的过程中能够保持主客观一致性的工具。

从这个角度看，生物系统中原初的未来优势的获取，是偶然进化下的产物。客观上，初始位置的不尽相同或者资源机会的不平均，即便是资源相对不足的个体在竞争中处于劣势，但也会借助更具效率的工具来跨越平均效率作为应对之道，从而保持系统边界特征的稳定性。

另一方面，由于客观事物边界的未来进程中随着时间的不断拓展和扩充，单一不变的生理系统需要借助更高效率的工具与不断拓展的边界保持一致性，这也必然要求人本生理系统与客观边界之间的工具处理效率越来越高，以满足单位时间下对工具效率产生的要求。

（二）从现象组合到工具的演绎

从原初朴素的生存角度出发，充足的营养与食物来源的持续供应才能够支撑群体的未来希望。由于生产效率的低下，获得营养物质的过程和时间占据了人们每天大部分的时间，研究显示，

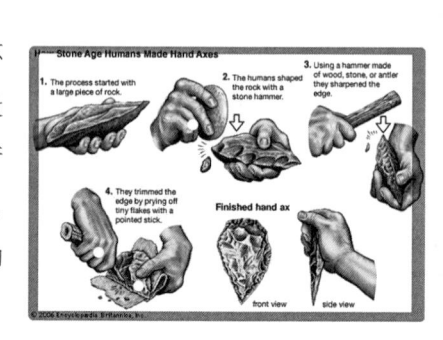

图4-3 人类选择与自造物合作，形成"人—物"组合系统的优势[4]

---

[3] 在相关的文献记录中可以看到，某些鸟类可以利用自身的鸟喙作为工具来编织建造从人类视角上来看具有一定工程特征的鸟窝，如花亭鸟、织布鸟等；河狸可以用咬断的树枝树干等建筑河坝，某些灵长类的动物也可以在偶然的情况下利用外部工具来取食等。
[4] 图片引自不列颠百科全书 © 2006 encyclopaedia Britannica, inc.

那时的人均寿命非常短，在生命周期相对短暂的情况下，单位时间内的效率要求也就是最朴素的生存需求。因为要达到本能朴素的繁衍目标，这个未来目标的实现就会对资源获取并输入能量的效率产生要求。

这就要求人们能够跳出大自然平均效率的安排，向着生理系统边界之外去获得新工具。最为直接的途径就是使用外部的"物"来模仿创造"类牙齿"作为工具，以提高资源输入转换的效率。这本质上是将效率工具的物理本质抽象出来，通过主观的记忆—归纳—转译之后，组合发展形成"人造牙齿"作为新工具的过程，通过不断从现象中抽象经验，逐渐由物的组合到经验的组合来创造出自然界中原先并不存在的物，所以是主动造物的开始，即产品的开端。

通过模仿现象进而归纳转译是造物与设计思维的萌芽和开端，在人类原初发展的黎明时期，从野兽的尖牙利爪之下体验到的条件反射，通过经验演绎之后的原初的主动造物行为就开始了，可以看到，与生存在同时期的动物相比较，人类使用人造工具获得了进化优势。由此拉开了造物思维与设计的序幕[5]。这个过程首先是对客观经验的记忆与转录，是将经验到的现象抽象转译为工具的过程，这个过程也是自然进化而来的生理系统与他物组合的新的工具系统形态的开端。

其次，信息可以传输和复制，信号的复制有很大可能性是从偶然到必然的造物过程中的重要节点，相关研究推测，在长期的进化过程中，对发生的重要事件进行抽象和复现，对自然现象的习得与组合过程中，抽象出来的物理或者化学定律也在反复地被验证和实践，逐渐形成了群体的记忆和经验储备。当某些行为不断以信号的方式重复，也就是模仿和再现，通过对自然现象的学习，例如尝试从植物中取得纤维进行缠绕编织，从动物的尖牙利齿的物理效能中习得有效地破开肌肉，这些都是朴素的原始物理现象的抽象与转译，使得工具这个"物"可以随时脱离与身体的接触，在使用的时候可以作为肢体功能的延伸。

获得的优势图景通过记忆的传递和复制，逐渐在原初社会中保存和发展下来。诚然，这

---

[5] 最近发表在 *Science* 杂志上的科学研究论文显示了皮肤的下层可以对压力进行感知，产生记忆。

样的未来道路也许是机遇并不平均的,在有丰富的可以加工砾石的地方,石器工具的系统发展起来了;在有丰富的动物资源的地方,骨器工具系统发展起来了。同时作为无机物的石器与有机物的纤维组合可以组成更具效率的投掷器,作为有机物的植物茎秆与动物牙齿组合成更具有撕裂效率的以及进攻或者捕猎的更有效的武器,这些组合而成的原始简陋的产品系统的出现,毫无疑问让创造并且使用它们的个体或者原初的群体,通过对经验的抽象与应用,跨越了经验的表象与描述,依靠这些微不足道的主观组合出来的产品的系统工具,获得了相对的获取资源的效率优势,进而率先转入被未来拣选的可能性的优先通道。

这个过程是经验—记忆—习得—转移—演绎的过程,即从客观现象中抽象出朴素的原则和方法,应用到造物当中去,这样的过程在未来优势的驱动下,造物成为产品。虽然很多原初时代的造物工具与捡拾而来的自然物在使用上并无本质区别,但是看似同样的功能诉求和使用方式的产品,本身在构成上已经发生了本质的变化。一个是自然形成,一个是人工制作。工具通过物理现象的模仿习得,通过信息的转递模型化的复制[6],使得人的肢体得以"延伸",同时人造工具在原始发展中帮助人们形成了效率优势。

简而言之,获取未来的传续优势是最原初的造物所服务的目的。这个由人类来主观操控的"他物"就被赋予人类视角上的意义,偶然和概率从自然界的角落里被捡起,经验范围内的无机物或者有机物将成为范围内的工具材料的首选,与自然物的组合成为造物与工具,由此参与到人类的生活与生存历史进程中以获取高于平均效率的剩余,在物竞天择的规则下主观能动性地获取可以走向未来的优势。从设计思维的角度来看,这是一个跨越平均率的过程。由此,生理系统与"他物"组合成为新的效率获取的工具,这是一个组合式的行为一致性的工具,与生理主体共同形成新的效率获取单位。生理系统自身能够获取资源和处理信息的能力是有限度的,因为在漫长的进化历程中依赖长时间的周期相对稳定的外部环境,个人能够处理与获取的资源的效率是与获取的能力对应与匹配的,同时通过不断地复制自身系统的方式来回应生存环境中的"无尽的资源边界"。这个角度的"未来"似乎是亘古不变的、以古为今的循环

---

⑥ [美] 乔纳·莱勒. 普鲁斯特是个神经学家 [M]. 庄云路,译. 杭州:浙江人民出版社,2014,112.

往复，是一种顺应上一层资源与系统环境的被动的未来进化。这样顺应客观外部周期影响的生理系统，通过复制、繁衍的方式实现存续到未来的可能性，是"物竞天择"规律的体现。

二、合作优势下的"人＋物＋环境"的工具系统

从主动与物的组合到进一步地在获取未来优势的过程中抽象出客观的物理化学本质，再加以转换利用为工具，其中的关键因素就是合作。合作是自然界普遍存在的一个现象。从社会生物学的相关研究可以看出，无论是蚂蚁集团的集体化行动，还是狼群的组织化的狩猎行为；无论是蜜蜂的八字舞还是非洲草原上大群的食草动物的群体移动，都可以明显地看到合作的优势。大多数的合作都是有机体之间的合作：动物与动物、植物与植物、动物与植物合作。也有一部分合作是动物与自然界的物体合作提高猎获的效率，能够通过合作超越个体系统的效能，本质都是为了获得更好的未来繁衍优势。

无论是从动物的群体化合作到原初人群的社会化合作，都是在朴素的生存需求下自然而然的需求，我们可以从壁画遗存中看到这些描述动物合作到原初人群集体渔猎的群体原初合作的相关画面。人类与"物"合作的开端和许多动物偶然的利用工具一样，是一个偶然和概率的开始，原初造物的驱动力在于人本效率与资源信息边界之间的解决方案，合作的前提是对客观现象的观察、总结及应用。但是，人类有主观主动地对与"他物"合作的拣选与创造的行为，并且进一步地选择了与自造物的合作。人类与"他物"合作，从微弱的相对优势的获取开始，逐渐跳脱出了客观"大我"的随机拣选，从与物的合作→与自造物的合作→与现象的合作，主动地选择未来的可能性，这也是获取未来优势的设计思维最原初的起点。

在未来存续目的驱动下的产品工具发展过程中，主观对现象观察后进行抽象综合，掌握应用原初朴素知识的。原初的人群从与自然物的合作中抽取经验，进一步地与现象合作，这些现象组合形成了原始社群生活的相对优势图景。比如从天然的林火经验中获取熟化的蛋白质来源的方法，到主观保存火种熟化猎获的蛋白质的习得与复制过程的模仿和再现；火塘与土地之间的现象组合为低温的土层硬壳等，工具系统由此涌现。而这个系统的涌现是明确围绕主体的优势获取以及未来传续的目的而进行的。最为重要的一点在于技术发展中，工具

和技术是可以组合起来成为新的工具的,而技术的一个重要的特点就是组合现象,从而达到 1+1>N 的效果。

合作产生的系统与原初的肢体延伸工具的不同在于,合作系统是一个半主动式的系统,系统中的一部分运行不用完全实时由主导人控制。造物工具会以整个群体或者部落为思维基准,形成一个新的工具思维主体组合形式,是人与自然的整体系统中,由人的主观能动性获取主观未来优势的思维与行为。这个原初的合作以及合作次序的建立,都可以看到未来无限分形的组织架构设计的依稀的情形,以及未来社会形态的滥觞。

从造物的驱动力来看,这样的合作产生了工具系统。合作的产生首先是基于分工的存在。在生活的分工中,男性猎战的主导地位和女性的传递地位是明确的。在最小分形单位中,能够最有效地繁衍的分工无疑是最重要的,所以母系社会的存在是远古时期的选择。当家庭不断扩大、部落不断扩张后,整体的群体的生存反过来决定了最小家庭单位的生存。当分形的层级不断叠加的时候,单一的家庭单位仅仅成为整体中的一个有益备份,整体利益的传递更符合现实的未来选择。

在新的生活场景中,环境的产生带来新的思维以及新的工具。通过造物和使用工具获取的效率方式在本质上与今天并无二致。在原初的可能性当中,生理系统与石器组合成新的功能系统,那么这个工具系统类别相较于生理系统与捆绑形成的工具系统在部落竞争中更有概率的获得优势,在微弱优势的不断叠加中,造物的系统也在不断发展。同时这个组合受到自身所处的有限的外部资源环境的限制,使之呈现出发展历程中各种异质同构的工具产品的外在表象。比如不同地域使用自然材料制作的切削工具,无论形状和材质如何,其本质都是在当地资源条件限制下的特有产物。透过这些工具表面的造型呈现,我们可以看到一致的工具本质,即对物理化学现象的抽象与转译物化。这是自然界生物所不具备的一种主动的思维、主动的创造方式和造物模式。其中起决定作用的是思维和判断,获得更好的安全边际、更远的需求来源的信息、更高的单次捕猎成功概率、更长远的群体传递机会,以及向未来目标的迈进。

总之,"未来"是不断通过与现有经验的边界之外新出现的信息和资源的整合,借助工具产品不断地跨越系统的边界,从而获得新的资源和信息的能力。往往各个系统都在保持自有边界的稳定,这种稳定的环境在进化中保持了动态的平衡。但是,"未来"则要不断地突破这种现有边界的稳态,在这个过程中,现有的人与物与环境的关系在不断地调整、修正甚至打破,通过新的信息和资源的引入,达成新的人与物与环境的关系,形成新的"人+物+环境"的工具系统从而达成新的平衡。如果整个世界的所有系统都是一成不变的,那也就只有当下,没有未来。

三、主观造物视角的未来思维开启

社群的产生以及不断优胜劣汰的过程中产生了未来的思考。对于我们从何处来、到何处去的问题,有了初步的蒙昧的设想。众多的远古神话中从无到有的创世与创生、造人等传说,也明显有了时间的方向,从无到有、从初有到现在,以及未来的何去何从,在传续到未来这个愿望之下,趋向边界内资源的最大化获取也使得对资源的争夺和争战产生意义,所有的损失都是未来的整体优势和可能性。在这个视角下的工具,也必然成为效率工具,无论是生产效率还是掠夺效率,都是最大化地获取优势的本能驱动下的发展。

回顾造物发展的历史过程,可以清晰地看到工具产品作为效率的实现手段一直在发展着,设想从观察者的角度[7]站在原初场景上设想当时的未来图景,对比历史进程中的造物在今天的呈现,那么产品设计思维本质上就对应着从历史表现出来的一种能动上升的过程,这种上升过程是人的自由意志推动的,是一种主观存续到未来的意志。其中以产品作为未来优势获取的"工具",是与主观获取未来存续优势的能动性思维相匹配、相适应的产物。优势获取的驱动本质上是繁衍竞争的驱动,行为主体只有获取超越平均律的效率剩余,才能作为未来进程中的持续参与者。

这时,由主观未来视角开启的未来也必然成为一个有限系统(生理系统)的未来。站在主观视角看未来,每一个思维主体都是一个视角的中心,无数这样的主体互为备份,并且在

---

[7] 观察者角度是一种物理学研究上的方法。

尽可能地组成更大一个层级的社群，以获取更多的整体未来优势。相对客观系统的效率导向，主观系统是一个非效率的系统。主观视角的未来进程中的主体是一个有限度的行为系统，通过复制自身的方式，也就是繁衍的方式，以及与物的组合、与社群的组合、与更大的一个层级的系统组合，得以保持主观不变的视角，迈向未来。这样可以看到，相对不变的生理系统不断地与更大范围内的系统合作，保持与客观进程一致性的步伐。其中借助的最重要的工具就是设计思维产生的造物来作为生理系统的延伸，进而组合成一个新的非自然进化的人工系统。因为相对于客观的自然进程，主观造物视角的未来开启是一个重要的节点。造物作为主观思维作用于客观世界的生理延伸以及主观改造客观的工具，也必然出现在主观对客观世界作用于探索的过程中，认为未来的边界无穷尽，也因为无论科学研究深入到哪一步，似乎都有下一步的过程，而对于下一步的边界的研究，总是诉诸工具的延伸的发展，因为未来的客观已经远远超越了当下主观身体系统能够辨识的程度。

从宏观的视角来看，所有的有机体系统的发展都受到上一层环境分形系统的影响，也就是受到来自上一级自组织所能够提供的资源和信息的影响。自然界的规律是平均与均衡，是基于资源的分工，阶层的优势也明显地加大了未来传递的优势，导致主观上的优势阶层的传递意愿，这是万千年来的进化对基因的要求。

虽然合作产生了更高的效率，但是个人系统仍然是一个有限的系统，通过相关的资料可以估算出先民们每天的生产劳动量的限度，社会规模和合作规模都很小，这个主观系统的效率从原初到当下并没有太多的提高。这个以个人生理系统为中心的产品系统，包括了各种初级工具制品都是使用了生存环境表层可以获取的物理化学资源作为造物的工具。在分工出现后的长期的历史发展过程中，尤其是使用火、使用制造工具、使用语言作为信息的交流与转换工具以后，也是与150人左右社群系统与获取边界内的资源的能力相匹配的。对于这样的现象，牛津大学人类学家罗宾·邓巴（Robin Dunbar）指出，人的大脑认知能力是有限度的，并不能无限制地去处理指数级增长的信息，也负担不了广泛及频繁的社交活动。尽管我们已经进入了现代社会，但是与数十万年来的进化时间相比较，仍然很短暂，生理的进化难以与信息的扩张程度相匹配，习惯仍然制约着我们的社交方式和模式。即使一个现代人在手机通信录或者社交 App 程序中已经有了上千个联系人的规模,但真正能够维系正常社交圈子的,仍然也就是这 150 人左右[8]。那么相应的产品设计也必然是匹配这个规格之下的产物。这个现象从另一个方面说明了造物作为工具产品的作用,在于保持客观与主观资源信息处理能力的一致性。

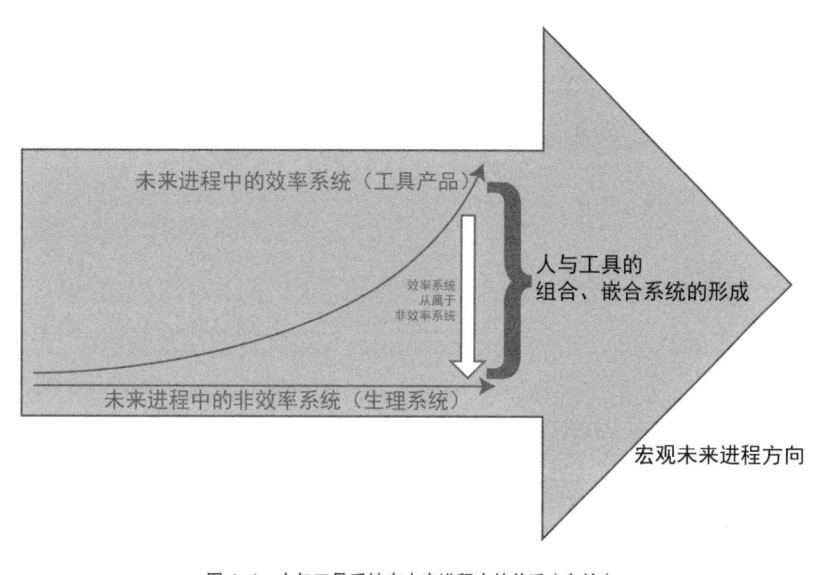

图 4-4　人与工具系统在未来进程中的关系(自绘)

所以主观视角的未来思维将人文和主观的表达视为非效率系统的组成部分,这部分与工具产品的未来设计思维的关联是定量和变量的关系,人本生理系统相对的不变与不断膨胀的信息边界之间的效率一致性由造物和产品作为工具。以个体生理系统为中心的未来图景,是一个不断跨越资源与信息边界过程中的未来。不断跨越现有边界,接受更高效率的信息和资源是人的生理本能,未来的资源和信息牵引着系统的方向,这也与物理定律一致的未来进程。

---

⑧ [英]罗宾·邓巴.大局观从何而来.[M].成都:四川人民出版社,2019,55.

综上，主观视角的未来思维，是一个有限度的思维主体与不断提升效率的工具系统的组合与合作形成的新的效率单元，是一个基于非效率导向的生理系统为行为基准，不断与效率工具组合、合作、嵌合的未来进程，是主观未来与客观未来在思维上的分野以及行为上的一致。

第二节　与系统的组合获取未来优势

一、"生理系统 + 工具系统"的合作优势

从历史性队列的未来视角看工具产品的发展，单一的个人与物组合成的工具系统虽然相对于原始自然的生产效率有很大的提升，但是随着优势的积累、社群的发展，邓巴数体系下整个社群对效率的需求显然让过去产生的简单组合型工具难以应对。就人本传续的根本目的来说，设计思维作为工具，依附于获得资源和信息的解决方案之下。从几万年前先民对植物和动物进行驯化[①]以期获得稳定的热量与蛋白质来源，到今天可以不断地改造材料为范围内最优势的材料，无论材料是作为获取工具还是作为获取目的，最终所有的设计效率的剩余都会汇集到人这个主观能动性的主体上来。单个的生理系统对客观资源转换成营养的获取能力非常有限。在有足够的剩余后，也必然会繁衍复制，在保持主体系统特征的前提下以更高的效率来转换获得的资源。即便是在某个范围内的资源耗尽，也会继续获取与转换新的资源，这个维度视角上的优势就完全是无数次的对认知和认识的积累和跨越之后的必然。

对于个人来说，可以通过提高效率获得优势。在资源获取的驱动下，不断向着资源边界外推进，自然形成的路径也会引导原初的人们去边界以外探求可能的新资源，因为现有资源边界的存量是显而易见的，生存本能驱动下的生存活动范围的扩张同时也是整体信息容量的扩大，在时间刻度不变和人本的生物特征不变的情况之下，产生了造物的解决方案。个人逐渐成为社会的细胞，作为更大系统下的子系统而存在，这样逐渐地产生了城市网络以及社会功能的合作。

站在个体生理系统的角度上看待未来的图景，是对资源系统的趋向和仰赖，通过外部的工具系统来获得更高的效率。在未来优势不断的驱动下，产品工具的效率也在不断提升。在个人经验的外部资源边界与信息的边界范围内，个体生理系统通过与物的合作、与抽象的现象组合的合作，不断获取相对的微弱优势。通过工具产品与人系统的组合嵌合，使得生理系

[①] 水稻作为人类的食物，从野生到大约 1 万年前被人工驯养及现代化加工的效率过程中，产生了难以计数的工具与产品系统与子系统的解决方案，同时相关人造碳水化合物的研究（Natural and artificial carbohydrate-glued protein aggregates）也正在展开，从种植淀粉的来源到人造合成淀粉，在维度的优势上对未来资源的获取进行思维解题。

统可以在不适宜的环境中得以持续正常地工作，使之能够达到生理系统所需要的效率，是一种人本与生理系统之间的转译层设计，这样的未来转译层设计也就是效率一致性的工具。

"自造物"和"物系统"在不断的组合中形成新的组合系统，不断地通过生理系统的上一层系统进行转译，与效率系统组合成为新的行为单元和系统中的节点。比如形成人造工具物与人的生理系统的组合系统，成为生理系统的延展。这个组合系统会成为未来进程中新的行为基本单位，即"生理系统＋工具系统"的组合。

在人与物的组合后，效率与需求也会进一步地让这种"组合"与"组合"进行再一次的组合，即产生了工具系统与生理系统的新的效率获取单元。在未来优势与效率的驱动下，行为主体也必然转向与"未来目的"的合作。这个新的组合单元以生理系统的目的为目的，以工具系统为获取效率的手段，由此产生新的组合系统分形，使每个身在其中的人（生理系统）成为无数个其他人的备份，从与"工具"的合作到进一步与"工具系统"的合作，形成主观视角的平行发展的未来图景。

从达·芬奇时代就已经提出机械论这一概念，相关的工具产品与效率之间的关系，发展到19世纪中叶，在马克思的《资本论》第一卷中也多有论及[②]。随着社会生活的不断发展，分工也在发生着变化。不同的任务使得不同的成员配属不同的造物工具来提高工作效率，不同的采集工具，如渔猎工具、熟食工具等在不同的工作场景以应对更多的人口和更远的资源位置。在同一目标的进一步细分中，通过给不同人员进行分工来配合整体的效率。自然资源传输路径也逐渐将原初的居民不断载向可能的资源新地，这是一个探索与试探的过程，而产品在这个过程中是一种支撑和实现的工具，也形成了一个产品系统的边界。由此可以看到，产品系统与资源边界的连接融合纳入个体系统的经验范围内，工具边界与产品系统之间的连接融合，从漫长的进化历程中产生了与自身生理系统的合作网络，形成了提高效率的模式。

其次，从系统的观点上看，人可以与资源和信息一起共同提高热能的转换效率，每一个系统层级都是更大的一个热力学系统的子系统的分形。从这个角度看，阶层与系统的形成也

---

② 马克思.资本论：第一卷 第十一章 协作[M]. 北京：人民出版社，2004，366，380.

是自然而然的，能够最高效处理触到资源和信息的人，在长期的活动中必然会处在能量流程的上端，形成树状的社会结构，对应于这个树状结构，由不同的造物来适用匹配。个人会配属个人的工具、群体会配属对应群体的造物或者构建，如公共设施、祭祀设施的建造等。所以，效率驱动下的合作导致的由下而上地获取资源地系统网络的建构与产生。

由于有机体的复制繁衍的方式，使得任何一个生理系统都是同类系统的互为备份。每一个行为主体都是自组织的整体系统边界内可能的中心，这也是平行系统的某种形式的体现。当平行系统中的每个单一的生理系统能够有效运行之后，生理系统与工具系统组合成为新的行为与思维的效率系统，成为一个新的发展阶段的社群系统中的基本单元。从这个角度上来说，系统单位也是不断地与新的系统组合成更上一层的新的未来进程中的单元，这也具有明显的分形特征。从这样不断分形呈现的工具系统可以看出，产品与人的组合作为效率系统的最基本的系统单位，也可以是整个产品系统的宏大分型的组合呈现。

每个人借助与产品系统的合作进一步拓展了竞争和效率的优势。个体使用与身体适配的产品提升了新的未来效率。而人们的个体社交能力在个人的信息处理设备和随身设备的深度嵌合使用上得以快速提升，人与技术工具紧密组合成一个新的社会行为单位。因为只有与技术、造物工具与资源信息的网络系统合作，才可能在需要处理巨量信息的未来时代存续。由此新的产品系统的组成形式也就形成了。通过"生理系统 + 产品系统"的合作产生的获取资源信息的网络，进一步获取相对于参照组的优势，未来视角的主体从个体的未来转向群体视角的未来进程当中去。

二、获取未来资源的中心化优势

由前文所述，获取未来资源的进程中产生了对效率的需求，必然会形成物质资源的聚集，这个过程也是一个不断中心化的过程。在客观的物理研究中可以看到，对于物质聚集产生质量也产生了优势和引力。大质量的物质会获得大的优势，这是客观规律。但是相对于客观，人的生理系统是一个有限系统，无法同步匹配工具的效率以及物质资源的传输效率的需求。因为人的生理系统需要通过休息的方式来恢复体能，而工具不需要这个过程。在整个系统中无数个这样的非效率的生理系统需求，使得停顿和堆积资源的节点由此产生。当一个人无法完成一日往返的资源获取任务，必然由于生理系统的需求以及限制而建立中途休息站，单次无法完全运输的物质资源也必然需要建立存储的设施和工具产品来处理，在无数同一时空内的平行主体的共同作用下，无数个工具产品的节点就会产生，同时向着更高效率的中心聚集，这样也使得资源传输过程中的网络产生。

最初城市的形成也是如此，是农业资源的商品交换的需求逐渐形成的集聚建构。随着社会的不断发展以及人类对资源需求的不断增长，新的效率工具不断涌现，生存手段不断加强，其背后仍然是获取物质资源的需求下的不断中心化的聚集。社会发展到今天，人口大量聚集城市，逐渐地拓展繁华，趋向资源数千万人口所构成的中心化城市比比皆是，这也是一种未来优势的集聚过程。在这个过程中，无疑会有海量的工具产品的出现作为实现的方法与手段。例如上海市政府[③]课题组运用收集的1266家上市公司的数据，构建了50×50城市的联系矩阵图，对中国城市网络的结构特征进行实证测度，将基于制造业的中国城市依照重要度重新排列，形成位置与传统地图的位置完全不同的网络可视化图解，这个对制造业的中心化趋势研究也可以印证本书提出的产品中心化的观点。

从未来视角的中心化优势来看，过往人类集聚的网络之间的链接，仍然是由物理方式进行的。传统的网络链接工具主要是船只、马匹之类的工具构成，随着工业化的进程加快，提升了获取与转换过程中的工具效率。今天，信息化使网络链接的工具得到了极大提升，瞬间联络、远程办公都已经成为常态，在传统物理方式仍然作用的情况下，非物理方式的网络链接更多地运用到我们的现实生活之中。将全球作为一个整体的思维基点将是未来设计思维的出发点之一，以全球为一个基本的分形整体系统来获取和转换与体量相匹配的资源和信息，获取与转换资源。特别是在"人类命运共同体"的概念下，获取人类整体的效率优势往往不是一个国家可以解决的，必须获得所有国家的共同协作。

由此可以看到，工具或产品形成的系统是资源传输工具主导下的个体系统与外部系统的

---

③ 上海市人民政府发展研究中心. 上海2050战略资源[M]. 上海：上海人民出版社，2016：182.

一致性工具。边界拓展与资源的获取效率之间呈正相关，效率越高，边界拓展的程度越高。在这个过程中，工具的作用甚至是决定性的，没有高效的资源获取和传输的系统作为工具，也就不可能构建趋向资源中心化的高效率网络。

在此基础上，我们可以看到全球性的产品系统的产生，例如全球性的信息获取引擎，包括百度、谷歌等；全球性的知识存储中心形成，如维基百科、百度百科等；基于数字化系统的全球商业网络与娱乐学习网络，在这个趋势下，可以看到阿里巴巴、亚马逊等提供了全球商品流通的途径，同时也逐渐形成了以巨量数字资源拥有者为中心的新的全球中心化。从产品设计的未来视角看，产品成为在未来趋向全球数据资源进程中的海量的工具，出现在这个路径的每一个节点上。趋向信息中心的系统化产品设计将逐渐取代单一孤立的产品设计。

对于资源聚集过程中的工具产品设计而言，设计思维就通过资源与信息的获取与传输，解决在系统中的某一个阶段、某一种状态、某个目标中的问题，给予这个系统一个更好的前进方向。在这个过程中，除了支持系统运行本身的资源信息消耗以及正常的系统废弃物的排出外，任何合理的产品设计思维都应该注意传输过程中歧路和浪费的产生，从而使构建的设计网络必须符合与自然界平衡的原则。以生理系统的未来优势获取为目的的驱动下，工具产品是个体的生理系统与外部系统的一致性工具，随着信息工具的加入，资源传输工具与信息工具之间的融合与进一步的分工，更有效地构成了未来优势的可能。

三、获取未来信息的去中心化优势

信息[④]的获取与处理的效率会反过来促使对物质资源的获取效率的提高。原先的物质聚集构成的中心化也必然随着信息工具的效率提高，不断地被去中心化[⑤]。从工具形成的系统的视角看，实体的资源传输和信息的传输都占有同样重要的位置。实体与信息的嵌合紧密，

---

④ 信息（名词解释）指音讯、消息、通信系统传输和处理的对象，泛指人类社会传播的一切内容。人通过获得、识别自然界和社会的不同信息来区别不同事物，得以认识和改造世界。在一切通信和控制系统中，信息是一种普遍联系的形式。1948年，数学家香农指出："信息是用来消除随机不定性的东西。"
⑤ 去中心化（decentralization）是互联网发展过程中形成的社会关系形态和内容产生形态，是相对于"中心化"而言的新型网络内容生产过程。

实体可以由信息来描述，信息可以由实体来呈现。

行为主体在不断地获取资源的过程中，对信息处理有着极致化的要求，并且这个处理要求会将数据部分交由工具产品来处理，人本生理系统则保持主观的判断部分。数据预计到2023年，全球连入网络的个体达到489亿[6]，商业模式也将越过网络的临界规模成为"数据沙皇"，形成新的中心化，使得个体依赖于网络以及成为支撑网络的基础。在这个转化效率最大化的前提驱动下，最终每个单一个体都将与全球信息网络连接，通过人本语言或者机器语言，成为分形的一个基本的节点。所以优势获取驱动下的个体未来图景首先是人本生理系统与边界的关系，这个获取转换外部资源获得优势的过程中有两个变量：一是物质的存在是前提条件；二是信息能够判断物质的存在与可获取状态。这两个变量相互影响，互为因果。

由于获取资源的工具效率不断提高，在原有系统中的一些子系统可能在变化中成为主系统中的一个节点，而原系统中的一些中心节点可能不再具备资源中心的属性。例如在以卖家为主要供给阶段时，系统的中心是"制造"，因为供小于求，用户只是被动地接受卖家所提供的产品，它在产品开发的系统中是一个支流；而当系统转换成买家为主要方面的时候，供大于求，尤其是当体验经济到来的时候，用户研究、个性化的用户需求信息就成为整个系统中的核心部分。随着系统中每个人都拥有个人信息处理设备，从而成为一个网络信息节点的时候，海量的对产品的个人偏好就出现了，这时一个去除旧中心化的场景就出现了。因为每个人都可以从自身的视角来提出相应的需求，每个节点的权利和义务都需要得到响应，这样在系统中的产品需求不断多样化，而不是提供一个确定方案就可以满意的程度。用户已经从单一的接受资源信息能量的节点成为一个信息获取与处理的"中台"[7]，而当无数个这样的中台系统形成也必然将之前中心化的巨型系统的作用抵消，以及在效率上的跨越，现去除旧有的信息与资源的处理"中心"的过程。整个工具系统是在不断变化的，原有的中心在不断地被去除。在未来的发展中，这种角色的转换还可能不断发生，当一种原有的资源不再能

---

[6] vrsina 2020 全球网络趋势报告，2020，9.
[7] "中台"思维，就是在商业描述中，能够同时支撑多个业务，让业务之间的信息形成交互和增强的机制。源起于芬兰Supercell公司。

够支撑系统发展的时候,这种"中心"就要被去除掉,取而代之以新的对象和方式作为效率工具,使其与资源存量之间保持平衡和一致性。

在全球制造协作中,也有这样的例子。美国波音飞机和欧洲空客飞机,其产品的生产制造可以获得远远超过单一国家的资源转换的效率,由全球不同国家来完成,进而获得超级效率剩余[⑧]。例如美国波音787飞机是全球外包生产程度最高的机型,从其研制、定型、转化到融资都通过全球网络实现。通过这个去中心化的协助方式,波音787飞机的设计和制造也是波音史上效率最高的一次。400多万个零部件中,波音公司自身只生产尾翼和进行最后组装,其余90%的生产是由全球合作完成的。在设计上,由美国、俄罗斯、日本和意大利共同协作完成;在研发和制造上涉及美国、日本、英国、法国、瑞典、意大利、澳大利亚、加拿大、韩国、中国等多个国家和地区的专业供应商。这些资源和信息传输工具的设计制造与服务的产生,体现的是全球范围内去除单一中心化的现实,是以全球作为一个思维的基准分形而成的全球协作视野上的设计与建构。对于参与其中的合作国家来说,通过信息的传输与获取转换,将波音公司某种程度上去中心化,但是从另外一个角度来看,以波音公司的视角来看,其通过将合作方视为某种资源,进一步巩固了其在航空产品制造业中的中心化地位。

产品设计中典型的案例是摩尔定律下的计算机产品系统节点中的设备,不符合效率要求的计算节点工具产品将被系统移除,新的效率工具将跨越这些旧有的设备处理能力,数据处理能力的增长与客观资源的处理要求相适配,不断保持主观处理要求与客观资源在存量之间的一致性。例如我国的量子计算机"九章"在求解5000万个样本的高斯玻色取样时的运算速度,是传统计算机速度的数亿倍。不单单如此,古今以来的任何工具的设计与发展迭代都呈现了这个特征。去中心化也会进一步导致无人化智能工具产品的运行,这样的产品将某些需要人来操作的产品中的人的必要性去除,比如无人驾驶汽车在未来进程中的发展趋势。

---

⑧ 陈金兰,刘海滨. 中国航天工程咨询中心. PLM助波音787飞机项目实现全球化虚拟生产[J]. 军民两用技术与产品,2008(09):37-38+42.

从最远端的可能的信息及资源的边界所在，到人本生理系统之间的传输，会分为几个阶段的形态，而每个形态都可以用信息的方式直接与生理系统的节点发生联系，进而获得新的效率工具，形成新的产品工具系统的拓展。例如，在肢体延伸工具层、随动工具与系统层、自主工具与系统层，以及最终的资源与信息的智能探测层，同时未来的生活场景也就会在效率不断的提升要求下获得空间的延伸。比如空中家园、海底家园等，城市的空间利用效率不断地提高，密度也在不断地提高，新的人居方式在出现。由此可以看到产品作为工具的不断中心化的过程，不断地去除不具备效率需求的节点系统及不符合效率要求的工具产品，这里的产品不单单包括物理状态下的产品，也包括无形的产品，例如数字支付工具产品与数字货币产品等。

未来视角的工具产品的作用体现的是一个通过获取更多信息而不断提高效率、不断去中心化的过程。无论是信息的获取还是资源的获取，都是向着未来的时间方向不断形成新的中心与去中心化的动态分形景象。在中心化的时代，设计思维着重在解决问题，因为获取资源并传输转换面临的是聚集的效率；而在去中心化时期，因为不明确的需求是混沌的表象，获取信息的过程必然是一个去中心化的过程。

在不断获取信息的过程中，不变的是人的生理系统，单一的人作为一个处理信息的效率越来越高的生理机器，必然将从原初时代形成的社会层级以及社群中的邓巴数的限制中解放出来，在这个基础上的未来工具产品的设计，也必然将重心转向数字化，旧有的社会层级必然会产生很大的变化，以至形成未来新的社会生活形态，这也是一个不断分形循环发展的过程。

第三节 资源牵引下的"未来式"发展

一、效率驱动下的资源数据化

在今天资源的定义已经由之前的自然要素资源转变为数据资源的认识合集。这也是社会发展与未来竞争之下对效率的追求使然。如果整个未来的竞争和发展都在效率的驱动下数据化，那么设计也会紧随其后的变化而数据化。对客观现象的认识与组合从原始时代就开始了，但是能够完全将其中的原理抽象形成主观对客观的规律性认识，进而产生造物与工具，则是在人类能够对主观与客观以及主客观之间的关系有了新的认识以后，试图通过主观对客观的抽象尽力保持与客观一致性[①]的建构，这个抽象的过程也是资源数据化的过程。

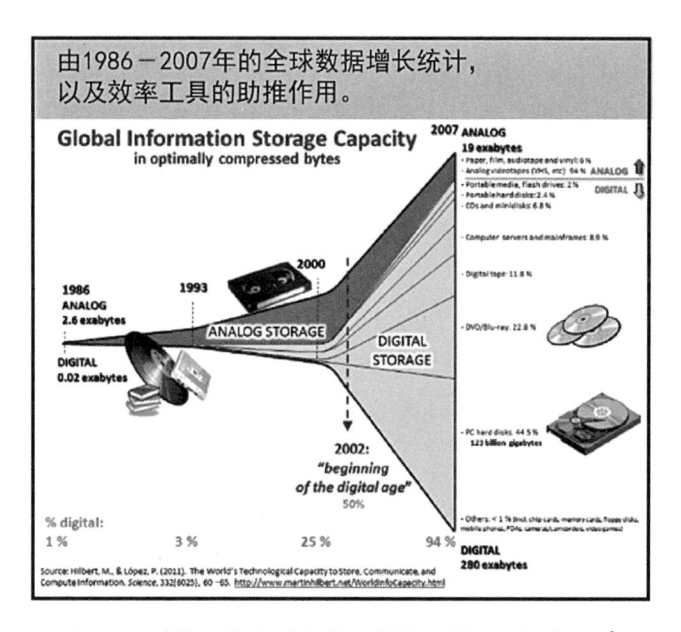

图4-5 历史性队列中呈现出全球数据的增长及效率工具的助推作用[②]

[①] 加里·R.卡比，杰弗里·R.古德帕斯特.思维：批判性和创造性思维的跨学科研究：第4版[M].韩广忠，译.北京：中国人民大学出版社，2010：43；认知一致性是指多个想法之间以及在想法和行为之间达到一种和谐状态。
[②] https://en.wikipedia.org/wiki/Big_data [EB/OL]. [2019-03-02]. 上图显示了全球数据的增长，在1986年至2007年间，机器的人均计算能力大约每14个月增加一倍，世界通用计算机的人均容量每18个月增加一倍，人均全球电信容量每34个月翻一番，世界人均储存容量每40个月增加一倍。

在趋向资源获取的过程中，产品设计思维首先需要做的就是能够正确并且准确地定义边界内的资源信息，然后据此采取特定的行动。当资源边界不断扩展，远远超出了人本生理尺度范围内可以高效处理程度的时候，使用今天的获取工具则无力应对，必然在效率的需求下进行资源的数据化。所以未来资源的信息化获取与信息的处理之间的巨大间隙，将由设计思维下的方法和造物作为人本意志的延伸，使设计能够发挥很大的作用，来完成趋向资源方向的目标，同时从系统角度对人本生理系统进行优化重组，使其更具有未来生物传递的优势，提高未来的确定性。

从相关资料的呈现上来看，在快速向未来发展的进程中，人类创造的数字信息[3] 已达到与生物圈中的生物信息相似的程度。自 20 世纪 80 年代以来，存储的数字信息量每 2.5 年翻一番，2014 年达到约 5 个 zettabytes（5×10^{21} 字节）[4]。与此同时，人类的生理需求并没有指数级地增加，仍然是以复制自身系统的生理繁衍方式来应对不断扩张的需要，获取处理信息与资源。联合国机构预测，到 2050 年，全球会增加 20 亿人口[5]，这在某种程度上来说，增长是借助了工具提高效率的产物，使得同样的空间可以供养更多的人口，但是进一步的发展也导致更多人口会对资源和信息产生更多的需求，这时个体在获取未来优势的效率要求下必然逐渐数据化。

信息来源的分布式去中心化造成了个体需求的多样化显现，但对于设计思维来说，多样化的需求将设计从解决问题逐渐变成提供解决方案。同时，信息的容量和传播路径发生了变化，而作为个体的人的生理系统本身，并没有同步发生变化，适应未来数据处理的效率需求与能够提供的处理能力之间的差距逐渐增加，一个基于生理系统的非效率系统能够做的就是提供"解决方案"，而不是基于某个具体问题的求解。在每个边界构成的资源系统经历一段

---

[3] https://www.statista.com/statistics/871513/worldwide-data-created/_Volume of data/information created worldwide from 2010 to 2025 (in zetabytes) [EB/OL]. [2019-05-28].
[4] 从生物学角度看，地球上 72 亿人，每个人的基因组有 62 亿个核苷酸，个体基因组可以编码大约 1×10^{19} 个字节。估计地球上所有细胞中含有的 DNA 总量约为 5.3×10^{37} 个碱基对，相当于 1.325×10^{37} 个字节的信息。如果数字存储的增长继续保持目前每年 30%～38% 的复合年增长率，它将与大约 110 年来地球上所有细胞中所有 DNA 中包含的信息总量相匹敌。这将使生物圈中存储的信息量在仅仅 150 年的总时间内翻倍。数字领域存储的信息比 2014 年多 500 倍。
[5] https://en.wikipedia.org/wiki/Population_growth [EB/OL]. [2019-03-06].

时间以后,信息边界范围内的每个信息都得到确定和定义后,整个信息系统就趋向稳定,这时,设计思维将由解决方案转向解决问题。

众所周知,物质是构成主观对客观认识的基础,而数字规律则是人本的主观能动性在与客观一起转换物质效率的同时发现的。最古老的信息化大约从结绳记事的上古时代就开始了,随着社群不断处理积累的外在状况以及信息,进而各种计数法就出现了,如今天的十进制,都是对客观的观察记录后以人为思维主体的主观发现与验证。

而在对于客观资源的获取和转换的方向上的效率,也一直由过去向着未来进化。以地理信息导航的数据化发展为例,从相关资料可以看到,公元前6世纪的古代巴伦地图上,只有简单记录的城邦主要地理和方位信息,而在几千年后的明代郑和航海图中,已经可以将沿途的地理信息做相对位置的明确绘制,为舰队后来的几次航行做前置与准备。在南海民间的牵星过洋[6]的技术也已经很成熟了,先民们可以使用木制的牵星板,以北半球天空中固定的星星作为前进方位的参考,在渔业生产的航行实践中准确度很高。1809年英国水文地理学家蒲福(Francis Beaufort)指出相关数据的整理分析对于预测未来情况的重要性,认为皇家舰队有1000多艘船只,每艘船每年向海军部提交2-8本航海日志,这样的数据如果得到应用,将会对各项事业带来很大的便利[7]。到了1855年,美国航海家莫里的著作《关于海洋的物理地理学》出版,书中的绘制基础已经有120万的数据标记点,这些标记的点也是从众多的航海日记中整理出来的粗略的记录、分析标注而来,在他的海图的帮助下,很多年轻的海员就不用经过漫长的航海实践去一遍遍重新探索未曾航行过的陌生海域,同时,有大量数据支撑下的海图精确度也远远超过同时代老船长们旧有的航海经验。当时代来到今天,预先将外部特征标注为海量的移动大数据,再通过手持设备,比如手机等日常的社会生活工具,就可以依靠全球卫星导航的指引去往完全陌生的地方。无论是在国内还是国外,用户都不用担心过多的差错,因为数据导航所标记的巨量数据远远不是150年前莫里先生的有限数据量了。时

---

[6] 吴春明. 从南岛"裸掌测星"到郑和"过洋牵星"——环中国海天文导航术的起源探索 [J]. 南方文物,2012(3):144-150.

[7] 彼得·穆尔. 天气预报:一部科学探险史 [M]. 张明亮,译. 桂林:广西师范大学出版社,2019,58.

代的发展经验会标记物质的属性并且进行量化，进一步数据化，同时，可以量化成为设计资源的数据也成为新时代最重要竞争性资源。

2017 年 5 月以及 2019 年 9 月的《经济学人》杂志以封面图片的形式指明数据是世界上最重要的资源。在不断发展的社会生活中，也确实如此，整个世界的复杂有序运行都取决于数据不断增长的容量和不断提高的处理速度。过去，机械的石油钻井平台出产的是石油，支撑着世界经济的运转；在今天，数据的钻井平台将客观要素资源不断数据化，在对信息的判断前置要求下，数字和数据的开采产生与更新速度远远超过实体造物的速度，这也是数据作为资源的优势。今天的商业运行也是如此，那些拥有大数据的商业公司，比如亚马逊、阿里巴巴、腾讯等数据巨头，可以在很多业态上轻易击败传统商业，获得进入未来市场的相对优势。

再回看人本生理系统，客观物质的数据资源化是一个站在人本思维主体上的一个外向的视域以及知识的范围。站在这个主体向内的视角来看，依然可以看到，有一个完整的资源与信息系统。人力作为资源，从原初社群的发展开始都是存在的，那时的人力仅仅作为奴役的劳动力，比如金字塔的建造，比如长城的建造，诸如此类的工程，需要群体的劳力剩余才可能在某个计划中的时间内完成。还有中国愚公移山的寓言故事，则是单人寄希望于子子孙孙无穷尽的时间接力。这样的无穷尽是可以通过一代人完成的工作量与整体要移动的土方总量来计算想要的结果。完成主观的计划或设想有几个关键点，一是人的劳动输出，二是时间。效率与时间的关系组合成了对于客观问题的数据求解的计算。如果一个人可以永生，那么，单人建设金字塔也会在未来的某一个时间点完成，但是，在万古长空面前，人本的寿命有限，几乎是瞬间而已，显然单位时间的限定对工具效率提出了要求。对永生的追求也慢慢地催生了古代医学由愚昧到现代医学科学的不断进步。从哈维医生发现血液的真实情况开始，到今天微型手术、血管机器人等，都已经出现在现代化医院的现实医疗场景服务中，现有的技术可以对人体缺损功能进行修复与修正；再深一层次可以看到个体大脑中的思维和记忆，当人体内部的医学研究发展到 DNA、RNA，甚至可以通过修改基因来改造原生的可能缺陷，同时对于脑机接口产品的研究也是方兴未艾。从效能上讲，这些当然是让人本这个系统对于资源的转换效率越来越高。从获得资源信息来转换为人本的热量和能量需求,到逐渐与资源和信息嵌合在一起,当一切都可以量化成数据的时候,也逐渐地增加了我们对于人在未来进程中的更本质的认识。

随着这样的认识更深一步,同样可以看到产品化的具体呈现,数据可以将人本的特征标识化、数据化,比如通过摄像头标示行人,同时与数据库的身份信息比对,指纹打卡、虹膜识别、语音助手,智能将人本的数据采集标注进入数据库中,甚至智能产品系统能够代替我们做出某些决策[8],那么资源与信息转换的效率优势者将在未来胜出。以产品设计举例,通过数据的采集,可以实现在防疫期间的人员信息的识别,将每一个行程中的人进行某种程度上的信息化,围绕这个任务,将涌现一系列的产品,如测量体温的设备,口罩的自动分发设备,门禁产品与视频监控产品及温度测量的产品结合,以及医疗产品中的智能手术设备、智能服务设备等。又如人本数据化在汽车工业中的应用,传感器可以识别驾驶人的状况,做出各种自动或者智能驾驶的决定,日本汽车的坐姿与防盗系统[9]能够将用户开车的坐姿特征转换为数据,在汽车座椅下安装三百多个传感器,以测量人对椅子的压力获取数据,并且可以在256个数值内进行量化,每个用户都对应一个特定的数据资料,可以准确地识别98%的用户,还可以通过密码验证来操作。虽然仅仅是一个汽车的防盗座椅的设计,但是可以看到人本数据化在现实中的优势。这些都是面向有限效率的生理系统提供的效率解决方案的数据化呈现。

从唯"效率"论的角度来看,未来的效率会越来越高,任何不具备优势基因 DNA 的携带者都将被淘汰。社会将变成一个以效率为优先的资源转化系统,而个体的人本将与信息嵌合,作为一个信息的标识符号而存在。人工智能机器可以通过对数据的定义,将人的外部特征信息化后识别为"人"这个类别;医疗机构的体检报告通过各种检测设备将人本的生理信息数据化信息化。人从数字数量的体现变成数据。其他各个行业也有大量的依据人本生理数据化为基础而来的设计,比如夜间测试眼动频率的健康仪器,比如非接触式的体温测量工具,

---

[8] [英] 阿里尔·扎拉奇. 算法的陷阱 [M]. 北京:中信出版集团,2018:31.
[9] [英] 维克托·迈尔 – 舍恩伯格. 大数据时代 [M]. 盛杨燕,周涛,译. 杭州:浙江人民出版社,2013

等等。

　　设计思维趋向资源和实现主观的未来目的。其中对信息的嗅探是造物的重要前置条件，同时信息也是工具。今天，资源的输入源头可以不是植物和动物的驯养和利用，可以是人工进行合成或者创造，当人造肉已经在一些快餐连锁品牌的餐厅里出现时，一个新的时代也就将来到。因为，客观物质的数据化到最终的食物来源的数据化，将带来整个对未来设计思维的根本性的认识改变，同时社会生活的样貌也会完全不同。

　　从人力因为合作分工而成为资源，到人本本身的数据化，对人体的认识成为整体的社会资源的一个分形，这也是认识对人本数据化进行到基因阶段的广泛的争议所在，导致我们引以为荣的历史、文化、赋予的意义将进一步裂解，也将会是持续讨论的巨大的沉重话题。从效率获取的角度，必然将思考的行为主体进一步分形。从我们主观的未来角度，仍然要求保持目前的生理系统的边界的稳定，能够从外部接受智能产品。接受脑机接口作为我们的生理肢体和功能的延伸后，继续在"奇点"过后是什么样的未来，还是将未来的经验者的主体保持不变，是未来设计在效率面前的问题和探索。在这个关系下的产品解决方案有两个方向：一是对有限的生理单位运行时间的延长需求；二是对工具产品在单位时间内的效率需求。

二、现有边界外的未来资源的获取工具

　　从信息获取的角度看，未来取决于现有资源边界外的信息获取与处理，对于任何的热力学系统来说，信息的输入带来了系统的未来方向，信息熵对未来的推动也毋庸置疑。这时效率和未来优势的需求就会要求生理系统成为信息与资源的节点，只有持续输入信息和资源，系统才会延续。从宏观上对未来资源的所在方向的判断，科学家霍金和企业家马斯克都认为移民前往其他可能的星际空间中的家园的未来图景是可行的方案，涉及创造环境到同质环境到异质环境的跃迁与转换。

　　在这个基础上获取更上一层边界范围内的信息就显得尤为重要，因为准确和高效的信息获取与优先处理会带来未来的确定性，降低试错成本，对于信息的判断处理要更加前置，同时在这个获取的过程中，面对需要实现的未来目标，必然要借助"他物"为工具，来实现获

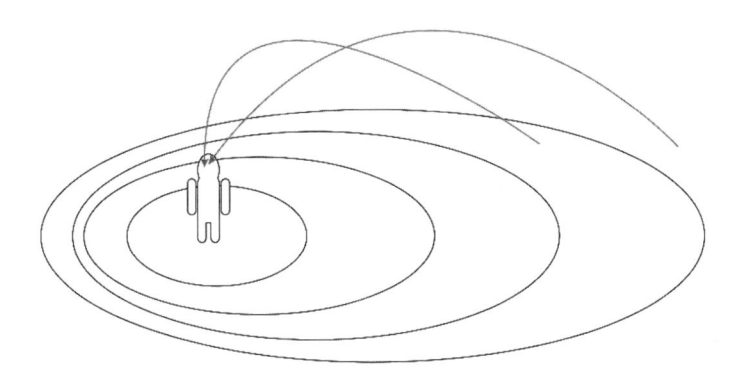

图 4-6　未来取决于边界之外的资源与信息的获取效率

取远远超过现有生理系统自身的生理力学系统体现出来的效能[10]。这时的生理系统成为宏观系统的一个节点，以信息资源输入的接口来应对未来信息获取及输入效率的极致要求。

在原初时代，对能够获取的未来优势资源的判断，依赖从经验中的习得以及后续的重复训练学习。不断地从反馈来习得，如使用投掷器具捕猎动物时，对猎物的判断以及使用工具的过程当中，都在动态化地修正各项参数，依据对象的远近大小以及工具本身的物理性能做动态化的判断，反馈、修正、经验的迭代显然能够更有效地判断信息，在下一次的场景中能够应用经验的个体将积累更多优势。

随着外部系统边界的不断扩展，原生态的生理系统逐渐不能够完全有效地获取效率剩余，在获取信息的方向，有一定的时间延迟，这时必然需要借助工具和产品来提高获取更远边界方向的资源与信息的获取与处理能力。更高效的信息工具的使用能够帮助个体生理基准系统借助产品获得更前端的信息，从而获得更具有前瞻性的判断与选择，成为未来进程中的持续参与者。产品作为工具，面对指数化不断增加的需要处理的资源和信息系统的数据的总量，远远超过了人本生理系统本身所能够处理的极限。这时的未来发展，必然出现数据与智能的未来。系统工具端的工具，在超级计算机量子计算机生理系统端，脑机接口也成为未来的必然，

---

[10] 樊瑜波，张明．康复工程生物力学 [M]．上海：上海交通大学出版社，2017，24．

在生理系统端，实现系统的稳态，修改 DNA 以获得更好的未来性状，都是在工具产品成为可能的情况之下实现的，使得生理系统适应未来的环境。

在信息处理工具使用的同时，也必然需要产品作为工具来传输物理状态的资源，因为无论外部系统的效率如何提高，如何虚拟化，人本生理系统作为一个相对不变的系统仍然需要使用万千年来基本不变的方式来完成自身系统的运转，即使目前能够将生理系统完全数据化，但是仍然不能完全虚拟化。

在获取未来资源的进程中，各国争相在月球、火星的表面开始勘探，同时，产品设计也在向着未来和前端进行尝试，例如雷克萨斯和丰田的月球概念设计，对于未来座舱概念设计的征集比赛等。同时，在热力学原理上也认识到，一个现有边界系统内的资源与信息必然随着主观获取与转换的过程消失，主观能动性的未来在于下一个未知系统的探索与抵达，也就是说保持变化是客观常态，而不是系统内的小周期和小规律。

我们从热力学和造物解决方案的角度来看未来产品系统的层级分工，就与传统对层级的理解有不同的看法，就整个资源和环境系统来说，万物都是由水元素（H_2O）构成的运行与循环系统的一部分[11]，而动物和人类更是这个热能系统的可以相对主观处理资源和信息的一个子系统建构。

以此为转折点，在人造物与人本生理系统不能直接结合的情况之下，应对外部系统的未来优势，产品可以实现自主获取资源与信息的能力，并且将资源与信息及时地反馈给行为主体，通过信息来实现人与自造物的连接。同样在生理系统能够控制的边界之外，"机器人必须实现自治，宇航机器人不能身在太空，头在地球"。美国机器人专家、人工智能研究先驱罗德尼·布鲁克斯的设想让智能工具自由协作，按照自有逻辑进行探索开拓。这样的设想必然会有失败，但也会有成功的概率，只需要根据成功的数据不断地反馈与学习迭代来决定下一步进展即可[12]。

---

[11] Adrian bejan，DESIGN IN NATURE [M]. anchor books，2013：39.
[12] [美] 凯文·凯利. 失控：机器、社会与经济的新生物学 [M]. 北京：中信联合云科技，2019：26.

由此，"人"可以进一步地通过工具产品对"物"进一步地抽象研究，这背后都是对客观自然本质的不断抽象，对各种传播介质的本质研究后的效率的提升，进一步地使得资源信息的传输距离到获取速度都在不断提高。那么50年后会出现比今天呈指数级先进的技术[13]，那将有可能让我们高度的智能生物非生物混合殖民到其太阳系的更远的地方，生命周期更加延长。

在边界之外，未来的设计思维必然宏观地趋向未来资源的方向，是思维主体对客观资源获取过程中产生作用的工具。在今天看来，未来边界外的资源不仅仅是物质或者动力资源，也同样包括了能够驱动物质和动力的信息资源。这里包含着物质和信息作为资源的要素，以及人本本身的信息化作为资源的要素。

同时，在对未来的认识边界不断融合和拓展之后，时间轴上所呈现出来的似乎是一个永无止境的边界的分形事件。每当一个边界似乎完全洞悉之后，总有下一个边界的分形需要主观的通过客观工具的设计与实现就可以到达。这样的分形边界在不断迭代发展，也就呈现出平行世界的样貌，从分形到分维的造物观由此产生[14]。这样的思考也直接反映在未来产品设计的思维领域当中。

三、"主观意志 + 工具系统"的优势未来

在这个效率优势获取的未来场景中，任何的工具造物与产品作为系统中的工具节点都会最终被废弃，旧有系统的各种人文价值不会保存。以线性发展的思维来看效率导向的未来的生活场景，设计思维与方法必然将人本边界内的设计指向效率与功能化与数字信息化的生存状态，只有能够在资源和信息的方向上不断设计使用能够获取和处理对应资源所需要的产品作为工具，才有可能不断提高效率存续到未来。仅仅是预想在这个未来路径上将每个人的思

---

[13] Estimating the speed of exponential technological advancement, the emerging future. llc 2012.
[14] 卡尔达肖夫指数（Kardashev Scale）是从能量利用的角度上的分形与分维思想。1964年苏联天文学家尼古拉·卡尔达肖夫首先提出用能量级把文明分成三个量级：I型、II型和III型。根据一个文明所能够利用的能源量级，来量度文明层次及技术先进程度的一种假说。设想了I型文明能够使用它的母体行星所有可用的能量，II型文明利用它的行星所围绕的恒星所有的能量，III型文明则能够利用它所在的星系所有能量。一般认为人类文明现在接近但尚未达到I型文明。

维与记忆进一步的数字化，上载到未知空间，那么这个未来只有数据没有人的存在的设想和场景，可以看作一个冰冷的效率主导下的无人技术未来。

从生物视角的迁移未来与产品工具的角度来看，由于生理系统对于外部信息和资源的处理能力有一定的限度，也必然产生出依靠工具的效率辅助到对智能工具的依赖，从结绳到算盘到数学进制应用都是同时代的发展过程中，应对不断扩张的信息处理需求而产生的工具产品，能够应用这些产品的群体会取得相应的优势。到今天，计算机，手持通信设备，万维网、物联网，乃至量子计算机的出现，都一次次地刷新了信息处理的效率，同时也在不断地废弃上一代的效率节点中的产品，这些造物产品作为获取未来信息优势的工具，在不断地迭代，使之能够处理指数级增长的信息，成为新的效率节点和信息与资源获取的接口。从宏观的角度来看未来的产品设计，主观获取信息的优势也就必然要成为上一层边界的信息节点和接口，才能成为具有优势的信息获取渠道的个体，才可能在未来图景处于优势地位，成为效率的节点，以及效率系统节点上的输出输入接口，也必然会进一步使得通过软件与计算机等工具与生理系统的组合成为现实，去获取信息，更有效精准地处理资源与信息。

在这样的发展趋势下，也必然呈现出脑机结合的从处理信息到学习未来规则的未来生活场景。这个过程在不断复制之后，未来无人工厂、无人工业区都会逐渐产生，如果这样线性思维下去，最终在某些悲观的未来预言里，人类将让位于人类自己创造的机器和人工智能。诺伯特·维纳在《人有人的用处》一书中提到，终有一天，当计算机完全融入人类事务时，我们只能把人类理解为和计算机嵌和在一起的一个系统的某个部分。而我们也已经看到，无人工厂、无人驾驶汽车、无人工操作的飞行器，以及街道上行走的无人快递车，已经在今天的日常生活中成为现实。

效率优势驱动的未来必然会拓展到完全不适合生理系统可以依靠自身机能工作的资源边界内，无论是从信息的获取还是资源的获取，甚至对于制造食物的获取，进而依赖于进入身体并且与身体嵌合的产品，比如内部骨骼的替换设计，必然会形成一个人与工具系统深度嵌合的系统，如果没有这个系统，很多边界以外的信息与资源将无法获取，但这样的获取效率的代价和现实是，人与智能机器认知上的奇点，如果借助产品与人的嵌合，越过这个分界点，那么再回看人的存在,社会生活的"意义"就完全消散了,同时人的"目的"也会逐渐模糊,所以效率未来的景象在本书看来也不是一个完全可取的选项。

各学科对于未来认识不尽相同,哲学上的未来是一个存在意义上的思考,是对未来"目标"的求索。而工具系统的目的从属与人本系统的目的,物理上的未来是一个对于物质粒子最终状态的思考,宗教上的未来只是对主观世界的设定与设想。我们认识到,客观过往与未来都是由偶然和必然的随机发生而呈现出来的不同面貌。在已知的历史和考古发现上也可以看到,无数的物种曾经在地球表面欣欣向荣,它们的生存和延续时间远远超过人类目前在地球上存在的时间。但是作为曾经的历史进程主体的"他们",都成为今天博物馆里的化石,明确地表明了这些没有走到今天的物种,是因为各种原因的灭绝而失去了未来。这是客观运动走向未来的一般现象,但是站在人本主观的视角来看未来,却是主观地认为无论系统的分形如何,都还是以人的主观意志为中心的未来,那么这样就形成了人本生理系统与客观资源边界之间越来越大的处理能力与处理需求之间的距离,这个距离由人的自造物作为工具来保持时空的一致性,离人本系统的能力距离越远,就越要赋予自造物以智能,由智能(AI)完成人的主观意志,再将完成的结果返回人本系统,这是人本设计思维视角的未来恒常。

而从主观意志出发的未来设想,必然要保持生理系统在未来传续进程中的完整度。在应对未来不断扩张的客观资源系统下,主观生理系统的稳定不变是难以与不断扩张的客观系统保持一致的,这是因为主观系统是一个非效率的系统。一方面我们总是在回望过去的发展历程,试图保持历史进程中留下的痕迹并视为文化;另一方面,虽然我们认知到人与万物同样都是由原子构成的,但是我们主观意愿上的未来进程是保持整个生理系统的稳定和不变的前提下的未来实现,那么,主客观之间的效率一致性建构则由工具产品来作为效率工具完成。这样,主观的非效率的生理系统和资源边界之间的效率工具必然形成紧密的组合,工具的效率越来越高,也必然形成一个人与资源之间的一层外壳和"容器",人本生理系统就会重新成为"容器中的一个细胞核"。这是未来的工具设计边界,是一个以人本生理系统为主,工具系统从属于人本系统之下成为子系统,包裹着人类向着未来的时间方向前进。

从未来设计思维的角度来看,结果未必尽然如此,因为未来是多样化与可能性的合集。

数字化生存的未来镜像也可以是一些基于人本优势传递的设计思维下的非数字化的生存状态。同样，如果存续在未来时空中的仅仅只有"人"这个单一物种，也是毫无意义的。因为失去了与其他生物系统的交叉融合，"人本"同样无法独善其身。所以，各种基因库、种子库的留存，也是为了因应未来可能的多样化的消失，同样也是助力实现"人本"的未来目的而出现的主观设计与建构的一种方式。

个体视角的未来图景，一是不断地抽象资源的本质，通过工具产品去探寻未知；二是不断依靠获取效率，通过工具产品去拓展资源的边界，同时从宏观及微观的两个方向的不同维度去拓展。在未来优势获取的进程中，信息获取与分析处理优先于资源的获取与发现，但如果不是基于未来资源的获取与处理信息的工具产品设计则无价值。

综上所述，对于未来优势的获取途径，一是改变人本系统，二是改造目标客观系统。如果客观系统不能改变，那么构建人本系统和目标系统之间的一致性工具，即未来的工具与人本生理系统嵌合成一个新的行为主体，同作为适用于不断拓展的客观未来资源边界与生理系统之间的一种效率转译工具，或许是未来设计的主要方向的工作。三是通过主动迁移的方式，在外部周期变化中一直向着边界内的资源最大强度去趋向运动，是一种被动中的主动，但总体上依然与边界的限制有关。同时在宏观未来方向上与时间方向保持一致性，也是一种未来策略，不断地从宏观、中观、微观视角的层次上获取转换资源与信息，服务于人的未来"目的"是造物和产品在未来进程中的工具属性，也就形成了"主观意志"+"工具系统"的优势未来。

第五章　未来视角的产品设计方法建构

未来的主观目的是人的无限传续，工具产品本身作为实现目的的一个子系统，目的在于"获取设计效率剩余"。本章的未来设计方法的建构，是从对未来设计思维的理解与认识而来。设计思维通过造物及合作获得在未来进程中的相对优势。从历史队列中呈现出的工具产品的"未来式"发展来看，主观造物、借助与物的合作以及与环境的合作，进而与人本自身合作，最终与整体客观系统以及新的自然律合作。

万物在趋向客观未来优势资源的方位进程中，一方面，对应热力学定律，既有的系统和子系统不断分形，工具与产品系统被最大化地获取未来效率的需求牵引，造物的过程遵循自然法则，必然会选择最短的路径和最少的物质构成方式，即趋向资源最短路径的可能性的设计思维建构。在设计思维上也是最小原则和斯泰纳原则[①]的体现。另一方面更是主观能动性出发的未来视角的产品设计思维，生理系统借助于人造系统的嵌合，获得设计效率的剩余。即不断地获得高于自然平均效率的主观设计思维效率，由此跳脱出自然律的"万物天择"的被动繁荣景象，站在主动未来的视角上，赋予未来的过程以人本的意义。同时，未来的资源与信息边界不断扩展，带来新的资源和信息的未知。站在主观未来的视角上，新的认识规律，新的客观资源范围，以及新的物质的发现都会对设计思维产生影响。

主观未来目标的设定作为未来设计思维的伦理基础，站在"人的未来目标"视角上对"未来"的设计方法建构才有意义，这也是文化经验作为重要的预置现象的原因。在主观思维认识上，人本生理系统是宏观热力学系统中的一个子系统，借助与"他物"以及他系统的合作获得未来优势的过程，以及在此过程中设计思维及造物的作用。再从客观认识的系统论、分形论的角度上来看，宏观系统无论在时空尺度还是维度上都远远大于人本系统。借用爱因斯坦的观点"解决当前的问题需要从上一个维度去寻找答案"，这也是本章寻求从宏观规律（大设计）的启示来寻找自身答案的研究的出发点。在具体的方法建构上，从三个部分来描述：一是基于趋向未来资源方向去获取转换为"设计目的"的设计过程的设计思维建构原则；二是这个过程的几种实现方式；三是实现这些方式的具体方法。

[①] 19世纪德国数学家斯泰纳研究了不在同一直线上的三点之间的最短距离问题。

在未来视角产品设计方法的建构上，承前文所述，无论是未来艺术思潮的表达内容和方式，还是未来科技与艺术的美美与共，以及从历史发展角度来看的造物与竞争的呈现，都明显地指向了一个趋向资源、趋向能量的获取与转换，进而为思维主体所用的动态变化的多样化和可能性的未来图景。并且在不同的分形尺度和认识上，这个景象都是趋同的：设计思维、造物等现象都是为了超越物竞天择、生生不息的"大我之道"之下"平均统一"的进化效率，是主观能动性通过"设计效率剩余"在客观世界中获得未来优势的方法和手段。所以在"趋向未来资源"这个部分，着重讨论了未来资源的新的构成，同时参考大自然的"大设计师"的构建思考，进而提出本书获取未来优势的"溯层设计思维"。

如果要主观跳脱"自然大设计"的客观安排，达到由人本主观设定的未来目的，即人本生理系统用传递的方式到达时空的未来，必然是一条与客观的大设计路径完全不同的实现路径。这个路径要求能够跨越自然设计对能量转换的平均效率，跨越"红后效应"[2]，通过获取效率剩余的方式达到主观的未来目的。设计思维或许是这样的主观未来样貌的实现路径之一。

---

② 红后效应又称作"红后原理"，是一种进化假设。对于一个演化的系统，它必须持续发展以保证与同它共同演化的其他系统相适应。

第一节　未来设计方法的建构原则

一、趋向资源的建构原则

客观未来视角的热力学和信息论概念下，万物对于热量、质量、引力的趋向是自然中的普遍规律。如果把万物看作一个认识上的不同的系统分形，现有的自然系统都是由太阳能量涓滴而来的自然系统流程的一部分。每个系统都是更大系统之下的一个组成部分，即宏观热力学系统的一个不断分形的子系统或者子子系统。从系统论的角度和"熵"的角度来看，其中的每个获取和转换资源及信息的系统以及子系统的分形，都是获取过程中的建构和工具，都会主动或者被动地不断从外部获取能量和信息以维持自身系统的运行的稳定。

从系统的分形角度上看，本系统的物理客观特性或作为整体目标流程"机器"的一部分，也是本级分层的上一层更大范围内的一个子部分。基于这个分形的概念认识，在客观未来的探索进程中，就有了借用行星引力作为弹弓[①]的设想，使得探测飞船运行的距离尽可能地远，效率尽可能地高，都是在系统分形中，将本级作为整个获取资源和信息流程中的一个组成部分，离本级越远，本级就会作为资源和信息的终端，而资源和信息的边界与本级之间的时空（以本级为模数）则由传输系统的解决方案来完成。在知识总量范围以外，已经能够观察和意识到的边界之间的解决方案，通常会是想象与设想的概念。

从宏观的大视角来看整体的趋向资源获取和转换系统，整个环境包括我们承载思维的生理系统都是这个结构系统的一部分，无论自然或者非自然，人工或者非人工，都是在对于转换效率的更进一步需求驱动下的一系列的造物设计行为和输出。资源及能量的方位由信息的嗅探来定义，信息基于获取能量的需求而作为人本存续所需要的认知、工具和方法而存在。造物是能源获取和转换的系统结构的呈现，主观设计的造物需要外力的注入和推动才能持续地维持系统功能。当能量的传输和转换停止后，就剩下遗迹，比如骨架、干涸的河床等[②]，所以，任何已知系统无法永动，都必须主动或者被动地成为宏观系统中的子系统，从而对信息和资

[①] 引力弹弓就是利用行星的重力场来给太空探测船加速，将它甩向下一个目标，也就是把行星当作"引力助推器"。
[②] Adrian bejan. DESIGN IN NATURE [M]. anchor books, 2013.

源进行获取或者转换。

而人本生理系统作为一个主观的系统，对于获取未来的可能性上有着超出平均律的要求，在与同类的竞争中获取更好的遗传基因，在与万物的竞争中获取未来的物理生存空间。在资源和信息充裕的情况下不断地进行子系统的复制，通过繁衍的方式来更有效地进一步获取。万物在亿万年的进化进程中保持着相对平衡稳定的态势，这样的自然进化的未来则是被动地由上一层的环境资源来决定，这是自然律，也是平均律。

设计作为思维指导下的获取和转换信息与资源的效率工具，也同时匹配着各个分形系统的尺度和效率要求，设计思维与设计造物的存在就是达到目的的获取手段和工具。这个工具效率的不断提升过程与未来优势的获取有着密切的关系，所谓的"衣食住行"的设计，都是属于在能量的获取、转换和效率上的思维产物。产品或者造物是人本持续不间断地保持生理系统运行温度稳定的直接或者间接的工具，是在此之上获取超越大自然的平均效率水平的人造产物。

工具的要点偏向于工作效率。在更高的效率面前，旧有的解决方案将废弃。这也提示了作为效率工具的设计与造物的属性本质——任何不能获得效率剩余的系统必然被淘汰。例如运输工具在最初的情境可能是人与某些动物的组合，驯化后用以骑乘，比如，马、象等以提高有目的的行为效率，而这些可以骑乘的动物存在的前提是自然环境的前置存在以及动物对草料食物的获取效率。本质上都是由太阳照射到地球上的某些范围内的能量获取与转换系统，动物从植物中获取能量，植物从阳光中获取能量。可以理解为人与能量系统的组合，那么从这个角度来看，在不断的能源开发利用的进程中，人与化石能源在现象组合中会获取更高的效率，通过与造物产品的组合，最终获得了超越自然转换效率的平均值，是设计效率产物。以今天逐渐发展成熟的新能源汽车、正在开发设计并且准备商业化生产的飞行汽车为例，可以看到运输工具的发展与能源效率的利用决定了系统的最终优势。

在个人系统之上的社群、城镇、都市、地区、国家等都是更大的一个层级分形的系统，本质上在处理本层级所对应资源的同时，也会呈现出本层级所匹配的设计规模的样貌。而这些匹配，都是作为一个整体的分形而去更多更有效地获取资源及转换为个体的人本所用。这些都可以看作为了更高的效率在不断升层，都是趋向资源方向的主动性的获取，同时也取决于资源的存在和牵引。

从这个观点上看，未来是优势效率设计导向的，而不是平均效率导向的。这也从造物工具产品的角度解读了达尔文的物竞天择、适者生存的观点。所以具有更高的资源和能源使用效率的设计必然胜出。由此可见，任何设计或者产品作为获取资源和信息的网络及构建的前提，是产生的效用必须大于创造或者制造这种产品所消耗的能量。同时在热力学定律下，任何系统对资源的转换效率都不是完全的，有效的未来设计思维系统是一个现象和技术组合的1+1>2的效能系统，而所有的工具产品设计方案都是对于这个总能量源头的获取与转换。

同时也应该认识到，从物质第一性的角度上来看，任何可知的系统边界内的资源与信息终将在未来的某个时刻被获取转换殆尽，如果观察到的是一个被动的系统，那么这个系统到此终结；如果观察到的是一个生理系统这样的主观系统，则会在系统资源殆尽之前进行判断和预先处理。

这些资源对万物的牵引，或者万物顺应资源，使用被牵引的方法来到达设计的目的，在设计思维的认识上可以看作一种被动获取资源的思维和形式，也是被动中的主动。在当前边界内的资源不能满足需求和超出系统的承载能力之后，必然会向边界范围之外去探触索取，采用"跃迁"的方式来到达下一个资源与信息的新地，继续开始新一轮的分形，以期获得可能的未来。由此对于月球矿产的开采，或者对于火星资源的开采计划就是趋向未来资源的合理目标。这也与物理现象中的跃迁和传送门有些意合之处。无论是从最原始的菌落的生存还是今天由人类所发射的"旅行者"号[3]探测器，都是向着资源的最远方不断动态化地迈进，直到抵达资源新地，开始可能的资源的全新获取。而设计思维是这个跃迁过程中的传输网络的构建和造物工具本身。

---

[3] 1971年所发射的"旅行者"号探测器，携带一片金质的数据盘，记载了人类社会的文化生活场景资料，以期在遇到可能的地外文明时，作为地球文明的说明与展示。

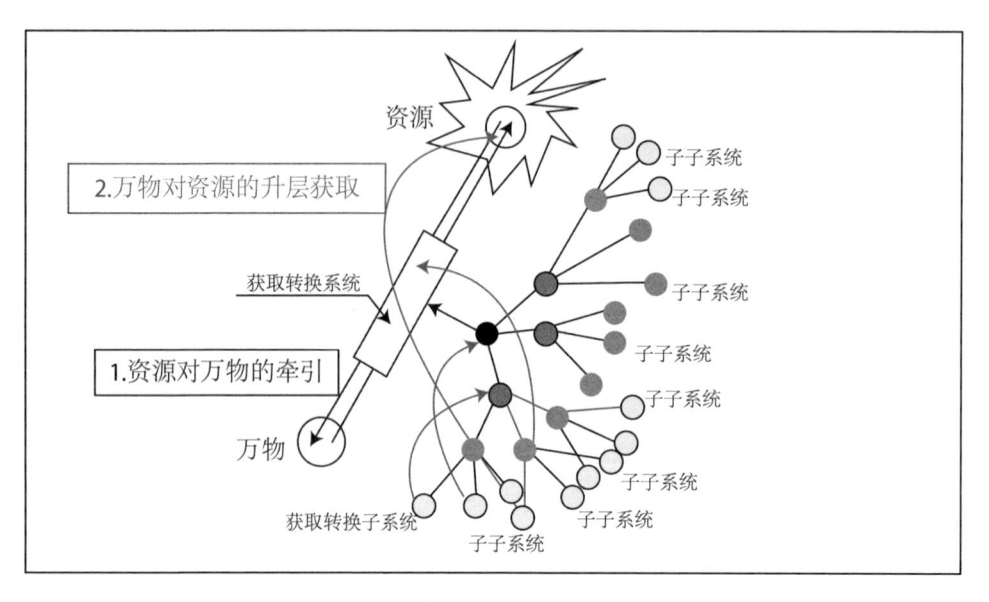

图 5-1　造物是升层获取的工具和建构（自绘）

二、数理与效率原则

（一）趋向原则的已知自然建构——未来优势获取进程中的极小原理及斯泰纳设计思维原则（几何原则）

从数理学上来看，随着早期科学发展的历史上的阿拉伯数字的传播、火药等技术的传播、天文学的传播等新的启发式（技能和技术的形式）、视角（如何表示面对的问题），数学的发展与传播提高了整个社会的效率。1662 年费马原理提出，我们认识到大自然在可选择的所有方式中倾向于选择最优的方式，这些方式通常将某些量最小化或者最大化。对于设计思维的启迪也是如此，无论是形式上的简洁还是功能上的效率，都是向着某个方向的极致化。柏拉图认为，世间万物都可以归结为数学的存在，人的心智和数学可以唤醒人本关于这个世界的知识和理解。客观世界是主观世界的一种映射，诚如此，一万个主观眼中也必然有一万个哈姆雷特。伽利略认为，大自然是用数学语言写成的；英国政治学家托马斯·霍布斯也认为"推理就是计算"；拉普拉斯认为"给出初始条件就可以计算整个宇宙"。

从数学的判断来看，思考两点之间的最短距离是直线，无论描述的是欧几里得几何还是黎曼几何中的直线，还是费马光学原理的变分法的结论，最小原则和费马定律和斯泰纳原则，所有的效率优胜者都符合最小化的原则，同样也符合经济学的成本最小化原则。

数字思维是一种"从心灵感知的抽象世界和完全没有生命的物质世界"之间的关系的一种思维。现实中的设计命题在某些要素已知的情况下，探索与未来之间的未知关系，以从数学的视角探索设计解题的思路，本质上是将复杂的事情变得简单[④]，以获得解决方案的未来优势。我们将"人本"作为分形的基本锚点和基本的模数中作为一个"点"，在人本和资源信息之间的时空距离由设计解决方案作为效率和速度的选项。

以数学的角度来看大自然给定的设计结果：19世纪初，德国柏林大学的几何学家斯泰纳研究将三个村庄用总长为最小距离的道路连接起来，求解三个居民点之间的距离最小的解决方案。结论是，斯泰纳网络将比自然生成的网络的比值为：$\frac{斯泰纳网络长度}{自然生成网络长度} \geq \frac{\sqrt{3}}{2} = 0.866$。明显地体现出了自然建构的优势。

从现在社会生活的角度来看，即便没有数学思维来解题，假以时日，居民们也会踩出一条类似的道路。但是从设计思维的视角，可以借助数学思维的工具来做未来的设计与规划，获取最优效率的解，从而在实际的未来进程中获取某些局部的微小优势从而积累为未来的发展优势。但在主观看来，爱默生认为，我们从来都没有达到过最优解，即主观的效率并不是完全的效率。

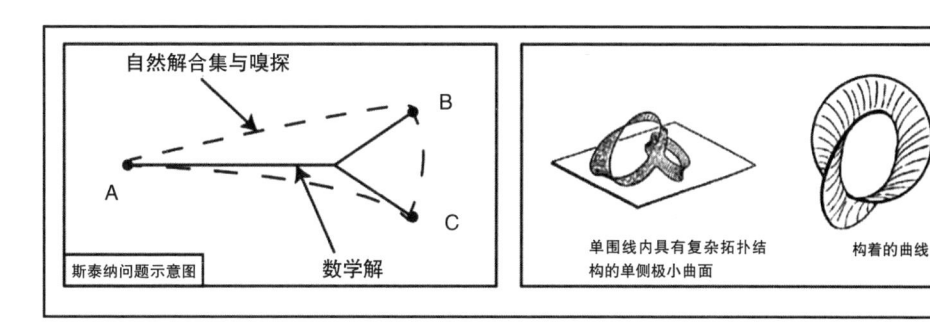

图 5-2 斯泰纳问题与普拉图实验示意图[⑤]

举例来说，原初的聚居点一般靠近水源，因为附近有可以采集猎获的动植物资源。随着对外部资源需求的不断增长和繁衍扩大的现实，迁徙而出的居住点逐渐在合作协同下兴盛和

---

④ [美] 马恺文. 大概率思维 [M]. 南昌：江西人民出版社，2018，239.
⑤ [美] R. 柯朗，H. 罗宾. 什么是数学——对思想和方法的基本研究 [M]. 左平，译. 上海：复旦大学出版社，2017，400.

发展，某些遥远的居住点之间因为贸易构成链接的能够传输资源与信息的通道，城镇因为资源信息的通道而繁荣，也因为资源和信息的枯竭而衰落——因为只要有更高效率的通道的产生，旧的通道就会湮灭，这也是自然在未来选择面前的数学建构对效率的回答。无论怎样的变化，一旦有更高效率的选择方案，更便捷的资源信息的传输通道的出现，传输线路就会被舍弃，这一点上确实是古今概莫能外。

所以，这两个原则下的资源传输路径的最优设计：一是自然建构趋向获取资源与信息的最高效率的途径；二是主观系统由于不是一个完全的效率转换系统，系统总是会有损耗，所有的对未来信息资源的最优嗅探和选择是局部最优解，而不是完全的最优解。从设计的角度来看，这是基于主体对客观资源的嗅探带来的结果，而不是完全的数理结果。

（二）面向未知的效率造物与建构路径

从完全的客观物质的角度来看，自然必然会提供最优路径的解，普拉图在具有张力的肥皂液的造型框架实验中也可以看到，肥皂液的张力会根据客观的框架的限制条件呈现最小的解题合集。这些都是自然法则对设计问题提供的建构可能性，也就是说自然界会以最高的效率，最短的路径来完成某个过程。

这样的选择也是生物在亿万年的进化中获得的生存优势，某些实验通过研究黏菌[6]这些自组织生成的交通道路网络，来实验模拟人类社会的某些发展历程，例如由黏菌在实验开始26小时后自然生成的日本东京地区的路线地图[7]与现有东京及附近的交通线路图几乎一致。[8]可以看到在设定的资源据点之间，黏菌由于生存和获得的需要，可以自发地形成到达各点的最短距离的网格路径，原因很简单，在对各个可能的方向嗅探之后，只有距离最短的路径是局部最优的结果留下的痕迹，虽然不是绝对的最优，但是相对的最优化的结果就是如此。在

---

[6] 黏菌在扩张觅食的过程中形成一个微网络，距离越远，需要消耗的营养也越多，黏菌的流动速度也随之降低，逐渐变小甚至消失；距离越短，消耗能量越少，流动直径不断加大，最后网格只保留最短距离路径，呈现出我们看到的样貌。
[7] 周楷凯. 黏菌在城市规划中的应用研究[J]. 城市地理, 2018(10):28–29.
[8] https://en.wikipedia.org/wiki/Transport_in_Greater_Tokyo

这个原则指导下，即便是在没有地形限制的太平洋上，主观需求的飞机或者舰船的运行最短的路径、最高效率的选择，就是最重要的设计思维诉求。而这个最高的效率，是跨越了随意航行的数学和判断的过程，是一种主观设计思维指导下的客观造物呈现。

对于未来的产品设计方案的提出，对于设计效率的判断以及造型的选择，在最高的效率和最小消耗的自然原则面前，也就是未来设计的未知与已知之间的一个重要原则。犹如很多数学或者物理命题，都有一个"预先知道的答案"的命题，然后才是实践去证明它的过程。比如在类似斯泰纳问题上，在无法进行庞大计算的情况下，由解题思维另辟蹊径，采用近似值取得了思维上的结果。在未来设计思维的解题过程中，必然会因为未来进程的发展，对计算和分析数据提出海量需求，因为获取信息越充分，计算结果越精确。但实际的处理需求会远远超过客观实际的计算处理能力，这时的思维和方法就会提供一个超越计算的设计思维解[9]。

这本质上是面对未知的两种处理方法，自然的高效率的建构需求会在嗅探资源的方向上不断试错，在可行的方向上继续，从而完成本层级内的信息或者资源获取与转换的目标，这是信息嗅探与效率之间的关系。而人本在面对未知的处理上，趋向于主动与客观合作，不断在效率上和资源获取上进行升层思维，跨越自然界的被动阶段，去获得未来。从斯泰纳的膜试验也可以看出，自然在给定路径的答案上，无论是物理的尺度还是信息的表达，都遵循最优化的最高效率。简言之，工具制造（造物）与信息处理是两个互相缠绕一体的过程，目的是主体通过造物以及造物的使用去获取更高的效率优势。

所以在主观面对客观的更高效率的处理需求下，跨越计算，应用思维建构原则，知道未来最终呈现的是最小值原则对应下的工具与选择，那么未来的产品与工具造物也必然是能够完成最高效率需求的建构与形成。

---

[9] 江生. 从珀尔的《为什么》开始 [M]. 北京：中信出版集团，2019：12；江生：《为什么》第一译者，华为 2012 泊松实验室主任，机器学习和应用数学首席科学家。

三、认识与多样性原则

从设计思维的角度看未来，也是如此。对于未来的未知，对应物理和信息的学说及理论，客观的信息在不断增长和膨胀，本质上是不能完全获得未来的信息而导致的未知。在物理学对未来的观察上，实验证实了多样性也预示着未来的可能性的多样化。从光线的双缝物理实验可以看出，一束光线在没有任何阻挡的情况下将会直线向前，意味着未来是可以预计的，但是在路线的中间设置一定的间隔之后，就会产生更多的可能性。从这个物理实验可以借鉴对于设计思维在未来问题上的思考，来看待未来的多样性与可能性。

对客观信息的获取不足而采取不同的应对方式，导致了多样性的未来。这样的多样化在美国物理学家布莱恩·格林（Brian Greene）《宇宙的构造》中提道：弦理论家们发现，对于问题的理解，弦理论有5个互补的视角，这5个不同的视角之间不是互相替代的，而是可以看作一个问题的描述可以有其他4个不同状态的描述和翻译，也就是4种数学认识上的重构。在对许多问题进行重新表述后，再证明这个问题就会简单得多，因此，多样化视角提供了一种将不可能的难题翻译成比较简单问题的思路和方法。其中包括设计思维认识上的未来，因为在热力学和信息论的认知下，我们都不可能穷尽范围内的信息，但是站在时间轴的角度上看，当下的信息相对完备，确定性比较高，越是向未来的时间方向展望，信息就相对不足，不确定性越高，这样也带来了多样性的客观未来的存在。因为不能穷尽，那么未知的部分就会出现更多的可能性的建构，这使得多样性法则成为一个比较合适的应对方法。

而对于未来的触探，犹如植物的根茎向土壤深处的未知地带延展生发，遇到合适的环境因素，则继续向前，反之，在没有任何养分的情况之下，这个分支就会尝试改变道路，或者就此萎缩，由另外一个互为备份的分支继续去探索，这是生物视角的未来面向未知的自然界的处理方式。对于植物学家来说，未来也难以通过主观的设计来精确设定，面对一块平整的土地，想要通过实验来了解整片土地在下一个收获季节的状况，无论怎样的实验方案都不可能做到完全准确，因为，这块土地中的每一颗种子所处的实际位置的土壤的养分不尽相同，将来遇到的生产情况也不会完全一样。那么，让自然自己来回答，有时是一个更明智的选择。

因为无数的种子在土壤里构成了多样的环境，在这一块田野的整体视野的分形认识上才会有一个整体的样貌的呈现。

面对未来的不确定性，应对的策略就是同时延展出更多的触须（可能的方向／可能的设计思维的工具求解），作为面向未来的解决方案。因为最终总有能够到达下一个适宜环境的一个触角实现未来的传续目的。这样的生存策略在生物界里是极为常见的，因为未来的本质就是很难预测。设计思维也是如此，在未来的很多要素和可能的未知的情况之下，在已知和未知之间，设计思维同样也构成了一个解题的方程式，而结果是一个积分的合集，也就是设计思维解决方案的合集。这个合集的精确取决于今天的设计思维模型和对信息的计算处理能力以及对未知条件的嗅探。而越是远方的未来，越是有难度和不确定性。

以诺基亚公司的发展历程来说，从这个北欧芬兰古语中以紫貂命名的木材公司，一路发展到橡胶公司、电信公司、手机公司以及技术转让公司的过程也可以看到，未来对于过去有着很大的不确定性，以及多样性的呈现。而认可这种未来的不确定性，对于未来设计思维极为重要。

由此认识到，未来多样性合集的设计思维认识的产生，是基于未来信息永远都不可能完全获取的基础之上。在不同的层级，优势的信息获取量预示着未来的发展优势。同时，这个优势也不是固定不变的，总有更多的信息出现在未知当中。所以也要认识到设计思维作为获取资源和信息的方法及工具本身，在面对未知时体现出的重要性。

第二节　未来设计方法的建构的双向认识与流程

一、客观大设计"由上而下"的涓滴[①]建构启示

如果将地球的生态系统看作一个整体的从太阳系获取资源能量而运行的系统，那么所有在这个流程中的子系统都是资源与信息获取系统的自相似分形。其中的每一个子系统同时也都是从属于更大的转换系统的一个分形与组成部分，包括自然客观的对资源和信息的获取与转换过程（由上而下的自然涓滴），以及人本的主观对客观资源信息的获取与转换的思维过程（自下而上的主观驱动）。

在这个过程中可以看到，现代社会的运行和展开是一个复杂系统，其复杂性体现在认识的方方面面。似乎难以让一切都按照个体的主观意志来进行，虽然如此，历史和过去留给现在的社会与生活的样貌构建的呈现图景上，依然与大自然的"大设计师"有着类似的景象。从分形的角度看，我们可以看到更为直接更为明确的图景，向着资源方向汇集的网络构建，而所有的社会和服务功能都会围绕着这个网络的构建来展开，每个个体都在这样的资源传输与涓滴的过程中找到自己的位置，不断更新子系统的转换效率，设计思维和方法在这样的效率提升的要求之下，不断地给出自适应的解决方案，比如呈现出辐射中心的大城市群的构成、中心化的街道、运河、道路的网络等构建与设计上的宏观自组织样貌。现代文明的先进性或精致之处也就在于这一点——每个个体只做自己擅长的一个细分领域，因为聚焦，所以会越来越专业和出色。然后社会体系将无数个个体有机地连接起来，通过一个庞大的自组织系统来制造人们所需的所有物品和工具或者产品——粮食、衣服、交通工具、住房、娱乐、医疗服务等设计思维与造物的呈现。最核心的理解是，它是一个精细精致的专业分工体系，每一个体或者分形单元作为社会中的一分子只独处于其中一环，并且是在越来越细化的分形当中，形成一个宏大的、由上而下获取转换资源的网络以及工具产品的网络，以更高的效率获取未来存续的竞争优势。

所以，主观未来目的驱动下的这个传输网络中断变化或者堵塞，就会对整个系统产生影

[①] "涓滴"（trickle down）理论，如水之向下"涓滴"。涓滴经济学（trickle down economics），常用来形容里根经济学。

响。如运河被巨轮这个人为建构和设计的资源传输工具堵塞对于全球经济的影响，比如历史上的秦直道和大运河这样的资源传输网络或者建构，在目标中心的迁移后逐渐冷清，这与今天我们看到的玉门、鹤岗等资源枯竭型城市以及在巨型城市化进程中不断流失人口的中小城市在衰退机制上都是一致的。在整个城市系统失去了原先作为资源涓滴过程中的节点作用之后，大量地围绕着这个资源获取系统工作的人群也就失去了工作的对象和方向，因为没有足够的资源和信息来匹配整体人口的转换能力。

资源对社会起到发展与牵引、汇集建构的作用，这样的情况下，城市就会得到发展与繁荣；失去资源的源头优势或者资源趋向枯竭，城市则被废弃。这样专业化的另一面，是多样性。复杂系统的复杂之处就是对多样性的有机整合[2]。亚当·斯密认为，这样的社会到了一个新的发展阶段，交易取代了造物与生产，过程和目的在这个阶段被倒置了。同样，因为交易体系的出现，形成了一个特殊的商业文明景观，在这个复杂且难以描述的浩瀚的崎岖景观中，个体很难看到局部或全局的高峰、全局的优势所在。整体来看，也是一种被动的自组织外貌，向着优势进发的过程和方向都带着一定的偶然性和概率性。

在自然大设计的建构上的建构也是如此。"大自然总是尽可能地减少利用最少的物质来建构自身，生物体必须'发明'适应特定需求的外形"[3]。而无论局部系统如何复杂，在本质上，上一个层级的资源和信息最终都会涓滴到系统中的每一个生理系统中去。从社会活动中的人这个主体来看，人体内的血管在营养运输管道的构建分形，功能在于将养分和废物进行循环；同样也可以看到，水系相对于大海的流动与分形，将此云端获得的水分和土地里获得的物质带向大海，进行再次循环。这些自然的建构以自然约束下的最有效率的传输与转换方式，在构建的形式呈现上表达了对设计的理解：都是自然设计趋向资源，获取转换的模式和分形。即便是复杂的社会运行中，万物也是由资源的方向和源头来牵引，顺应这个方向，吮吸着整个系统的泽被和涓滴。相应地，各个基本单位和分形也最大限度地在匹配资源转换效率，遵

---

[2] [美]约瑟夫·泰恩德.复杂社会的崩溃[M].邵旭东，译.海口：海南出版社，2010.
[3] [法]玛特·富尼耶.当自然赋予科技灵感[M].南昌：江西人民出版社，2017，15.

循着隐藏在社会系统背后的物理和数学原则，避免不必要的资源损耗和效率损失。显而易见，这样的复杂社会是基于历史发展的自然生成模式，这个社会的周期和发展更接近于一个"大设计"自然调节的过程。

二、主观设计思维"由下而上"的溯层认识

一般认为，对问题的解决可以通过更上一个层级的分形建构来进行思考和认识。从趋向资源方向的角度来看，自然界的"大设计"以及复杂社会的自我建构呈现出的整个图景，看起来都是趋向资源的获取和转换方向上自组织化的生成，并且通过自然建构进行最大化的效率转换。

从设计思维的角度来看，这个普遍的获取与转换的过程，都是指向更高的效率，更好的生活，更健康的个体，以及更多的未来优势的获取。从提供最基本的生存需要的一日三餐、四季衣裳，到从历史上的扩张探险去获得新的资源的过程，再到某些历史城市因为自然资源和河流舟车的便利而兴衰，都是获取与转换过程在社会生活上的样貌呈现。

未来学家凯文·凯利认为，建构的方式可以从自然系统中学习而来，"虽然大自然深谙无中生有的把戏，但仅仅依靠观察她，我们并没学到太多的东西。我们更多地是从构造复杂性的失败中，从模仿和理解自然系统的点滴成就中学习经验教训"[④]。由客观大设计由上而下的涓滴建构的启示，我们发现主观未来视角上的产品设计的建构，必然是一个与客观大设计完全不同的路径，这个路径是由主观视角从大设计涓滴的"下"的位置，由下而上地主观地选定目标，去建构，去溯着自然的能量下来的方向，提出人本主观的造物方案来改变客观的未来进程，使之符合主观的意志。这样的主观设计思维产生了大量的工具产品，是一个由下而上的主观跨越客观的过程。

经由自然宏观"大设计"自上而下生成的模型在于资源的源头涓滴催生了获取资源与转换资源的网络以及系统的复杂性，而这样的复杂性在传统的设计思维看，是自上而下自发、

---

④ [美]凯文·凯利. 失控：机器、社会与经济的新生物学[M]. 北京：中信联合云科技，2019，287.

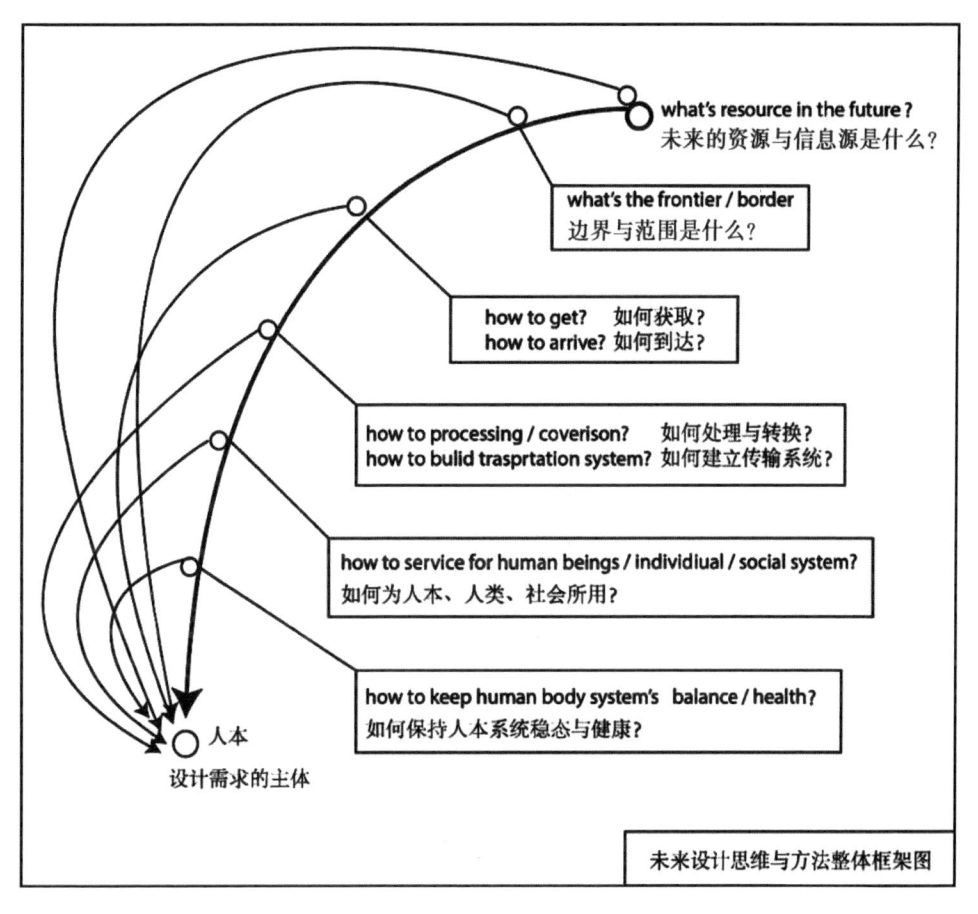

```
what's resource in the future?
未来的资源与信息源是什么？

what's the frontier / border
边界与范围是什么？

how to get?    如何获取？
how to arrive?  如何到达？

how to processing / coverison?    如何处理与转换？
how to bulid trasprtation system? 如何建立传输系统？

how to service for human beings / individiual / social system?
如何为人本、人类、社会所用？

how to keep human body system's balance / health?
如何保持人本系统稳态与健康？

人本
设计需求的主体

未来设计思维与方法整体框架图
```

图 5-3　未来设计思维与方法的宏观认识模型（自绘）

被动的设计应对，从问题出发去解决问题，使得设计思维束缚在现有的资源边界范围内寻找解题的可能性。这使得构建和造物的表象呈现出的都是一个由上而下程序方向的获取、传输、处理与转换的网状结构。而未来设计思维与方法的模型是一个未来目的驱动的"由果及因、由上而下"的"由未来看当下"的主动思维过程，避免自然生成设计的"由下而上"的被动所带来的均值回归。这样带来了大量的工具产品设计，是一个由下而上的主观跨越客观的过程。

同时可以明显地看到，作为任何一个动态化的系统，对于资源和信息的获取和转换的过程都是"大我"赋予各主体的自然推动力，而不仅是物理的定律以及历史上的科学家们对于同一律的追求，以及如老子、庄子对于"一"的追求那样，都是对这个普遍转换过程的客观认识，试图建立一个统一的理论来解释万物客观。所以，人为系统的设计与建构都是为了获取与转换资源信息的过程服务，是一个转换为主观所用的"普遍过程"。反映在设计的思维与实现上，是对于自然的模仿与超越，以及人造设计物对自然大设计的模仿与超越[5]。

这里提出的未来设计思维与方法建构，是一种向着资源的方向自下而上的主动建构，由人的主观目的向着资源信息要素，去修正，去建构，从而在设计方向上提出更有效率，更有可能获得设计效率剩余的设计解决方案，进而跳脱出自然的平均转化效率，获得到达未来的可能性，设计与造物作为整个过程中的工具以及工具本身，被思维主体创造出来，服务于这个获取与转换的目的。

三、未来视角的溯层分形单元基准

科学巨匠笛卡儿在《谈谈方法》中提到，一切思维和思维的坐标都应该和本我相依归，这样就可以清晰地进行思考。中国的先哲王阳明的心学也是依据"本我"为思维的出发点，无论意是何指，对客观观察的立足点必须在思维主体上。这与经济学上描述的一个现象借助锚点的基本观点是一样的。自然界在亿万年的进化历程中，自然选择的最终设计方案中的获取和传输及转换资源的建构，都具有某些一致的分形特征。今天，对客观认识的进一步分形都是由主观目的来驱动的，从自我意识的启蒙以来，更是催生了现代人的现代思潮，人们思考存在的意义，思考自我的意识，由此从"本我"出发的思维视角也就成为一个常规的行为与思考模式。

自下而上的主观未来视角的设计思维也同样基于分形，而不仅仅是由人这个最基本单元的一己之力去溯层。其基于动态化分形的单元认识，是一种主观指定思维与方法的溯层单元认识，也是与客观大我保持一致性的认识。对于客观，对于资源的描述和解释，各学科的认识方法各有不同。从未来设计思维的角度来说，对于客观的认识是以资源的边界来划分的，设计主体与设计对象都在一定的认识范围内作为一个基准进行单元化的认识。

---

[5] [美] 克里斯托弗·威廉斯. 形式的起源 自然造物人类造物设计法则 [M]. 杭州：浙江教育出版社，2020，39.

对于主观，不同的出发点和视角会带来完全不同的认知和解释。例如，从历史上中世纪时期宗教和科学研究关于地心说和日心说针锋相对的过程，无论是宗教还是科学，在今天来看，都是由于观察者的认知不同造成的，所以客观世界（相对）围绕观察者在运动，如果想象观察者站在太阳系外的角度来观察，可以明显地看到地球及行星们绕着太阳在运动，如果我们进一步地设想更宏大的场景，太阳系围绕整个银河系在运动，同时银河系也正在绕着自己的中心天体在旋转运动。由此可以看到的客观现实是，无论我们站在什么样的角度观察客观的发生，都会有绝对和相对两种运动模式被观察到，那么从更宏观的视角看，更高的一个分形的维度看待问题的思维主体是相对正确的。

在中国古代，将客观的全部信息看作一个整体，由主观指定分形的边界和单位。在《庄子·应帝王》中："……倏与忽谋报混沌之德，曰：'人皆有七窍，以视、听、食、息，此独无有，尝试凿之。'日凿一窍，七日而混沌死。"在本书的观点来看，混沌，就为一个基本的分形单位，而从这个基本的分形单位继续细分，日凿一窍，自然这个基本的分形就有了下一个层级的结构与形态，所以混沌死。三国时代徐整的《三五历纪》云"天地混沌如鸡子，盘古生其中。万八千岁，天地开辟，阳清为天，阴浊为地"也是如此，将天、地、人分为三个思维单位。

本书设定"人本"这个主观的视角锚点就是本书设计思维设定的出发点。以主观未来的目的为靶向，从设计者自身的角度和立足点。把轨道移到设计思维所服务的对象的位置上去，重新构建一个设计思维上的人本中心说。这里的比喻和借用是一个相对的概念，就是我们认为的以人本生理系统的未来可能性为中心出发，去设计或者解决问题。以"人本"分形为锚点的设计思维的出发点，是一种基于资源边界范围的一种"本我为依归"的设计思维认识方法。任何的思维和思考都有一个出发点，都需要有一个边界和范围的概念，而不是漫无目的的描述，并且这个范围的边界分形在认识上是递归的。同时在每个资源和信息的边界范围内，都有宏观整体、中观群体和微观人本以及人本向内的分形层级。

同时，以生理系统的尺度作为设计思维的分形模数，会有两个不同的思维方向：一是面向外部客观的认识，作用于人本的是外部的环境空间；二是面向人本的内部系统的认识，而人本的内部空间作为处理资源和信息的转换系统，也有不同的分形的层级，直到最微观的 DNA 层面，而这个最微观的 DNA 的传递，可能是产品设计中未来设计思维所服务的最终目的。除了人之外，每一个层级作为一个有边界的资源和信息的主体，都应被当作设计思维参考的一个边界分形。

所以设计思维是这两个不同的"面向"之间获取转换的效率系统，如须弥如芥子，芥子纳须弥的思维视角的两照。由此视角的逐层向内外进行认识分形，两个分形之间是获得与转换能量处理的子系统之间的资源和信息的传输系统，传输系统是默认的效能的最优边界，以此作为未来视角设计思维的出发点以及惯性系坐标。

四、未来视角的产品设计思维框架与流程

（一）整体框架描述

自然界的某些规律启发了很多人本视角的主观思维及造物行为[6]，在对客观的"大设计"建构趋向资源的获取与转换系统的认识基础上，本书试图归纳演绎未来设计思维的框架模型。

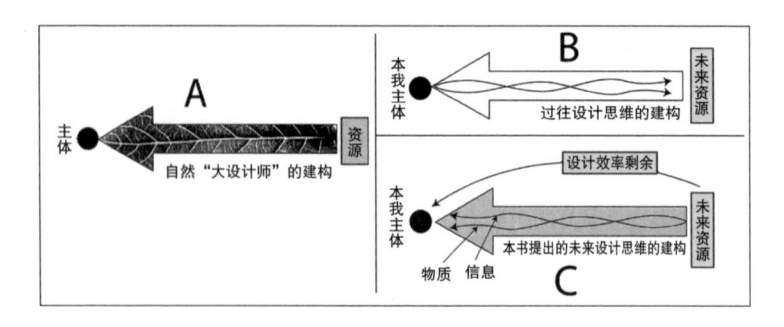

图 5-4　本书提出的未来思维与方法建构与过往的建构比较（自绘）

---

⑥　［美］斯蒂芬·卢奇. 人工智能 [M]. 北京：人民邮电出版社，2019：341-342.

客观自然的"大设计"是基于获取和转换资源的工具建构，也是亿万年来趋向资源的方向建构过程中的进化与选择，是在系统边界内建构最高效的获取与转换系统。万物的欣欣向荣取决于本体系统外上一层系统的状况。万古不变的被动成长中的一切优势的出现都是概率的结果，偶然下的必然建构而成的最高效的"大设计"系统，某种程度上来说是一个顺应客观规律的泽被而毛细获取的平均效率过程，同时也是一个相对效率平衡的系统。（见图5-4中A）

　　主观的人本生理系统能够跳脱出进化的自然安排，超然于自然界的万物之上，在于主动地对客观资源进行更高效率的获取。从设计思维的角度来看，就是主动造物的同时与自造物的合作，不断地与边界内的自然资源整体思维一起提高对资源的转换和利用效率，获得营养和热量的剩余，继而更多地繁衍，更多地扩大获取资源的范围。这是一种人生天地间的不断获取的主观过程。但这样的一种兵来将挡、水来土掩的方式，同时也是一种依据外部的环境来因应客观，是一种被动式的主观，是从上而下的被动。（见图5-4中B）

　　这样的主观和客观在未来进程中的发展速率是完全不一致的，客观系统的平衡必然会被主观行为系统通过工具与产品获取效率剩余的过程打破。这样的面向未来的设计思维的建构，是一种主动面向未来资源的方位去获取的思维，是自下而上的主动。

　　从资源涓滴的角度来看，在不同的阶段和不同的分形层级上，有不同的解决方案。但是面向未来的产品设计思维则需要向上直接越级去获得效率的剩余。从这个角度看，在本层级资源匹配之下的均衡与物尽其用的设计不是"未来的设计"，只有"本我"在设计思维的主观能动性上需要超越"红后效应"才能到达未来。未来的产品设计思维是一种"溯层的设计思维方式"，即个体或者分形层级需要能够处理更上一个分形层级的资源与数据，进而提出解决方案，是主客观间一致性的工具。

　　所以在未来设计思维的建构上，应放弃条件反射式的造物和设计思维，选择由未来的目标资源方向来牵引今天的设计思维，以边界外的资源点作为靶点，航向未来，接受未来的发展可能性和多样化的结果，不能根据当下的小范围情况来判断未来方向，通过工具产品获取未来的效率优势，从而实现主观的未来目标。

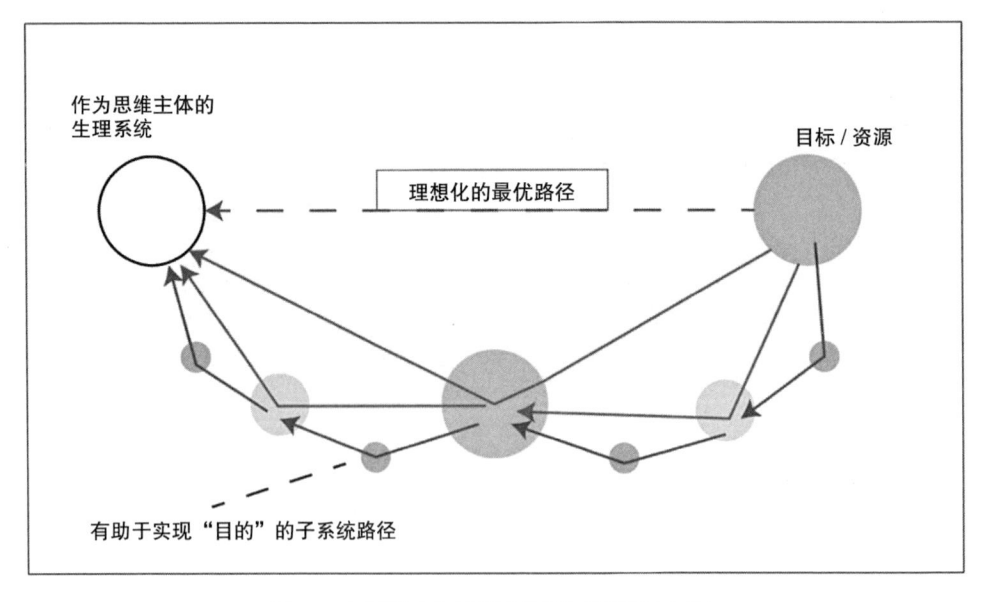

图 5-5　产品设计在未来进程中的最优求解路径（自绘）

同时我们应认识到，将资源要素边界作为思维中的变量，与人本生理系统作为思维中的相对定量之间的一个定量与变量的关系，是工具产品在未来时空进程中获取与转换效率之间的一致性体现。通过设计作为工具获得"效率剩余"是未来视角的设计思维与方法的关键所在。因为，在宏观面前的未来是一个动态化全局进化的图景，客观的万物都在不息地奔向未来，但其中的万物都不是指定和拣选，只有获取和转换的效率超过周围参照组的效率，才有可能给获得竞争优势的主体增加一次可以继续竞争未来可能性的机会。（见图 5-4 中 C）

由此可以看到，在这个过程中的最优工具产品的实现路径，必然是在设计思维上寻求理想化路径的最优解，通过靶向未来的宏观目标与资源，建构可能的工具产品去实现它，并且由于客观造物的限制与制约，理想化的最优路径并不一定能够直接实现，必然有退而求其次的次优解的工具产品的建构与实现。

（二）设计思维流程与方法说明

本书提出的未来设计思维与方法的流程如下：

1. 确定获取转换的目标（未来视角的产品设计方法是基于未来目标实现过程的建构）

2. 确定行为主体的分形基准（比如单人、群体、社区等）
3. 实现获取目标的最优效率的路径与类型选择
4. 范围内最优材料的选择与设计解决方案的提出（限制与制约下的产品与工具实现）
具体分述如下：

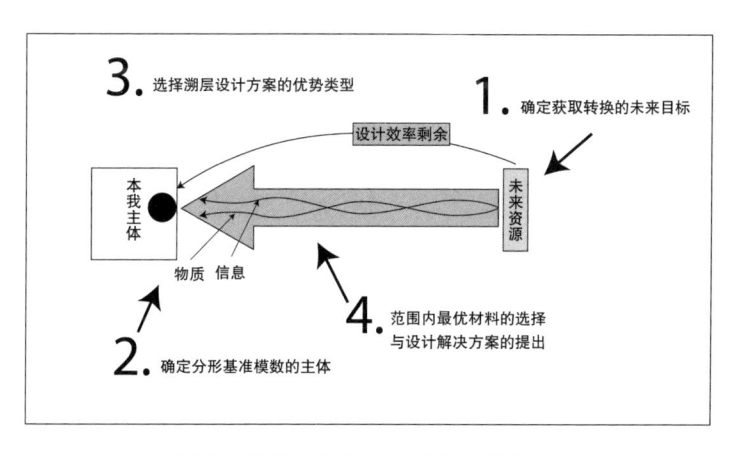

图 5-6　本书提出的未来设计思维流程（自绘）

1. 确定目标，以及设定分形主体到资源信息之间的级差

对分形的每一个层级，设定了三个阶段（单一边界范围—边界融合—下一个边界起始），以人本为生理尺度的模数为研究的基本模数，那么由人本的生理边界向外向内的两个方向的分形上，理论上会有无穷无尽的分形与发展，但是基于本研究的能力范围，由人本生理边界向内只设定了一个分形循环的三个阶段，对于向外部方向的分形，也仅仅描述了一个分形的三个阶段。同时，由于参考锚点的设置，以人本生理边界为界，从观察上来看，也可以认为有两个不同的方向。在每个资源和信息的边界范围内，都有宏观整体、中观群体和微观人本以及人本向内的分形层级，（效率的模式）（比较—倍数—指数—维度）这几个优势层级的描述。

2. 确定分形基准模数的分形主体

对于未来，设计思维的最终指向是人本生理系统的主观传续的未来，同时也应该看到，

第五章　未来视角的产品设计方法建构　　155

生理系统在不断地与工具产品的组合下，定义也在不断地延展，在主观未来目的的驱动下，持续与各个资源边界的直接信息与控制连接形成新的组合，这样的新组合在设计思维上也作为设计行为主体的基准模块。以资源边界分形作为未来视角的设计思维的出发点，虽然获得并且处理资源与信息的出发点和目的不同，但是从宏观上来看都具有明显的分形特征。

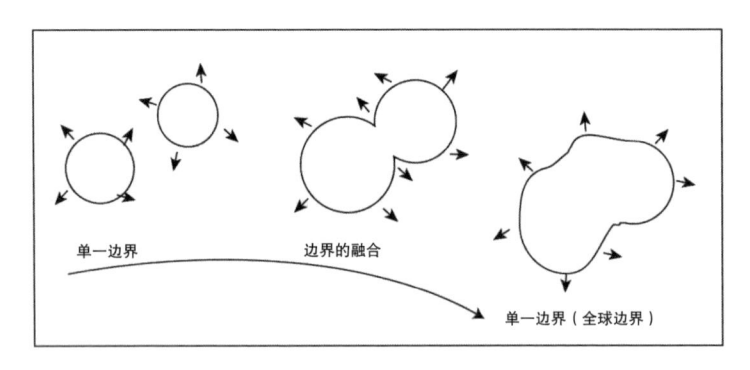

图 5-7 本书对资源信息边界的描述（自绘）

向着外部资源边界，这个思维的基本模块可以选择为个体、群体、社区、城镇、城市、地区、国家乃至全球。取决于设计思维下的工具产品所需要作用的目的。同时也可以看到，这样的分形并不是固定不变和有着特定标准的，不同的边界类型都会在相应的资源和信息转换过程中达到另外一种分形状态。再从以生理系统为边界的向内思维设定了一个分形循环的三个阶段，有如类型学中的分类原则一样，这种分类也是由行为主体来指定的，是一种主观的动态化设定。

3. 选择解决方案的优势类型

在人本生理系统的视角向外到客观外部单一资源边界的设计解决方案，其中的未来优势由参照比较而来。对于动态融合的边界来说，未来的优势是效率的倍数优势，继续扩展到某个资源生态系统的终极边界，需要的是指数的优势。这些都是基于目标资源边界分形主体基准的时空距离越来越扩大的情况下，获取未来效率优势的主观需求而来。

由于生理系统的运行总体时间的限制，人生百年难以逾越，单一的行为主体很难让自身的生理系统的运行跨越百年以上的时间，这也必然在主观上产生单位时间内对工具产品的效率要求。因为在以人本生理系统向内分形为基础的一个分形循环内，人本的生理特征是基本不变的定量。由于每个人的生命时间是有限的，在单位时间内获取未来的优势的要求，必然会随着外部资源与信息边界的不断扩张反映在对效率优势的需求上，毕竟在人寿时间范围的未来优势和解决方案对于行为主体来说才具有真实的意义。若要设计一件产品来满足思维主体的未来优势需求，那么这件产品一定要在使用者的自然寿命之内就可以使用，而不能在百年后才完成交付，这是人本寿命的时间尺度对效率提出的要求。

另一方面，时间尺度对效率的要求使得产品的生命周期相对缩短，从个人用户的服装产品、手持设备、交通工具的更换频率的逐渐提高，到大型商业设施不到 20 年就会被废弃，这些有目的的主观更迭，也可以从另外一个角度认为是行为主体在有限生命的时间尺度内对产品效率提出的更多的要求。所以，效率是设计解决方案的重要指标，在单位时间内获得"效率的剩余"是设计思维与方法本身的目的。对于不同级差的分形阶段，解决方案的类型是不同的，从人本到资源信息边界范围的资源和信息传输解决方案的类型也不尽相同。

这些优势的类型，依次是：

（1）通过相对的比较优势获得效率剩余。

（2）通过倍数优势获得效率剩余。

（3）通过指数优势获得效率剩余。

（4）通过维度的优势获得效率剩余。

4. 解决方案的提出

对于未来视角的产品设计方案的提出，即是在未来目的、实现路径，以及限制条件的最优效率类型的选择。回看前文的菌皿实验的例子，细菌群落的未来仰赖于"皿"这个固定范围内的资源存量。在资源的存量耗尽后，群落如果没有跃迁到新地的可能，那么这个群落的未来将终结。同样，主观的未来设计目的也从属于人本的最终目的：传递与传承。面对这个状况，通过未来视角的产品设计思维一般有两个选项，一是设计新的工具使之跃迁到资源的新地；二是在本范围内通过工具产品的设计不断提高资源本身的效率。如建立原子能发电站以获取更高的能源效率，这些都体现了工具产品在未来进程中的重要作用。

选择资源边界内最高效能的材料去制造可以获取转换资源的工具，一方面可以制造工具，获得资源和信息上的竞争优势；另一方面，通过工具带来的效率优势积累效率剩余，从被动获取自然形成的资源和信息的过程逐渐转换为主动创造或者制造资源与信息。

由优势类型提出未来产品设计的解题思路，在实现上必须由最具性能优势的材料构建。材料与解决方案是一个互为表里的过程。这是因为，材料是解决方案实现的基础，没有材料的支撑，解决方案达不到设想的效率优势。也就是说，作为工具的材料，本身的最高性能指标就是这个设计解决方案的效率边际，代表了可能的最优势的解决方案（边际效用与解决方案的对比概念），以期达到未来设计的目的。创造建构工具产品是为了实现人的最终未来目的，指向的是人本生理系统能够获取转换的资源效率，如获取营养并且转换的效率，如延长线粒体的寿命，这些最终都需要从自然界获取资源，合成所需要的营养来供给生理系统的正常运转。

由此可以看到，一个以生理系统为中心的明显的资源获取转换的层次和阶梯，在不同的资源边界之间，都由主观的设计思维建构了可能的、最高效率获取与转换的工具产品建构。

举例来说，从驱动资源传输效率的解决方案上来说，原初的人本自身的携带到生物驱动的运输工具，到矿产资源驱动的运输工具，到电力驱动、核能驱动，效率的进步依附于资源和信息边界的扩张以及知识总量的扩张。设计思维以效率与人本之间的解决方案为依归，也在不断淘汰效率落后的解决方案，这些高效率的解决方案的一个重要基础就是在方案提出时，有可以或者可能可以的最具材料性能的材料。而显而易见的一个重要指标就是作为工具解决方案的材料的性能，甚至一把原始的蚌壳刀作为效率工具和产品的质量和耐用度，从蝴蝶效应的角度上来说，都有可能影响一个聚落的未来，因为竞争的效率将无情地剔除低效的参与方。

以人力和牲畜力[7]以及木制的车辆对于自然资源和信息的获取能力和效率，每一个运输

---

[7] https://zh.wikipedia.org/wiki/%E9%87%87%E7%9F%BF%E4%B8%9A [EB/OL].

单位的资源传输效率相对于今天来说都相当有限，但是也匹配了当时的环境边界和资源信息的处理边界。而在工业社会时代对于自然资源和信息的获取能力和效率大大提升，如山西大同—河北秦皇岛铁路20000吨载重量的列车运输资源，30年运载60亿吨[⑧]。从这个角度上来，未来视角的产品设计是一个趋向资源，最大化地获取效率的思维路径选择，这个思维路径与自然界的路径选择类似，一旦新的效率路径形成，旧有的解决方案即被废弃。

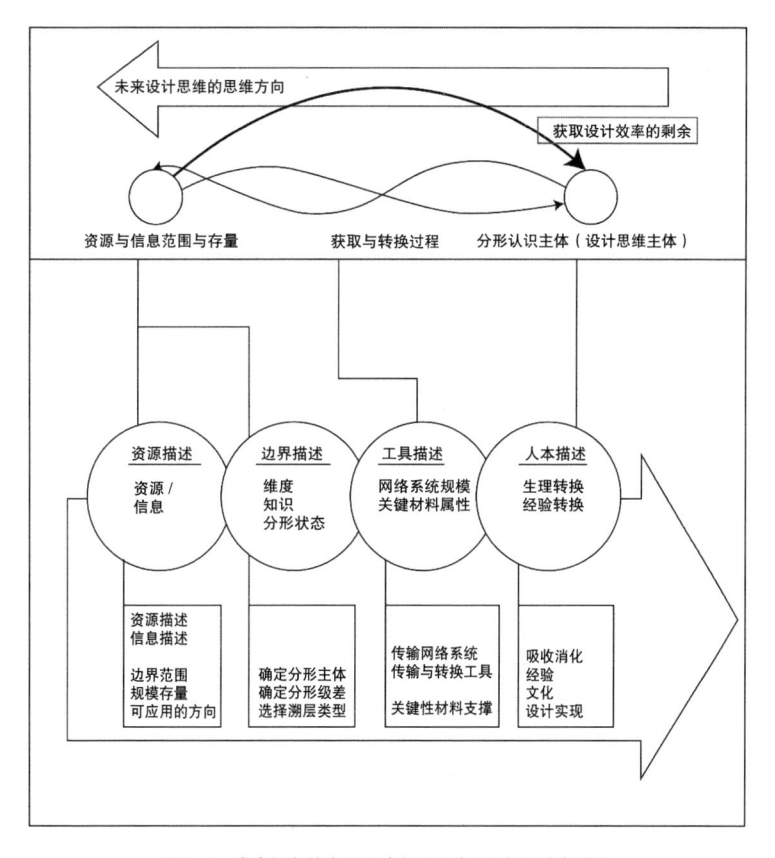

图 5-8　未来视角的产品设计方法设计流程框架（自绘）

---

⑧ 山西日报，大秦铁路30年流淌"黑金"60亿吨：运的是煤、流淌的是光和热！[EB/OL]. (2018-12-28) [2020-03-17]. http://www.nengyuanjie.net/article/22106.html.

第三节　未来设计方法的思维溯层途径与方法

一、溯向全局的未来设计视角

犹如鲑鱼的溯源而上[①]，也犹如各个分形单元趋向资源方向的获取与转换运动一样，产品设计中的未来设计思维也是一种向着资源和信息方向作用的设计思维与方法。

在思维的宏观视野下，思维的维度涓滴而下，现有层级的解决方案取决于上一个维度的思考[②]，从这个角度来说，未来视角的设计思维以溯层的"升维思维"为优先。

设计及设计思维是人本与资源信息边界之间一个获得资源信息与处理及转换资源信息的解决方案，而这个解决方案并没有设定某个最终的版本，所有的设计与发展都在不断地突破现有的动态边界，直到某个范围内的资源与信息不再具有价值。诚然，只要人的主观未来意志存在，这个过程将一直持续传递下去。叔本华认为人的本质就在于他的意志有所追求，一个追求满足了又重新追求，如此永远不息。那么在具体的设计流程和设计程序上，我们可以从宏观优势溯层的设计视角来描述整个设计思维的发展模式。虽然世间并不存在永动机，但是确有一个永动的机制，这个机制就是人本不断地向外部空间获得资源、通过信息去处理资源的一个永动过程，无疑这也是热力学的一个过程。

在不同的设计思维分形范围内都会有一个最优的设计解决方案，而在更宏观的上一层分形来看，这个最优或许不是全局的最优，甚至存在因为这个局部优势的获取过程由于竞争而过于特异化，而无法进入上一层面的宏观发展过程中去。例如黑莓手机的设计，高度依赖于特定的体系带来的商业壁垒和利润，最终在具有其他技术生态优势设备的竞争下导致其在某个范围内的终结。

从设计思维上来说，同样的"不谋全局者"[③]也不足以谋一"设计"。设计思维必须站在趋向资源方向的位置，来标定设计计划，进行溯层式的思考。从未来全局优势的获取上来看，如在国家层面上提出对月球资源的勘探与开采计划，同时发射"嫦娥"等探测器对月球资源

[①] 溯河性鱼类在溯河时，每天顶着时速几十千米的水流上溯数十千米，直至目的地。
[②] 爱因斯坦认为一个问题的解决可以引入高一个维度来思考。
[③] [清] 陈澹然《寤言二迁都建藩议》。

进行先期的科研活动，都是从宏观的未来考虑资源的获取来源。以华为技术公司为例，在全局范围内从根源上研发国产的芯片、操作系统以及相应的产品，这样在全局竞争的情况下才有可能获得优势。根源也在于对全局的把握，建立了自有的全系列的知识产权以及全产品架构。再如，设立经济特区，深圳从一个小渔村在几十年间发展到全球知名的大城市；同样今天对雄安新区的规划与建设也是在全局思维上对未来的判断，靶定未来的方向，在未来的可能上画一个"圈"，进而采用最高效率的建设和发展规划，而不是任由自然发展的方式去逐渐调整建构。

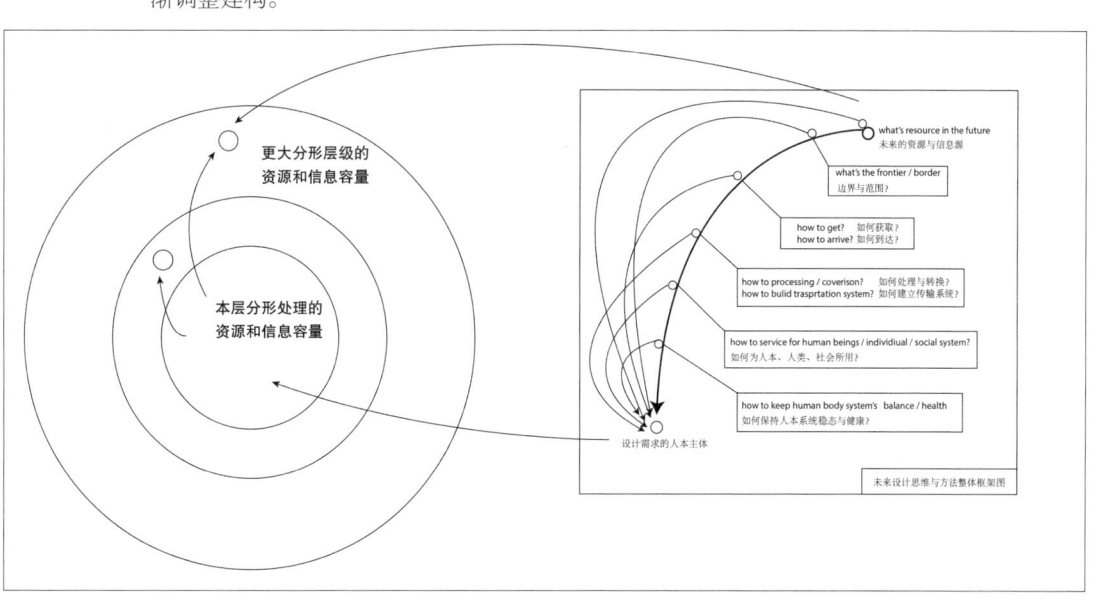

图 5-9　设计思维认识层面的溯层方法（自绘）

在具体的产品设计上，依然可以有全局思维，以交通工具类别的产品设计为例，未来驱动的动力能源是什么，如果是电能、太阳能抑或原子能，那么对于汽车及交通工具的设计思维来说，就应该向着未来驱动的方向去迸发去设计。在未来设计或概念设计的过程中，要靶定未来的最宏观资源，通过工具产品的设计向着资源的方向去思维与作用，同时对于局部优势做一定的舍弃。这样的思维在古代中国哲学中也多有体现，比如《易经》中"变易"的动态变化和多样化的解决方式，《老庄》思维中的主动求缺的方式，在技术上的对应就是"褪火"。这个在设计流程中的后撤步骤是为了更致密的材料结构和工艺性能，为更上一层的宏观设计目标服务。

所以，在全局设计思维上，最重要的就是能够判定未来的资源和能源所在，去进行建构设计，而这所有的建构和设计最终都应该以整体人群的未来福祉去考量。从上一层的分形维度来思维当下的问题，不失为未来视角中的有效思维途径。

二、局部范围内的相对优势

局部优势思维是一种竞争层面的溯层思维，优化问题的局部最优解。就是指在临近解的合集当中的最优（最大或者最小）解。在思维的主体看不到全局景观，或者边界资源的限制情况下，对应在产品设计上就是一种改良型的设计，某种程度上也是一种在局部范围内求得突围、获得相对未来优势的策略。

这样的优势，不仅仅是数值指标上的大小高低，更多的是要看到与资源匹配的相互转化的更高效率。以日本的K-CAR（轻自动车）为例，由于早期的经济发展水平较低，居民的购买承受能力也相应不高，同时，现实的街道面积的限制，停车的需求和实际能够提供的场地需求之间有较大的差距。而常见的美规尺寸车身5米左右的汽车，在日本的小型街道上的适应性并不好，因为日本的街道布局由于长期的历史发展而形成，甚至居民的身高尺寸的模数会对相应的建筑与环境设计产生影响。如果按照常规的汽车尺寸加以生产，就难以提高汽车的拥有率，所以设计了特定的K-CAR尺寸：长宽高分别不超过3400mm、1480mm、2000mm，座位不超过4个、载重量不超过350kg，以及排量不超过660ml。虽然有些削足适履的意味，但是，在整个社会交通系统的一个局部进行的溯层思维，满足了整个系统的要求。这样一种在其他主流国家中难以取得商业成功的汽车，却在2018年销售了527万辆车，其中K-car的销量就占了其中的192万。[④] 虽然背后的驱动因素很多不仅仅是设计或者产品力，

---

④ 日本的K-car文化[EB/OL].（2019-07-04）[2020-06-05]. https://www.sohu.com/a/324781911_100303212.

但是从本书的观点来看，这是由于局部优势的设计思维取决于并且受限于上一层的资源边界，在无法改变上一层级状况的时候，即可在局部的设计突破上着力，进而在未来改变整体的状况。再如一个带有过滤与进化功能的厨房水龙头设计，虽然不能改变整个供水网络的管网水质，但是可以改善自身单元所在的小系统的水质。在每个子系统都竞相改善的情况下，最终会改善大的供水系统的整体状况，这是一种由下而上通过局部的突出设计思考带动整体优势的思维与方法。

社会发展进程中的选择也总是局部优势与全局视角的关系，主观对历史发展的进程进行一些局部的干预、突破以及设计，这里的未来设计思维是再上一个维度的设计思维，成为环境的提供者，而不是过去由环境的起始条件而涓滴的生活样貌。以未来的视角建立新的工具产品或者人居形态，跨越一定的社会发展进化阶段，比如新区城市的建设，并没有经过从原始聚落到现代城市的逐渐发展历程，而是人为地从未来与发展的角度来规划突破。在种种条件的限制下无法改变上一层资源的情况下，由局部范围内的相对优势的获取作为突破口，以微小优势的积累，进而影响全局，获取更上一层的优势。

三、效率优势溯层的几种类型

设计思维的未来在于获取设计效率的剩余，而这个设计效率的剩余是在万物竞相趋向资源方向去获取转换过程中而来。在对客观物质世界的认识上，我们知道由于能量由高到低的方向传递，客观的资源世界是个耗散的过程，作为竞争中的所有的跨越都是符合物理热力学原理和信息论原理的，也使得这个过程中产生了一层层的分形。人这个生理系统以造物为工具，去更高效率地获取资源（能量、信息），主观地去获取客观资源的方向与客观资源涓滴的方向是相对的，并不一致，那么在万物竞相获取的同时，也必然由于效率的差异，产生不同的优势类型，获取资源的级差分形形成了溯层的思维，系统必须获得足够的信息和资源以保持系统的运转有序，并且处理能力要能够超越资源的存量范围才能基于当下的参照组获得优势，而主观在客观中获取优势的手段就是借助工具造物去溯水行舟，主观去做功[5]才能上溯。

就宏观图景上来说，是一种溯层的设计思维。这种溯层有几个模式：一是跨越维度的优势；二是跨层或跨越几层分形的指数优势；三是倍数优势；四是与参照组相较的比较级优势。

比较优势溯层：在未来，一个人可以处理一个工作小组或者一个车间部门的工作量，相较之下就是超出当下单人的资源和信息处理效率，可以借助工具和技巧，可以借助机器和自动化，可以借助信息化和智能化，甚至最终可以建成无人化操作的车间。又比如，早期的商业飞机的操控比较复杂，需要由5人操作。而同样规格的飞机，最新的技术改为更为先进的2人操控或者无人驾驶的时候也预示着单人可以对应处理的资源和信息是越层增长的。相较而下，这样的个人效率创造出远超日常生存需要的热量转换供给平均水平，从而获得了效率的剩余。

倍数优势：孙子兵法里有"倍则战之"的论述，取得优势的一个重要指标就是能够倍之于参照组，同样的运输工具，早期的5吨卡车在今天的几十吨载重量的卡车面前没有优势，作为效率工具，其只能被淘汰。

指数[6]优势：相较于卡车对资源的载重量，万吨大列车会取得经济上的明显优势运行在大秦铁路、神朔铁路上。相交于贸易时期的帆船平均载重200吨左右，现在的巨型集装箱船的载货量OOCL Hong Kong船长399.9米，宽58.8米，实际载重能力为191317 DWT（载重吨）。

维度优势：在某一个层面的边界内使用工具获取资源的过程中，受到的不仅仅是本层级因素的影响，更受到上一个维度的状况影响。如手工算筹工具与计算机之间的算力差别，传统商业的地域市场与互联网商业的全球市场的差别等。以交通工具的未来视角为例，中国航天科工集团有限公司研发的利用磁悬浮技术的高速飞行列车[7]，利用近真空管道线路大幅减

---

[5] 做功是能量由一种形式转化为另一种形式的过程。
[6] 指数：数学概念，是一种关于幂的数学运算。各学科引用作为一种发展的指标和特征。
[7] 第十二届珠海航展，中国航天科工集团有限公司正在研发的高速飞行列车[EB/OL]．（2018-12-10）[2020-09-06]．https://www.sohu.com/a/280718745_753832．

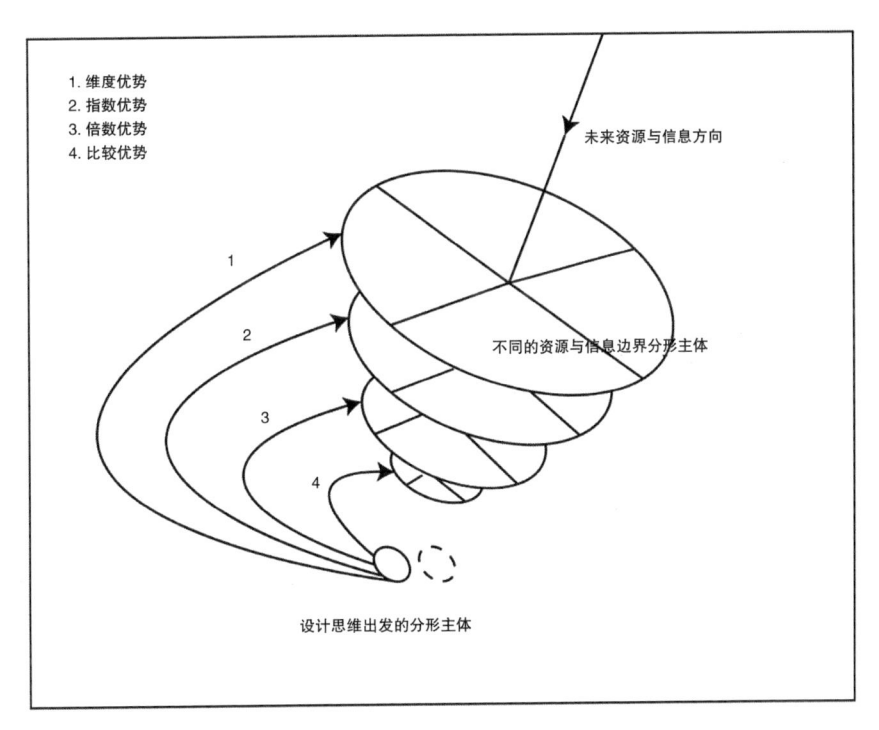

图 5-10　与参照组比较的优势溯层类型（自绘）

小空气阻力，具有很强的加速能力和高速巡航能力。再以未来视角看交通工具的发展，或许就是量子时代的交通工具产品与服务设计，那又会是一个新的维度上的优势。

从这个以未来视角看交通工具的设想来看，其最重要的设计目的是资源和信息的获取，对于未来设计的关键影响因素是材料和材料构成的网络和传输系统，包括可以支撑设计实现的科学认识和技术的发展状况。而新的材料会带来完全不同的产品呈现和效率方式。这种以参照组为比较的未来优势溯层类型的发展，某种程度上也会有一种去中心化的呈现，因为优势的顶峰在不断更迭变化着。无论行为主体在当下处于何种优势当中，将思维的视野再上一层就可以看到自身所处的系统仍然属于更大的分形递归系统的一个组成部分。尽管未来设计思维与方法是获取优势的工具，但是任何状态的分形系统在获取优势后都不可能达到认识范围内的全局的优势,所有的层级都不可能溯层到最优。在这样的状况下,各个层级的行为主体,即便是在单一项目的优势上有所获得,也会变更现状向着上一层级的优势进发,在未来的进程中获得新优势,这也是一个不断分形的呈现。

四、基于未来视角的溯层设计方式

(一)从虚拟思维到现实的溯层实现方式

从未来设计思维与方法的角度上来看,整个的设计思维建构是趋资源的。即宏观上来看都是向某一个资源的存量方向嗅探以及获取资源与信息的设计思维。未来设计产品的工具的属性是实现行为主体获取未来优势的目标,那么这个目标,以现有的边界为界,在比较、倍数、维度的优势上呈现。

而这个思维,首先就是要确定新的资源和信息的范围和存量,以及设计思维如何作用于这个源,设计本身作为传输和转换的网络及工具的设计思维,最终将资源获取传输后,继而到达人本的生理范围里为人本所用,保持人本的生理平衡的稳态和健康,以及繁衍传递的可能性。在这个层面上,必然会基于这个思维的最终目的,在未来资源的嗅探上要有先置的判断。因为,当下的资源与信息的边界范围已经远远超出了进化而来的人体五官能够直接触探和处理的能力范围,只有意识到资源和信息的范围,才能够进行主观能动下的获取。物质是第一性的,而思维在嗅探资源的时候是优先于造物工具的,抑或设计思维与造物工具相互作用,同时去嗅探未来的方向。

对于客观物体的经验和体验来自于对客观世界的触探与反射。同时在大脑的特定部位作为标记留存,以备再次遇到同样情形时可以预先进行机制上的处理。如果说一切对于客观的认识最终都会汇集到意识主体的大脑中进行判断与反射,那么,在最终的体验反射决定作出之前的信息与信号输入路径,事实上也都可以归类于信号的输入,对于在最终判断之前的信号来源,是没有检查核对机制存在的,因为这个检查机制远在探触的前端就已经完成了,在后端插入的信号是不会被判定为虚拟信号的。

比如触感、体感、五官各司其职,大脑意识的本职工作仅仅是在这一阶段的收集整理数据而已。基于此,虚拟现实的设计手段也成为真实的可能,并且我们的大脑也会在一定程度上判断这个情境为真。同时我们可以看到,思维主体对这样的虚拟判断并不完全依赖于物质,在设计方案的探寻和思维以及对设计意图上的修改有着极大的效率优势。回到设计思维的角度上来说,对客观的认知与大脑的特定功能与意识的产生有关,真实和虚拟也是生理特征之一。

从酣睡时的梦境到各种神话故事的描述,什么是真实的,自古都莫衷一是。从老庄时期开始,就可以让思维的想象去谈论蜗牛角上的两个国家[8],《枕中记》中也有黄粱一梦的故事。这些梦,包括庄周究竟是梦里为蝶,还是蝶为庄周,都不是本书讨论的范畴,我们要说的是,这些案例都不需要真实的景象的依托,就可以在思维上展现。因为,人力或有不及,唯有思维可以纵横古今、瞬间万里,而不用真实地抵达。所以本书讨论这样的神游想象的场景可以用现代的虚拟现实的方法来实现,并且可以是由设计思维来实现的。

回到社会对未来的想象,从原始戏剧到影视传播再到今天各种技术支撑下的虚拟描述,都是虚拟现实的呈现。1938年,作家威尔斯(H.G. Wells)写了一个试图征服地球的火星人的故事在广播中播出,当地听众以为他们正在收听一个正在发生的真实事件中的新闻广播,以致惊慌失措。犹如观众听戏入魂,说书者大敲醒木将观众带回现实一样,在虚拟现实的表达上,设计思维应该也是一个"醒木"。威尔斯的这个故事中正是缺少了一根设计思维的"醒木",没有对整个流程进行设计,从而让观众无从判断。

具体的实验室里对虚拟现实(Virtual Reality,VR)的实现方法的研究,在20世纪50年代就已经开始了。虚拟现实技术就是利用现实生活中的数据,通过计算机技术产生的电子信号,将其与各种输出设备结合,使其转化为能够让人们感受到的现象,这些现象可以是现实中真真切切的物体,也可以是我们肉眼看不到的物质,通过虚拟的三维模型表现出来。由于这些现象不是我们直接所能看到的,而是通过计算机技术模拟出来的现实中的世界,从而给

---

[8] 郭庆藩. 庄子集释:卷八下《杂篇·则阳》[M]. 北京:中华书局,2013.

人以环境沉浸的体验感，故称虚拟现实[9]。

早期产品设计的虚拟现实采用几台投影机进行不同面的投影，可以使得设计师对新设计方案的评估更直观。今天更进一步的虚拟现实的设计过程中的评估，我们可以看到，虚拟现实技术，正在从对生理的研究、哲学伦理的研究、娱乐体验的研究，逐渐被认为是一个现实可以产生生产力的工具。虽然虚拟和现实之间本质是不同的，但是，从大脑和认识的机制上来看，什么是虚拟，什么是现实，无法割裂开来或许虚拟也是现实的一部分，就像我们会认为梦境是我们的一部分一样。毕竟，在人本数据化以后，设计的虚拟数据化实现是"自然"的。

在数字图形领域，NVIDIA公司在GTC 2019上展示了一款新的交互应用GauGAN（高更），借用这个艺术家的名字也预示着系统的创作用途。在技术上利用生成对抗网络（GAN），将设计的草图结构图转换为如同摄影的图像。这是继PGGAN、StyleGAN之后，NVIDIA公司提出的一种创新解决方案，相关论文已被CVPR 2019接收为oral论文[10]。这种方案的特点在于，可以根据用户的初步设想，来根据设计意图能够智能匹配主题下的完全智能创出的场景，同时可以自动生成符合实际要求的景色，不受客观现实的限制。在这个系统上，用户可以在草图上大致描绘一下场景的基本特征，然后计算机系统就会根据算法生成的景色去匹配草图上的设计意图。值得注意的是，计算机匹配的不是常规的素材库，而是计算生成的场景，理论上的创作将有无限的可能性和创造性。

在产品设计领域中，韩国KIA汽车公司采用虚拟设计引入VR设计审查，新车研发周期缩短20%，每年研发成本降低15%。对于汽车设计流程来说，常规的草图、模型、试样等流程，周期比较长，同时也对各种产品设计表达所需要的技能有较高的要求，需要在某个专门的领域花费大量的时间去学习。同样地，在效率提升上会采取电脑设计的方法，这样的行之有年

---

[9] 虚拟现实 中文名：虚拟现实，灵境技术，外文名：Virtual Reality 词条由"科普中国"科学百科词条编写与应用工作项目 审核 [EB/OL]. [2020-05-09]. https://baike.baidu.com/item/%E8%99%9A%E6%8B%9F%E7%8E%B0%E5%AE%9E/207123?fr=aladdin.
[10] Patrick Kennedy，NVIDIA GauGAN Perhaps the Coolest GTC 2019 Demo [EB/OL]. (2019-03-23) [2020-01-26]. https://www.servethehome.com/nvidia-gaugan-perhaps-the-coolest-gtc-2019-demo/.

的电脑仿真设计软件和流程也是需要大量时间去熟悉软件和操作技能。在计算机辅助设计工作的同时，传统的汽车设计要进行模型阶段，这需要各种实体场所和设备来支撑与实现，设计的效果和评估受制于时间成本和经济成本，并且在某些方面的表达，也无法和计算机的深入计算和描述相提并论。

从未来视角的设计思维角度上可以看出，对未来的设想和设计，都可以在思维与认识的层面上呈现，而不必物化。只需要借助特定的设备，使得大脑可以接受为"真实"就可以了。在电影工业中，早期在拍摄电影时需要建设外景基地，这是舞台造景的巨型版本，甚至花费巨大的成本去世界边缘寻找真实世界中的魔幻景色，因为在看到真实之前，经验不会产生。但是这个用户由体验而产生得到的经验，我们也完全可以在数字上合成。显然这样的成本比起在物理现实世界里建造外景基地低很多，同时也会大幅提升工作效率。

目前，虚拟未来的设计已经在家居行业、展览行业、疗愈性虚拟空间，以及导航、游戏、混合现实的零售业中得到发展，在可以看到的未来，也必然向着深度和广度的方向发展。

（二）材料与实体经验的溯层实现方式

前文所述，思维在先嗅探，物质其后被获取，无论设计思维与方法如何运作，最终的设计方案仍然需要由实体来建构。虽然技术可以虚拟体验，但是，由于人的生理特性，实体经验的取得仍然无法由虚拟的感受完全替代。客观上的实体建构依赖于目前已知的化学元素周期表内的元素物质组成的工具或者产品，以获取和转换资源。或许在未来开拓人类新家园时会发现新的物质与元素的组合，也或许现有元素造物时的效率大幅度提升会将物质材料呈现出一个新的面貌，这是物质第一性的原则。

不是所有思维下的设计方案都可以用当时的物质来构成，即使思维能够构建理想的设计方案，但作为造物的物质材料在当时无法取得或者在当时并不存在，设计也无法实现。同样地，材料构成了获取与转换过程中的传输网络与工具，材料本身也有待进一步溯层，研发更高性能与效能的新材料。同时，作为驱动工具产品的能源本身，也需要有新的创新和可能性。

设计思维的实现基于物质的真实存在为前提，在实现获取目的的过程中，不同层级中最高效的材料的定义是相对的。在最原初的时期，最高效的材料是地表上可以捡拾利用的具有物理性能优势的自然界的物质资源。最好的石器有在本层级的优势比较，但是，再好的石器其性能在铁器出现之后也将退居历史发展的幕后，不再被认为是合适的工具。

同样的一件产品，因为材料的不同，性能也在云泥之间。以飞机发动机为例，即便我国的机身的整体设计在几十年前就已经有了很高的水平，但是，在制造发动机的关键性材料上的缺失，使得几十年间只能接受无法取得优势的技术指标。而当材料工程上有了突破，完全可以自主的时候，产品与设计思维就可以贴合实现。以飞行的愿望来说，从古到今都有单人翱翔天空的想象，无论是西方神话中的伊卡洛斯蜡制的翅膀[11]，还是达·芬奇1485年的设计手稿，单人飞行都只是梦想，原因在于没有可以支撑设想的材料来物质实现。当今可以滑翔飞行的"翼装"是由韧性和张力极强的尼龙材料制成的冲压式膨胀气囊，特别是在飞行运动服双腿、双臂和躯干间缝制大片结实的、收缩自如的、类似蝙蝠飞翼的翅膀，可以在运动中实现个人飞行。虽然这个产品的样式与北美洲早期的羽人形象类似，但是当时的先民虽然想去飞翔，因为材料的限制，也只能望空兴叹，仅有愿望而已。

比如可以支持宇航员太空行走的航天服由6层不同材料设计构成：使用特殊防静电处理过的棉布织成的舒适层，橡胶质地的备份气密层，复合关节结构组成的主气密层，涤纶面料的限制层，通过热反射来实现隔热的隔热层，最外面的外防护层。在躯干处达到7层，最厚的是挂包有20层[12]。再例如宾夕法尼亚州巴利的Bally Ribbon Mills公司，使用传统工艺与高科技装置，为NASA编织猎户座航天器的热防护减震器。另外，在材料的不同用途上，比如咖啡渣作肥料，到可以有技术将咖啡渣加工成为眼镜框架；普通的户外木地板栈道，由于客观环境的腐蚀，几年就不堪使用，而将木屑和塑料材料混合制成塑料木，其防水性能以及耐

---

[11] 伊卡洛斯（希腊文：Ίκαρος），希腊神话中的人物，在使用蜡和羽毛造的翼逃离克里特岛时，双翼上的蜡遭太阳融化跌落水中丧生。
[12] 航天服 词条由"科普中国"科学百科词条编写与应用工作项目审核[EB/OL]. [2020-01-27]. https://baike.baidu.com/item/%E8%88%AA%E5%A4%A9%E6%9C%8D/376363?fr=aladdin.

户外腐蚀性能却比较好，甚至可以应用到水电站项目中去。如果没有宏观视野中的材料以及材料本身的科技的发展和实现，设想和设计思维都难以物化实现。同时，在设计思维的物化成型上，选择与传统的生产方式完全不同的增材制造方式或者更加未来的材料成型方式来实现，体现的是材料向分子层面的细分与实现。

对于生理系统对资源的获取和转换来说，最重要的是我们赖以生存的热量和营养的食物来源。食物在最根本的生理需求推动着设计思维到造物，再到获取，以维持一个人的正常生理指标。此未来的效率同样需要有创新甚至溯层到完全人造合成的食物，甚至是进食方式的创新。这些都是对客观物质、要素、材料的实现要求。那么，同样的在材料与实体经验上的未来设计思维，也应该体现在溯层思维上。

这是两个方向的溯层：一是材料本身的利用效率；二是对不同的材料性能进行跃层的选择。从这个思路上展开去，在今天的科技时代，最高效的材料由是人本所创造合成甚至是自然界所没有的材料去构建未来可能的产品。

（三）文化与经验的未来溯层实现方式

与技术未来不同的是，文化上的未来更关注人本身的主观未来。这里的文化探讨从设计思维视角开始，而不是广泛意义上对宏大的"文化"进行论述，是主观意愿对未来生活方式的表达。从造物在今天的保留痕迹来看，文化是历史事件节点的效率"最强音"的标识和标记，这个最强音记录并保存了特定范围内的资源和信息容量的顶点特征。

未来视角的设计思维将文化的作用分为三个阶段：一是文化对科技发展的附着；二是大众流行文化对未来的畅想；三是科技思维借由文化设想未来。

在文化对科技的附着上来说，20世纪的未来主义艺术对速度和效率的表达是一个典型的例子。比如俄罗斯的传统，东正教牧师会为高科技产品的发射或者启用去开展宗教仪式，这样的行为在科学面前不被认同，因为发射火箭飞船的最终成功与开光仪式无关；美国艺术与科学院（American Academy of Arts and Sciences）的艺术家 Percival Lowell 在一百多年前描绘了火星表面运河的想象图，以今天的事实观测来看，当时关于运河的揣测是不正确的；以及20世纪70年代发射的旅行者1号探测器上携带了一张人类文化的说明书，选取了人类社会一些具有代表性的场景的图片和科技简介，以期在可能的与外星生命的接触中说明地球的文明程度，虽然40多年过去了，旅行者1号携带的这份金属材质的人类文化说明书还没有遇到可能的读者，但是仍然会继续向深空间飞行。

在大众文化对未来的畅想与应对上，文化经验是应对未来未知情景的重要方式，某种程度上以一种预置的方式让后代在新地有了新的生活。所以，对于不明确和不确定的未来资源信息边界来说，文化提供了一个可以推测当前不确定而求解的一个可以依赖和参考的过去的经验，虽然在很多时候，猜测并不准确。犹如月亮上的环形山，虽然千百年来在人类的想象中的兔子的形象在今天被证明完全不正确，但是在朦朦胧胧中对于有"物"存在的推测是没有错的，无论这个物是环形山还是玉兔，名实之间有很大的区别，可是在对于新地的探索的过程中，尤其是整体的信息不完全能够了解到的情况下，是某种正确。这是由旧地向新地发展的未来的视角。由新地继续向未来的视角看去，新的一代又会随着科技嗅探而来的信息畅想新的生活，比如设想未来火星上的社会样貌，比如猜测在宏观未来空间中生活的人的样貌会不会因为手机的频繁使用而产生驼背以及眼睛巨大等新的生理特征。2007年我国发射的月球探测器，命名为"嫦娥一号"；2021年成功着陆火星表面的"天问一号"探测器上展示的两个图案是北京冬奥会吉祥物冰墩墩和雪容融[13]，也是文化附着于科技的例证。

在红移方向回看历史（图5-11中B视角），会看到文化的沉淀；而在蓝移方向看向未来，一切都是未知，那么文化这时就会作为预置的处理机制，作为新旧文化的缓冲和传递的褓褓（图5-11中A视角）、母体，最终在这个动态化面向未来去思维的特定的文化就会随着时间的流逝而消散，但是在文化母体基础上的新的文化建构同时会出现，犹如森林中的母树，落叶虽然飘零，但最终这些曾经鲜亮活力的文化落叶也将是未来新叶获得生长滋养和营养的

---

[13] 央广网. 冬奥吉祥物"冰墩墩"和"雪容融""登"上火星 [EB/OL]. [2020-06-12]. https://baijiahao.baidu.com/s?id=1702352089993080541&wfr=spider&for=pc. 着陆平台搭载了2022年冬奥会吉祥物"冰墩墩"和冬残奥会吉祥物"雪容融"的图案，该产品出自哈尔滨工业大学化工与化学学院吴晓宏教授团队，这是该团队继"天问一号"探测器上的五星红旗后研制出的又一产品，这也是艺术设计跟随技术最前沿的体现。

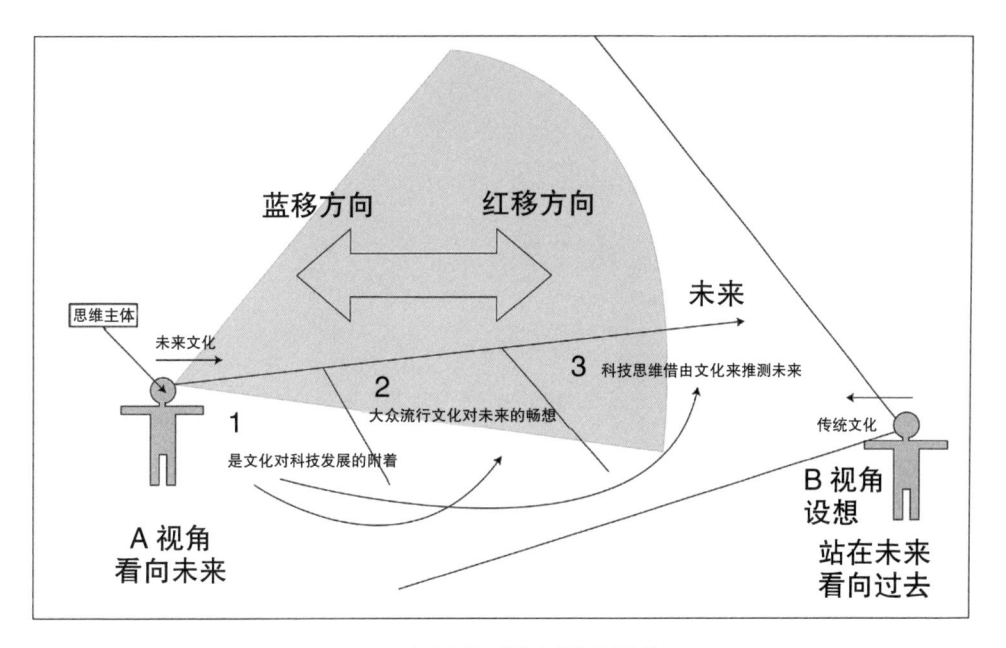

图 5-11　未来设计思维的文化溯层（自绘）

来源之一。从文化泽被后世的作用这个角度上说，文化是永远不断递进与传递的，在每一次的造物解决方案获得优势后，文化的标识与表记就会同时出现。这也是人类回首来时路的大爱和对未来的积极本能。

从（图 5-11 中 B 视角）看，对于未来设计的思维，文化提供了过去的标记，推测未来的母汤和人类生物记录的 DNA 一起构成了未来以远的新的双螺旋，也是人类跳脱 DNA 生物双螺旋的上一层的存续分形，而这个分形的构成必然是"人 + 文化"+"人创材料"的分形。同时，文化也以她的先进性姿态和"母性"对未来进行不断地溯层，尽管从本书的视角来看，这是站在蓝移方位向红移方向的一个被动中的主动，但这种文化的建构方式也显示了获取未来优势过程中的强大生命力。

所以人类所特有的文化思维现象，即便是科学巨匠也不能免俗，对于人的未来，英国广播公司（BBC）1 台在 2015 年播出的霍金在伦敦皇家科学学会的启动仪式上说的一段话："在无限的茫茫宇宙中，一定存在着其他形式的生命，不管最终地外智慧生命到底存在还是不存在，现在该是有人正式投入进来，去寻找地外生命。"在这一点上，霍金也是从文化与科技的混合视角来看待未来。这些都是文化的特质，已有的经验会作为面向未来未知的处理基础。那么文化想象当中的火星表面有运河或者产生着文明也就是自然而然的了，因为我们的经验在过去对运河形态的经验是确切的，并且在探测未来上也会有相应的作用。所以，对于未来，文化是一个非常重要的不确定的指南，但是，对于探求本来就不确定的未来来说，不确定或者模糊本身就是未来的一个显著特征。如果全部边界范围内的资源和信息综合而成的知识为已知，那么这个确定的已知就是当下，而不是未来，对于文化来说，未来可以用过往的经验来预置应对。从文化的角度来看，这依然是对未知状况的预置和希望，人的本性如此，都向往美好的事情和结果，这也是文化的作用。

第六章　基于未来视角设计方法的实证

前文提出了未来设计思维的溯层设计方法，即通过工具产品获取"效率剩余"。这个获取的过程服务于人的主观未来目的，并使之产生在当下的社会生活上的意义。未来设计思维是这个过程中的方法和手段。实践是检验思维与方法理论的标准，通过实践的验证与评价，既可以检验方法的正确与否，反过来可以对实践进行修正。

未来视角的产品设计"溯层的方法"有三个层次的呈现。

首先，是宏观维度路径的溯层。在历史进化的客观认识之外，有未知和新的规律的存在，今天，物理学研究也证实了时间的不一致性，这将对未来在未知范围内的设计思维产生根本的影响，应对的方式是换"维"换"律"的目标靶向的"溯层跃迁思维"。

其次，在这个宏观之下的中观，就是我们生活的这个社会，我们对日常规律的认识基本是已知的，在这个范围内的设计思维是各种效率的达成路径。而基于本我向内观的子系统的合集中，则是内观的平衡路径，设计思维在这个层面上是一个维持系统内部平衡的工具，具体则体现在设计补稳、补替、修因改果，形成未来视角中的新生理系统。

再者，在人本向内观的设计案例中，由于人本边界就是设计思维的分形基准，生理系统的边界作为内部子系统效率"上限边界"，设计效率不超越平均效率。所以向内的设计思维是维持这个生理系统效率的层态平衡。在作为外部系统边界的时候，则是效率"下限边界"，设计思维的目的是超越平均效率。只有通过修"因"进而改"果"获取一个更高层级的平均效率，或者是否打破这个生理系统的边界与其他系统融合成为一个新的系统，比如生理系统在未来与智能的嵌合等，都会使得修改生理系统这一系统的原初自然设定对未来的"本我"主体进行一个"普罗米修斯"式的伦理思考，使得未来设计思维在社会生活范围内的科技、人居、生理、学习上产生新的生活方式及生活形态的意义。

以下主要从两个部分加以研究：一是对设计思维的实践与验证及评价流程的描述；二是对未来设计的案例从宏观、中观、微观三个层面进行评述，然后从专业教学案例上加以实践。

第一节 未来设计思维与方法的评价流程

一、实践与验证流程描述

对于未来设计思维与方法的评价,首先是人本未来的伦理目的判断,其次才是对设计效率的评价。虽然人本系统的最终运行目的是效率更高的资源获取后带来的传递优势,但是这个以效率为目的的传递的基石是以"人本传递"这个非效率的目的为前置条件的。未来设计的重要特征是趋向资源和信息的方向,以最大限度、最高效率地获取转换为人本所用。未来视角的设计思维与方法实践本身的目的在于不断地通过动态化的溯层设计去获得"设计效率剩余",并且服务于最终的传递与传承。"人本"作为思维的主体,同时也是客观物质世界的一个组成部分,在本质上是宏观"热力学系统"下的一个"子系统",这个子系统需要每天摄取足够的热量和营养才能维持这个生理"系统"的正常运行。因为,如果没有外部资源的摄入,固有的资源和信息存量在限定的范围内必然会熵增[①]。从某种角度来讲,生命的意义就在于具有抵抗自身熵增的能力,即具有熵减的能力。在此观点的认识上,"本我"必然是不断地向范围外的资源和信息去获取并转换,在这个获得转换效率的过程中,设计思维和方法起着重要的作用。扩展开来说,在未来视角的产品设计上,不单单是人体系统,各个分形层级基准上的系统都遵从这个规律。

主观未来的造物设计之所以能够帮助行为主体跳脱万物的平均进化水平,在于能够主观能动性地通过溯层思维和方法获得设计效率的剩余。这个过程与行为主体在一定范围内获取具有最大化效率的材料去建构工具有重要关联。如果在历史进程中没有创造出超越常规性能的工具去构建获取与转换的网络及传输系统,就没有今天的跨越万物的结果。在溯层获取优势的过程中,资源与信息的获取与转换取决于工具效率和信息效率的综合产生,其中材料和新技术具有重要作用,它们是构建新思维、实现新造物的物质基础。因此,基于新工具、新材料产生的创新思考,是未来设计中获取设计效率剩余的决定性因素。同时,这种工具和手

[①] 埃尔温·薛定谔在 1943 年于爱尔兰都柏林三一学院的多次演讲中,就指出了熵增过程也必然体现在生命体系之中。他在 1944 年出版的著作《生命是什么》中更是将其列为基本观点,即"生命是非平衡系统并以负熵为生"。人体是一个巨大的化学反应库,生命的代谢过程建立在生物化学反应的基础上。

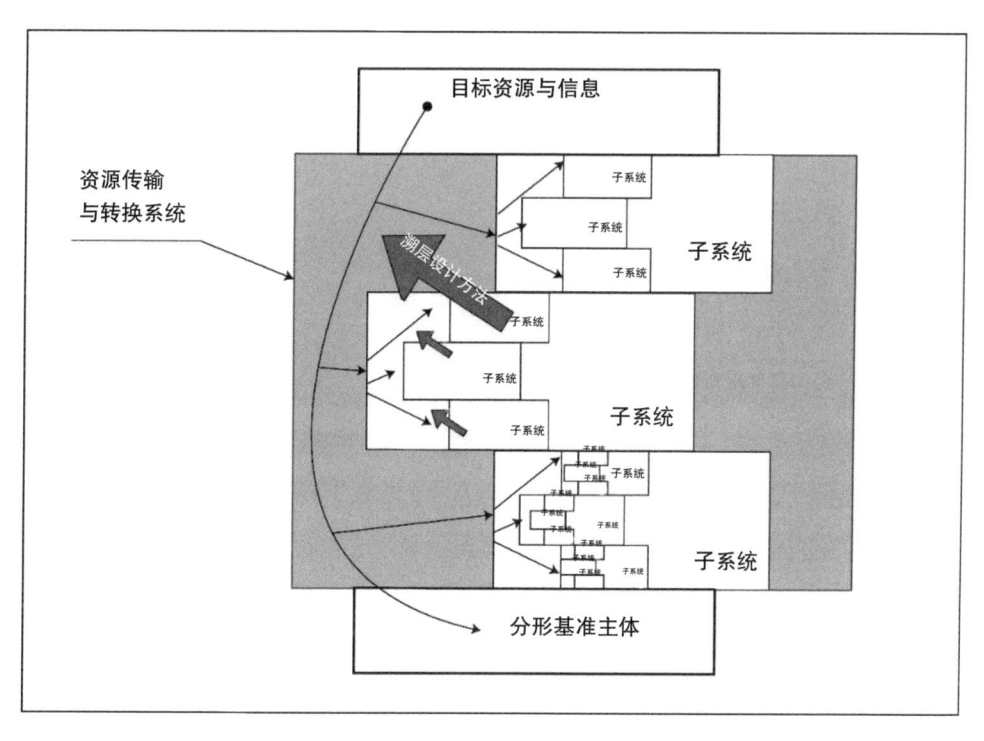

图 6-1　未来设计思维与方法的溯层设计实践方法示意图（自绘）

段有着明显的分形和递归特征，无论是在宏观层面还是中观、微观层面，模式上都是相似的。

二、评价流程描述

（一）评价的意义

对于一种设计方法来说，如何进行设计评价有着重要的意义。如果没有评价的存在，设计就容易漫无目的偏离既定目标，同时评价也必然是对实践的一个检验和修正的步骤。本书对案例的评价参考"检查单法"，建立对照，进行比较，以印证本书提出的未来设计思维与方法的实践效益。

由于未来是一个动态化的定义，过去、现在、未来的主观观念是基于观察者的当下坐标，沿着时间轴的方向不断向前的一个动态化过程。因此，对于未来设计的实践案例评价就必须建立一个参照作为设计评价的锚点，以当下已然进行中的未来方向的设计与造物作为参考边界的最前端，进而以本书提出的几个主要特

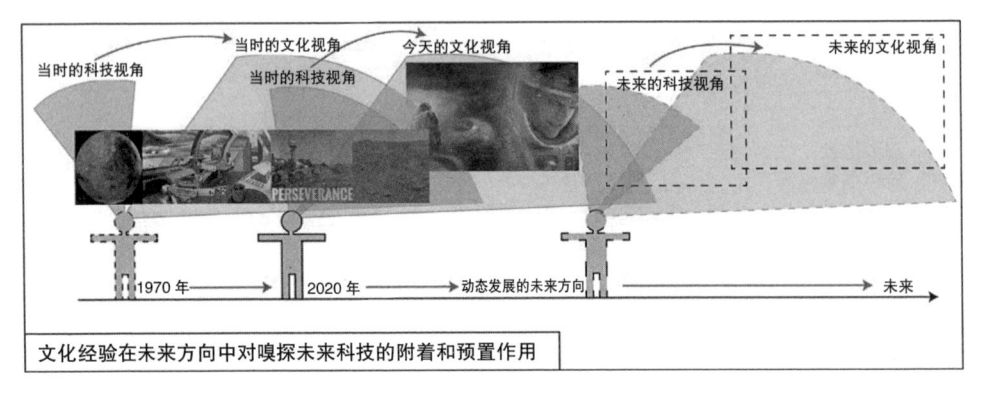

图 6-2 对于文化未来评价的动态化视角（自绘）

征因素做评价的筛选参考，与设想的概念设计或者构思方案做几个方面的对比来评价与判断。

首先，在对具体的设计进行评价之前是对于价值观与伦理的评价。未来是一个主观视角的未来，是一个需要与效率和智能合作的未来，其最终目的是为人本的传递和福祉服务，产生生活上的意义，提高人们的生活品质。其次，未来设计的体现是既面向物质现实又面向虚拟现实的，相较于参照组来说，效率是评价手段。再次，对于文化这个人类特有的特质部分的评价，是以人本主观视角方向的预置行为，文化是未来设计中展现的意义，其本质上是非效率的，是长期进化过程使然。

就未来设计中文化因素的评价来说，文化是一个非常重要的不确定的指南，如果全部边界范围内的资源和信息是综合而成的已知知识，这个确定的"已知"就是当下。但是，对于探求并不确定的未来来说，不确定或模糊是一个显著的特征。因此，对于未来文化意义的评价，则要从今天和未来设定的两端同时来看，其中包含了文化经验在设计流程中的前端和后端，以及在设计和造物上呈现出的不同的未来程度。

（二）评价的参照

1. 价值观与伦理的评价

无论未来生活的样貌怎样的先进智能，在认识上，都必须并且只能是以人的主观存在为前提的主体视角的未来。虽然在宏观视角下人并非地球上唯一的生命，"大我"也并未指定由人本来主宰时空的发展。客观上，从历史发展的角度上来看，与人同时进化的，包括其他自然生物的进化，也包括病毒的进化。但是从"本我"的角度来说，未来设计思维必须以人为主体，协同自然，以人的整体发展和美好的存续为发展目的，向着未来长期资源的方向通过工具产品的设计实现进行最高效率的获取与转换，从而涓滴惠普到每个群体中的个体系统中去。

2. 获取与转换资源的效率评价

由于客观上人类社会对资源的转换效率远远没有达到理论可能的上限，仍有上升的空间，所以从另外一个方面来说，更高效率的群体或者个体更有可能获得在未来生存和发展的优势，这也是一个动态化的优势获取过程。而这个优势，可以分为几个层次：

（1）维度优势。包括新的客观物理律的发现和应用。在人类的认知和知识体系之外，或许有更大的分形主体中适用的物理规律，这些可能的新律或许与当下我们熟知的规律不同。比如设计飞行物的推进方式、多维度空间、平行宇宙等，那么这个未来空间中优势的取得并不基于地球范围内的物理常识。例如时间不一致性概念在星际旅行设计中的应用，比如开采火星资源[②]并且建设定居点的整体的人类在地外生活环境的设计等，都会导致设计思维整体的换维思考与设计，同时也必定带来全新的未来样貌。

（2）指数优势。当未来新能源、新材料、新技术、新智能的应用与创造形成新的社会形态、生活方式，同时基于未来视角的工具产品设计的资源与信息的承载方式亦会发生巨大变化。在技术发生指数变化以后，新的造物随之也会发生变化。比如未来多层千人载客量的大飞机、未来海底高速运输艇产生的可能，它们与现在的飞机与一般海底运输工具之间的指数差异，使效能上的优势得以全面变化。这些工具产品的实现。都是基于未来可能的能源、材料等的实现与应用。

（3）倍数优势。在此层面上的优势表现在速度优势上。例如通用电气前总裁韦尔奇（Jack Welch）提出的十倍速原则，认为必须开启10倍的速度才能赢在未来。以手机发展为例，以

[②] 我国计划在2030年左右从火星取得资源样品返回。

图 6-3　欧洲空间局（ESA）2030 年月球村项目概念[3]（作者拼图）

前的 2G、3G，现在的 4G 和 5G，以及未来可能的 6G、7G 甚至 8G 的出现，信息传输速度的优势得以体现，将会深刻地改变未来的生活效率和生活方式。

---

[3] 欧洲空间局（ESA）提出，到 2030 年，少数定居者可以在那里开始建立一个 3D 打印村，计划 2050 年可能会有 1000 名月球公民。Benaroya, Turning Dust to Gold: Building a Future [M]. Springer, 2010, cover image.

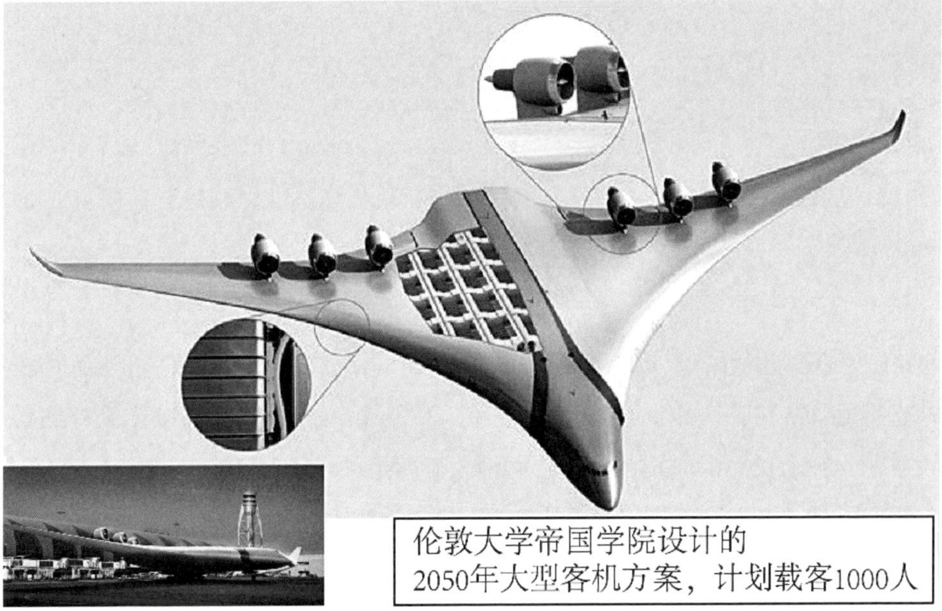

图6-4　未来运输效能的优势案例[4]（作者拼图）

（4）比较优势。　这在自然界和社会生活中有很多体现。比如在商业活动中，如果要在激烈的市场竞争中生存和获胜，想要取得更大的成功，就必须比竞争对手学习得更快、更好，这本质上是要求跨越"红后效应"[5]。所以，相对于参照物的指标，即为取得优势。因为从解决方案的发展观点来看，仅仅是局部一个小点的优势也会为全局的优势从而打开一个新的气象。而这些优势的实现，则是依赖客观的物质材料构成为设计及造物的基础。在具体的设计实现上，材料科技上的实现具有决定性的作用。所以材料性能同样也要溯层，在物质层面上，关键性的材料决定了设计思维的实现。同样，在各个分形层级上新材料的采用，比如耐高温的材料，新的制造工具的材料，新的人造创新食物的来源及构成与创新的溯层都会使分形主体获得未来的优势。再如新服装材料，材料本身的透气性、防水性，加上智能化设计，这样的服装与现在的服装品质完全不同，可以应对不同的场景，如面对

---

[4] 英国Airport Parking & Hotels公司和伦敦大学帝国学院共同对30年后的飞机设计展开了预测。https://tech.huanqiu.com/gallery/9CaKrnQhrRw [EB/OL].（2016-04-02）[2020-06-20].
[5] 红后效应又称作"红后原理"，是一种进化假设。这个词来自刘易斯·卡洛尔《爱丽丝镜中奇遇》。

第六章　基于未来视角设计方法的实证　　181

极端低温或者高温的环境，可以暴露在空间环境下的宇航员服装等，都是相较过去的正常活动范围的拓展，拓展了未来的生存边界和通过工具产品适配的全新的资源环境，使得在过去人类不可能进行正常活动的边界范围成为可能。而新的食物来源的创新，也会极大地提升人的生理系统在未来生活场景中的营养摄入效率，从而改变某些生活方式，使得行为主体更加专注于未来宏观目标的实现。

3. 主观生理系统的效率评价

在未来视角的产品设计思维中，主观的行为主体是设计思维存在的基础，这个生理系统从科学认识的角度来看，同样从属于宏观的热力学系统，但是与其他客观系统的不同在于，这个系统会维持自身边界的稳定，力求在此基础上到达时间的未来，由此也必然在外部系统不断提高处理效率的要求下，通过改造自身的方式来实现主客观的效率一致性。而从最新的产品设计未来趋势中可以看到，随着对大脑处理外部信息的特性进行研究的最新成果的发现，从工具产品设计的角度提出了很多穿戴式的未来设想，集中在健康、医疗、军事领域，例如头戴的谷歌眼镜，可以通过意念驱动的残疾人义肢，甚至智能自主处理现场情况的军事机器人等。同时对于生理系统边界之内的未来效率的设计与实现，也已经有最微小的机器人的设计可以在血管中进行手术操作，以及更进一步地通过"基因剪刀"的方式在伦理的范围内来修改某些基因，达到未来的目的。对这个部分的评价，本书提出在生理系统边界内外的"补""替""序""改"这四个方面的未来产品设计方式。

4. 未来文化的参照评价

文化作为对未知未来的一种心理图景的预置处理方式，是一种积极应对的行为。从文化在整体未来景观中的"蓝移"端的体现，构成了一种对当代文化的未来展现。在未来设计中展现未来的文化，痕迹上可能很模糊，隐喻方式也多元化，表达方式也具有未来感，但文化的传承与价值的取向还是具有当代性认识的特征的，如果没有任何的文化特征，就超出了我们认为的"人本"范围和未来的边界。

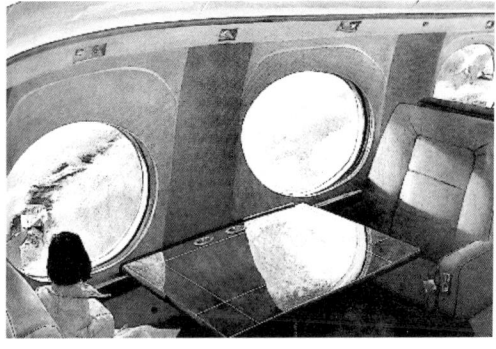

图 6-5　文化在未来场景中的预想　　　　　　图 6-6　水彩画家怀斯的眺望故园作品《另一个世界》[6]

5. 各个评价项目的未来特征呈现

在未来设计视角的产品设计当中,要求有一定的未来特征的呈现作为主观评价的参照,例如,是否使用智能化的传感器,是否有物联网特征等技术与效率特征的呈现,是否使用新材料,是否具有脑机接口的特征,是否对现有生理系统的稳定和新的稳定状态有新的产品解决思路,是否有文化预置的特征作为艺术学范畴内的视觉或者造型元素的表达等。

三、建立评价表格

		参照组产品的基准现状	评价指标	对未来创新产品的评价
价值观	一、未来设计的价值观部分的评价		以人的未来为目的	
			以效率工具为目的	
效率部分的评价	二、获取与转换资源信息的外部效率系统评价		维度优势	
			指数优势	
			倍数优势	
			比较优势	
	三、主观生理系统的效率评价		设计补稳	
			设计替换	
			设计改源	
非效率部分的评价	四、文化经验与附着的评价		文化预置	
	五、产品设计的外部呈现特征		是否使用新材料	
			是否有新的效率处理单元	
			是否使用传感器	
			是否有物联网特征	
			是否有脑机接口	
			是否提升生理系统的新层态平衡	
			是否有艺术学范畴内的视觉与造型元素	

图 6-7　未来视角的产品设计评价表格（自绘）

---

[6] 上图 6-5：文化在未来设计中的体现,场景为某地外场景中的方舱内部预想,桌面上的美式甜甜圈和咖啡由服务机器人来提供,画中人在观看屏幕中的牛仔形象。图 6-6 为水彩画家怀斯的后期作品,描绘在喷气飞机的舷窗前眺望地面故园的场景,某种隐喻上也是对过去的缓慢发展历程以及当下快速时空方向的思考,也是一种文化的望乡。

第六章　基于未来视角设计方法的实证

第二节　基于未来思维的前瞻设计实践案例

一、基于技术方式的未来存续空间拓展设计案例

（一）案例描述

在现有的相关未来设计的案例上，基于科技视角的前瞻设计是最为明显的呈现，其中以科技主导的设计为主，艺术与生活设计也附着在其上。在另一个层面，未来视角的元素在日常生活中随处可见，从大众到商业、从政府机构到科研一线，不胜枚举。本书将对科技视角的案例分为4个不同的案例来描述：科技嗅探与研究案例；政府导向与商业开发案例；设计竞赛案例；大众影视文化案例。这些案例都是在科技嗅探资源的进展有了一定成果之后涓滴而来，最后进入大众的视野当中，同时在设计上也产生了对未来生活场景的畅想。

按照本书的观点，未来视角的设计思维的本质是趋向未来方向的资源，获取设计效率剩余。在宏观层面上体现为以地球为基本分形单元向外部空间嗅探资源和信息的过程。从本书对设计思维和方法的角度来说，列举宏观上与设计思维相关、计划在未来获取资源和信息的设计相关景象。可以看到，当下的各国，包括中国都在重新提出月球计划、火星计划，这些计划包含了科学研究、人类环境研究、自然资源研究等，都是面向不可知未来资源方向前进的一种人类整体的主观能动性。

选择与火星探索[①]相关的设计作为探索和未来生存空间与可能性的宏观方向上的案例，是因为其对于人类有一种特殊的吸引力。火星是太阳系中最近似地球的天体之一，同时，火星的自转周期与地球相近，这使得火星上的昼夜周期几乎和地球上的一样，也有类似地球的四季交替。在文化的畅想上也是如此，几千年来，人类早就已经观察到火星的红色光芒和亮度，观察到的模模糊糊的图像引发的文化联想和类似的故事和猜测经久不衰，一直在想象力和文化中占据着中心位置。早期通过望远镜等工具进行的观测使一些人猜测火星表面上覆盖着运河网络，可能有运输和商业的存在。科学界最近几十年来对火星本身的持续探索已经证明，

[①] 毛新愿．下一站火星[M]．北京：电子工业出版社，2020，266.

它曾经是一个拥有开放水源的世界,这是生命的重要组成部分,使得火星成为下一步外星移民计划可能的目的地,这些都是人类对火星未来可能性的遐想与探索资源的动力。

1. 科技嗅探与设计相关内容

从设计的角度来说,目前科技强国在对火星的探索和开发计划处于真实进行中的状态,中国的首次火星探测任务已经取得成功,各国的载人计划也在持续地向着成功的时间节点推进,并且在地面同步进行宇航员的训练与准备。其目的一是环境与拓展;二是可能的宜居;基于技术力量实现的可能;三是这些科技前端的未来案例对产品设计中的未来设计思维的指标意义。因为每当科技的前端探测取得切实的成果后,工具产品的设计必然紧随其后建构可能的生活形态。到目前为止,已经有超过 30 枚探测器到达过火星,中国的火星探测器也已经进入绕火轨道,并且成功地降落在火星表面,开始对火星进行详细考察,并向地球发回了大量数据。美国最新的探测器命名为"恒心"号,意即面对失败和挫折后的百折不挠,因为过往大约三分之二的探测器的任务都是失败的。关于向火星上的移民计划或者与设计相关的内容,最为前端的是 NASA 正进行的相应的地面试验,可以看作是在不久的将来可能实现的场景。目前的进展仅仅是基本的生命支撑技术方面的研发和设计。

"面对后续的空间探索,面对人类首次模拟登陆火星这个机遇,中国应该有自己的位置"②。在 2011 年 11 月,六名志愿者进行了"火星 500"试验,与欧洲航天局和俄罗斯生物医学研究所合作开展,模拟 250 天飞往火星、30 天登陆火星、240 天返回地球的过程。主要对航天员在狭小舱内长期生活而造成的心理反应进行了研究,同时对地火距离带来的通信延时以及火星探测器的生保系统进行了试验。"火星 –500"试验是人类第一次模拟登陆火星的探索,对中国来说,既是挑战,也是机遇③。2015 年,美国在夏威夷莫纳罗亚火山开展了为期一年的火星生存试验,这次试验模拟的是航天员在火星基地里的生活。在野外建设了模

---

② 引自"火星 –500"试验中方参试负责人白延强,六名成员中包括中国志愿者王跃。
③ "火星 500"计划与它的实验 [J]. 航天器环境工程,2010(04):92;徐菁. 现代版"鲁滨孙"结束隔离生活——"火星 500"计划完成初期实验 [J]. 太空探索,2009(09):25–27.

图 6-8　探索未来地外资源的中国[5]方案：成功着陆在火星上的着陆器，附着其上的两个艺术图形是北京冬奥会吉祥物"冰墩墩"和"雪容融"，图片引自国家航天局"天问一号"探测器着陆火星首批科学影像图揭幕仪式。（作者拼图）

拟项目[④]，类似于"火星1号基地"，并且在实验室环境下建立火星模拟舱，这些项目在设计学上的指向就是人在前往未来地外空间过程中的心理与生活状态，同时对可以辅助生活的工具产品进行预想与预研。比如 NASA 在相关的地面研究中，针对可能的火星载人项目或者移民的可能性，进行先期的研究。在电影 The Martian 中，很多对未来场景和技术的描述在今天已经是真实的技术实现。比如，美国宇航局约翰逊航天中心的人类探索研究模拟（HERA）项目。为了能够支撑探索火星过程中的先驱者的正常生理要求，必须建立一个人工生活环境（Hab）系统。

对于地外空间中可能的未来资源进行探测的目的，是未来可能的移民以及建设更宏观未来的存续据点。基于此，在地面先行做相应的设计研究也就是一个面向未来不可知的生存场景的一个可行的应对方法。中国、美国等都建有相应的火星模拟基地，以及能够与真实的探测器同步模拟问题的地面设备，以期从地面实验中给出地外设备遇到某些问题的脱困与解决方案，从 NASA 进行的相关地面研究中可以看到真实的科学技术研究与人在未来空间中的生

---

④ "火星1号基地"位于甘肃省金昌市金川区，其戈壁地貌、红色岩体等显著性地形地貌及自然条件与火星较为类似，是"太空 C 计划"的重要组成部分。项目总投资约 30 亿元，规划控制区面积约 67 平方千米，开发边界为 15 平方千米，其中建设用地约 3000 亩。
⑤ 新华社，刘鹤出席"天问一号"探测器着陆火星首批科学影像图揭幕仪式 [EB/OL]. [2021-06-11]. https://baijiahao.baidu.com/s?id=1702283252419890043&wfr=spider&for=pc；国家航天局，天问一号探测器着陆火星首批科学影像图揭幕 [EB/OL]. [2021-06-11]. http://www.cnsa.gov.cn/n6759533/c6812126/content.html.

活需求的双向影响。由此可以看到从设计思维的角度，以人的生理存续为基础的建立未来地外生活形态的实验，有着不同的科学呈现与艺术人文呈现。

国家准备在 2025[6] 年前后，也就是"十四五"计划末左右，实施近地小行星取样返回和主带彗星环绕探测任务，实现近地小行星的绕飞探测、附着和取样返回；2030 年前后，实施火星取样返回任务；还将实施木星系的环绕探测和行星穿越探测任务。在月球探测方面，"十四五"时期，我们将发射嫦娥六号、嫦娥七号探测器，实施月球极区环境与资源勘查、月球极区采样返回等任务；后续还将发射嫦娥八号。值得一提的是，在载人航天方面，2022 年底我国将建成长期有人照料的载人空间站，开展航天员长期驻留、空间科学试验、空间站平台维修维护等工作。

从科技最前端的未来资源获取与探索预计分三步[7]，最终实现航班化（经济圈形成阶段），包括大规模地火运输舰队、大规模开发建设等，这些未来的时间节点预计在 2033、2035、2037、2041、2043 年等，从这个未来的宏观计划的进行过程中，可以看到工具产品的设计、生活形态的设计也会紧随其后，以艺术设计附着科技的方式，来实现未来目的的进程。

美国 NASA 在地外未来的可能性探索上已经有了很长的时间，在外星的交通工具方面，正在进行火星车 Multi-Mission Space Exploration Vehicle（MMSEV）的可行的设计方案，以便未来行走在火星崎岖的表面。同时在动力方面，NASA Glenn 一直在为未来的任务开发下一代离子推进器，可以提供未来所需的功能。太阳能电池板可以向国际空间站提供能源（Solar panels on the International Space Station）。其中 RTG 是"太空电池"，可将钚-238 的天然放射性衰变中的热量转换为可靠的电力。好奇号上的 RTG 产生大约 110 瓦的功率或更低——略高于普通灯泡使用的功率。

在对食物和水的获取可能性上，在电影作品"火星人"的一个场景中，宇航员马克·沃

---

[6] 国家航天局举办新闻发布会 介绍我国首次火星探测任务情况 [EB/OL]. [2021-06-12]. http://www.gov.cn/xinwen/2021-06/12/content_5617394.htm.
[7] 中国宇航学会. 我国航天界积极参与 2021 年全球航天探索大会活动 [EB/OL].（2021-06-18）[2021-06-24]. http://www.csaspace.org.cn/n2489262/n2489292/c3254537/content.html. 2021 年全球航天探索大会在俄罗斯召开，中国航天科技集团一院院长、IAF 副主席王小军应邀作了题为"载人火星探测航天运输系统"的大会报告。

图 6-9　美国航天局正在进行中的地外交通工具概念与测试，项目与概念设计的对比[8]（作者拼图）

特尼用一些巧妙的方法在火星上种植庄稼，对应于现实生活中美国宇航局宇航员克杰尔·林格伦在国际空间站上收获蔬菜实验中种植莴苣。对于水的获取，NASA 开发用于水回收的新技术，正在研究以推进一次性多滤床（除去无机和非挥发性有机污染物的过滤器）成为人工生存系统中更永久的组成部分。盐水回收将从尿液蒸馏剩余的"底部产品"中回收每一滴水。在未来的人类探索任务过程中，船员将更少依赖任何补给的备件或来自地球的额外水的储备，并且可以从大气中的副产品中回收更多的氧气，为火星之旅做好准备。还邀请公众来试验设计的 3 层宇航服（Z-2 prototype suit），用以取得一定的用户模拟数据，为了下一步的设计更新做准备。

这些现实的技术设计将对未来可能的遐想提供现实的基础，也是站在今天，以未来的视角来看设计思维的一个呈现。

2. 政府导向与商业开发的项目描述

在宏观视野上的政府导向层面上来说，会从宏观战略的角度上提出基于科技嗅探判断对于未来资源探索的可能性。参考 NASA 提出了大致的日程表，大约在 2050 年，可以将人类送往火星。长久以来，移民到火星同时建立一个火星殖民地的设想不仅仅只是在文学作品和科幻故事中得以实现，也是站在地球资源可

---

[8] NASA 网站 [EB/OL]．（2015-08-19）．[2019-05-14]．https://www.nasa.gov/feature/nine-real-nasa-technologies-in-the-martian.

以预见终结的立场上思索人类未来时的一个真切的设想与计划。

其次，在商业机构主导的开发设想上，相关的内容逐渐由政府主导转向由商业机构来主导。人类在空间探索方面正进入一个新的阶段，在发射飞往火星的飞船，国际空间站，空间补给和未来的空间旅游方面，有着可以预见的未来。比如，X-SPACE 的商业火箭计划，可以提供太空旅游服务。外星采矿（OFF EARTH MINING）将在空间经济活动中产生作用，包括矿物、冰、水等就地资源 OEM 开采将成为驱动空间经济的引擎。这将在一个更广阔的空间环境中创造出可持续发展的经济模式。这样，未来的火星殖民地不仅可以满足就地采矿获得存在所需要的能源，而且能有一个现实可行的商业模式，那么，向火星移民（HCM）将可以看到现实的开始。

3. 未来相关的设计竞赛案例

3.1　X-Hab 设计项目描述

未来宏观视野中的地外存续空间拓展的生活场景设计，虽然由科学技术进行效率主导，但是这部分的解决方案依然需要非完全效率设计思维的介入，因为未来是由人作为思维主体来定义的未来。本例由 NASA 主导的火星人居住系统设计 X-Hab[9] 项目，目的是设计一个居住系统，为宇航员在太空和其他未来世界中的生活场景提供一个安全的生存环境系统，因为进行深空探测的一个挑战是为宇航员的生活空间建立一致性，才能实现 NASA 的人类探索目标。由于人类执行火星任务可以持续长达三年，包括 250 天的旅程，500 天的任务，以及 250 天的返回，宇航员可能会在微重力（接近失重）中度过几个月，而火星表面只有地球重力的大约三分之一。同时设计方案的背景与在地面情况完全不同，这个设计目标应该具有综合生命支持系统、辐射防护、消防安全以及废物处理、管理食物、衣物和工具等系统。如果设计项目能够比较匹配地外的环境，那么机组人员在火星上的适应性过渡就可以更加安全和快速。

---

[9] Students Design Space Habitat Concepts for Mars，https://www.nasa.gov/feature/students-design-space-habitat-concepts-for-mars [EB/OL]. [2018-06-24]. [2019-05-15]. 学生们的火星栖息地设计概念（Students Design Space Habitat Concepts for Mars）2018 年由 NASA 主办。图片（图 6-10、11、12、13）引自 NASA 网站公开内容；Engineering; Study Results from National Aeronautics and Space Administration Update Understanding of Engineering [NASA's eXploration Systems and Habitation (X-Hab) Academic Innovation Challenge][J]. Defense & Aerospace Week, 2018, 72-.

项目强调了火星任务的地表和过境栖息地之间的共同元素，作为 eXploration Systems and Habitation（X-Hab）2018 学术创新挑战的一部分。为火星栖息地共性设计提高了开发过程的效率，使船员能够在抵达前熟悉地表栖息地的布局，功能和位置。2018 年 X-Hab 的学术创新挑战赛由四个大学团队来完成设计项目（加州州立理工大学，波莫那，加州；普拉特设计学院，布鲁克林，纽约；马里兰大学，帕克学院，马里兰；密歇根大学，安娜堡，密歇根），进行了相关设计研究并开发了部分系统模型。各个院校的背景不同，使得提出的设计思维与概念方案完全不同，有偏重技术解决的方案，也有偏重构建地外空间社群生活形态的设计方案。

以下简述四个团队的设计构想：

（1）加州州立理工大学的设计方案是从昆虫的折叠形态上得到启发，通过卷曲的方式抵达目标地面，然后再扩张开来，形成较大的空间，这个方案采用虚拟现实和材料模型的方式呈现。

（2）普拉特设计学院的未来地外生活空间概念是一个交通枢纽的设计，作为一个大型的栖息地系统，通过模拟地球的重力环境，提供可以持续的食物来源，如种植的方式。这个方案采用实体模型呈现。

（3）马里兰大学提出的是一个技术未来视角的产品设计方案，设计了一个人工重力的可以多次循环使用的栖息地，着重解决了与重力相关的问题，并且在重力实验室的设施中设计建造和评估了部分重力楼梯的设计。

（4）密歇根大学的设计方案从生物气象学、生命支撑系统出发，设计了一个有双重功能的栖息地建构，既可以用于深空的运输，也可以作为地面的生活设施。通过虚拟现实的方式进行概念演示。

3.2 中国院校"光辉城市"设计案例

随着中国地外探索计划的实施，相应的未来设想也从科技延展到设计与生活领域，国内的相关组织也进行了非科学研究层面的设计竞赛组织，以预想未来可能的地外生活形态。在有限的作品呈现中可以看到诸如"史丹佛环面"的概念启发，以及并不明确的未来畅想，但

图 6-10　1.California Polytechnic State University, Pomona 加州州立理工大学提出的设计方案（作者拼图）

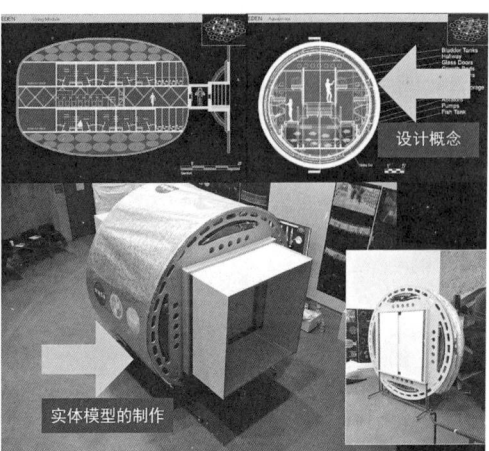

图 6-11　2. Pratt Institute, Brooklyn 普拉特设计学院提出的设计方案（作者拼图）

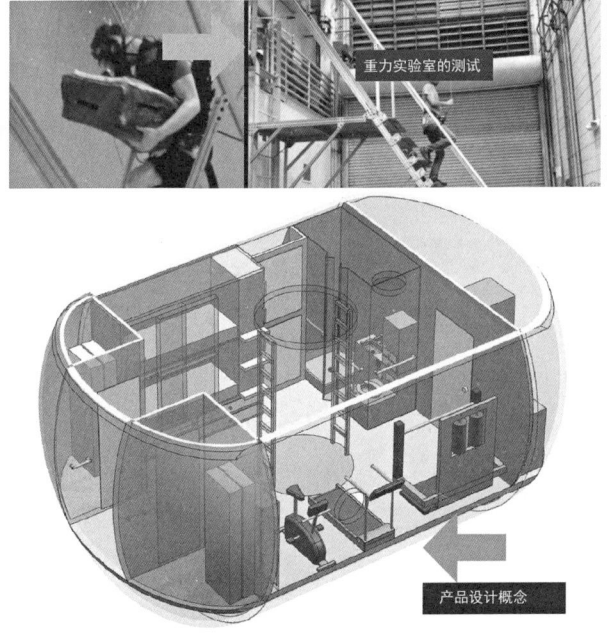

图 6-12　3. University of Maryland, College Park 马里兰大学提出的设计方案（作者拼图）

图 6-13　4. University of Michigan 密歇根大学提出的设计方案

第六章　基于未来视角设计方法的实证　　191

关于火星未来生活场景的中国设计竞赛/案例

作品：《二十五号宇宙》
单位/学校：上海力本建筑设计事务所、山东建筑大学、烟台大学
成员：张子奇、刘亚杰、刘纯、付超洋、张龙

作品：《SEEKER·生之寻迹》
学校：湖南大学
成员：丁一凡、刘馨怡、吴若鸿、刘馨敏、周玥

作品：《兔子与萝卜》
单位/学校：山东建筑大学
小组成员：王曦君、燕芳菲、郑翔中、谢安童、李耕书

图 6-14　中国院校参与的相关设计竞赛方案[10]（作者拼图处理）

假以时日，在可以预见的未来，中国的地外方案也会从表面之间走向实质，同时会有基于具体生活场景和生活方式的地外新文化特征的设计概念和案例的提出。

由于这样性质的未来主题竞赛并非由科研机构的研究项目组主导，所以在设计呈现上更多的是对未来可能的资源新地全新生活形态的设计畅想，而非对某些具体问题给出求解方案。

---

[10] 光辉城市 MARS 第二届虚拟设计大赛 [EB/OL]. [2020-01-23]. https://www.bilibili.com/read/cv9577309/.

图 6-15　影视文化中的地外生活预想（作者拼图处理）

4. 相关影视文化的表达

今天有无数的关于火星生活、未来火星城市、可能在火星遇到的危险场景的影视作品问世，这些影视作品的周边产品设计也很丰富，日常设计从最前端的科技嗅探一直到最末端的大众文化娱乐消费领域。为数众多的关于火星的大众电影的制作，反映了一般民众层面对资源新地的好奇与向往。其中有的描述了未来某个时间点对地外资源信息的效率化获取，有的描述了在新的物理空间当中，现有的生理系统的适应、改造、变化，更多的则是站在生活在未来新地的设定下，展开一系列对新生活的新畅想。

如前文所述，文化艺术，尤其是大众文化会随着科技前端对未来资源的嗅探畅想未来生活的可能性并展现在大众面前，例如为数众多的相关周边产品的设计与开发，相关的小说和网络文学作品，而大众影视无疑是一个很好的传播途径。电影产生的年代虽然久远，但是即使在互联网发达的今天，魅力也依然没有减弱。比如，一位名叫 Andy Weir 的计算机程序员将自己写作的一部关于被困在火星上的 NASA 宇航员的故事发布到网络博客上，这些内容最终成为小说《火星人》，进而被制作成电影于 2015 年发行，

第六章　基于未来视角设计方法的实证　193

受到了读者的欢迎；还有根据中国科幻作家刘慈欣小说《三体》改编的电影等都在大众范围内产生了很大影响，将人们的视野带向未来的可能性的遐想当中去。

相关的影视文化对未来的表达与工具产品有着本质的不同，工具产品作为获取未来边界外资源的效率工具与影视作为当下对未来的畅想，这两个概念不是同一未来前瞻队列中的相同事物。科幻与未来视角的产品设计有一定的关联性，影视文化和科幻作品附着于技术的表面特征，而工具产品的设计则是与未来技术双向制约下的实现。

（二）与参照系对比

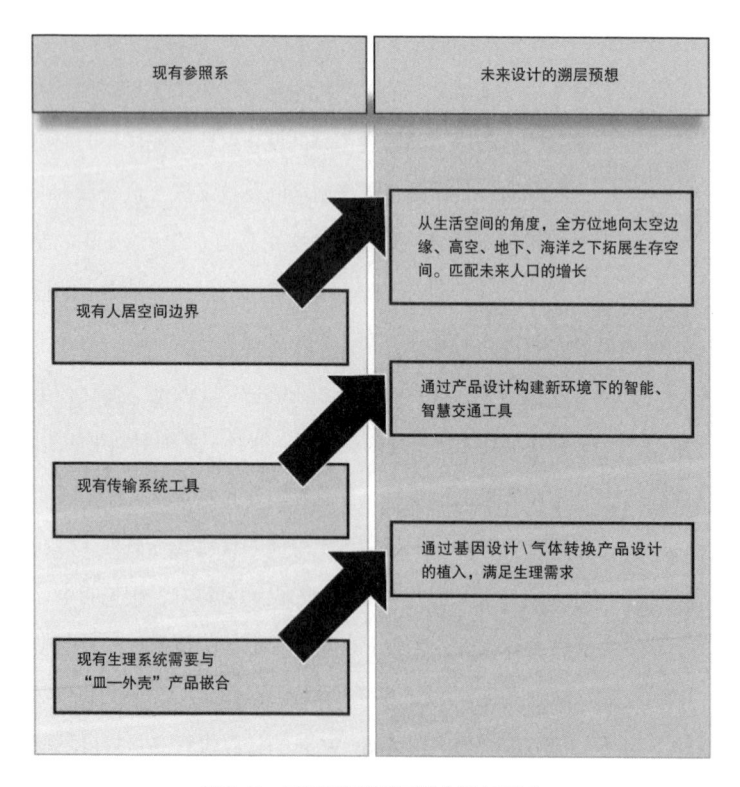

图 6-16　与现有参照系的对比分析（自绘）

（三）评价模型置入

未来视角的产品设计溯层方法评价与比较表格：

		参照组产品的基准现状	评价指标	对未来创新产品的评价
价值观	一、未来设计的价值观部分的评价		以人的未来为目的	
			以效率工具为目的	
效率部分的评价	二、获取与转换资源信息的外部效率系统评价		指数优势	
			倍数优势	
			维度优势	
			比较优势	
	三、主观生理系统的效率评价		设计补稳	
			设计替换	
			设计改源	
非效率部分的评价	四、文化经验与附着的评价		文化预置	
	五、产品设计的外部呈现特征		是否使用新材料	
			是否有新的效率处理单元	
			是否使用传感器	
			是否有物联网特征	
			是否有脑机接口	
			是否提升生理系统的新层态平衡	
			是否有艺术学范畴内的视觉与造型元素	

图 6-17 评价表格（自绘）

（四）基于技术未来的案例评述

从未来设计思维模型看宏观方向的设计案例，都是由主观趋向未来资源获取转换的过程，在宏观的地球资源消耗殆尽之前，目前可能的一个未来资源方向就是对未来火星资源的获取与开发。虽然在今天看来，各国政府在科技探索方面的巨大投入，以及 x-space 商业探索项目的实现进程都似乎与当下的日常生活无关，但是任何科技的嗅探在客观方向上对未来的声索与获取转换都必然最终涓滴到每一个个体系统的未来愿景当中去，成为未来进程中的一部分。

从宏观方向的技术未来案例可以明显看到，火星的环境和我们的地球环境是完全不一样的，没有可以支撑人本生命活动的客观要素，已知现状的限制远远超出人本系统能够适应的阈值，在设计解决方案上也就需要大量的"皿"设计来弥补人本和完全新维度的新律之间的间隙，比如人工的环境设计、人工的呼吸系统设计等，就是通过设计去与新的维度环境进行未来可能性的连接。

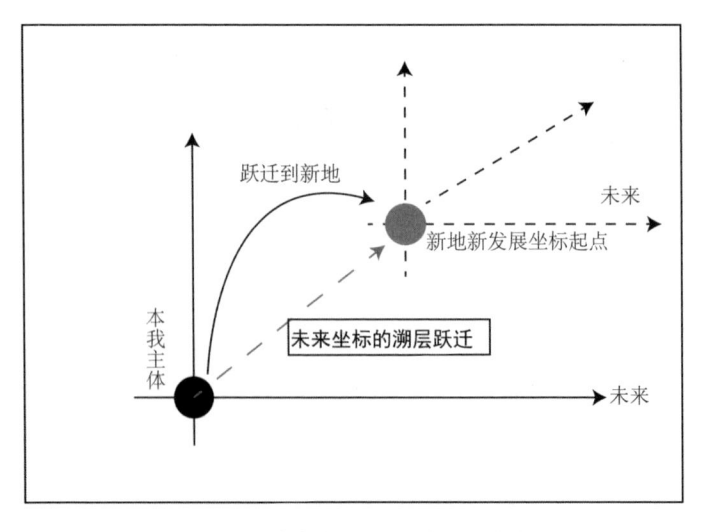

图 6-18　宏观未来的溯层跃迁设计思维（自绘）

所以，面对这个新的维度场景之下的设计思维，一是借助产品设计长期维持人类的地球特征，犹如永远将人的生理系统置于一个个封闭的外壳当中，并且与外壳共存。二是从根本上去适应新的可能性，在未来的某个时间点，借助基因技术等科技手段的帮助，改变整个生理的呼吸循环系统模式，成为《阿凡达》式的蓝血人，可以自由地在火星上呼吸，就是改造人本自身的系统属性。

对于设计思维一：可能是循环系统的保持与备份设计。如果一定要保持人本在地球上的所有生理属性，有氧气的正常循环，那么就要在设计解决方案中将环境与人一起捆绑嵌合，长期与新的壳"机器"组合，犹如在密闭机器内生存数十年的某些患者那样，需要永远在不同的密闭"皿"中生活或者转换。这样的设想在早期探索新地的过程中是适用的，但是对于长期未来的火星社区来说，或许不适宜。因为这样的人类可以保留所有的在地球时的生理特征，但是必然也会如同在空间中的密闭蜗牛，需要一个与外在环境的永久隔离边界，这样的解决方案会导致未来设计的一个方向就是与更大比例的人造蜗牛壳合作，人本逐渐失去主体性，在地外环境中成为半人半机器的组合物。

对于设计思维二：在客观上来说，人本在逐渐向资源和信息边界迈进和拓展的过程中，逐渐跳脱了支持人本生理特征发展的地球环境，转向新的地外环境中，最客观的发展结果就是逐渐适应新的环境。无论这个新的环境与过去长久的历史有什么不同，当所有的基本律都会与母星完全不同的时候，面对即将可能到来的下一个分形环境所要求的要件，通过修"因"至"果"的方式，对新环境的接纳和接受犹如胡服骑射、犹如剪发易帜，做新的改变和适应。

由此可见，随着离开地球的时空距离越来越远，新地的人本系统属性也必然改变，甚至将人本属性（地球环境下的人本属性）逐渐去除，或许通过技术与解决方案改变人本的生理属性去适应新的环境。比如，将呼吸与循环系统进行逆向的思维，吸入二氧化碳，呼出氧气，这样，或许在可见的火星移民中会有新的人类社会的全新出现。

从以上未来视角的思维与解决方案中可以看到，提出两个截然不同的景象，一个与自造物的合作，逐渐并且必然将人本的生理属性逐渐去除，另外一个就是与人本自身的生理合作，改变循环系统的属性，去适应新的环境。一个是改造外部世界，另一个是改造内部世界，是两种不同分形视角下的不同未来设计与解决方案。从未来设计思维的角度上来看，这是跃迁的特征之一，也是一个维度优势获取的过程，同时也会有完全不同于地球现有文化的新的地外文化开端。

二、基于生活空间拓展的创新设计案例

（一）关于未来的社会生活案例

相较于宏观尺度之下的中观景观，按照本书设计思维的边界分形，这个中观呈现出来的是整个全球人居与生活背景的设计相关景象。主观目的驱动下，对于任何资源信息的获取最终都会涓滴到每一个生活中的个体中去，在获得相应的效率剩余后，人类社会必然会发展繁衍。从全球视野的思维分形单位上可以看到，地表上可以宜居的范围是有限的，如，将城市以及城市群作为资源汇聚的节点，城市土地将变得越来越有限，因为人口不断向资源中心聚集，相关研究预计30年后世界人口的三分之二都居住在城市。同时许多城市由于物理空间的限制，还有历史遗产区域保护或其他因素导致无法建立或继续无限制地扩展。

从未来的设计思维角度来说，社会生活与城市的发展是整个未来存在的外在面貌，而于发展来说，不断地对资源获取和转换之后将会带来人类社群的持续扩展，在所有地表之上的宜居地带开发殆尽之后，对于可能的宜居空间的开发就会摆在思维的面前。那么，这个需求和供给的矛盾带来的下一步最重要的设计需求，就是寻求能够容纳因为获得效率剩余后而不断扩张的人居和社会生活的设计解决方案。比如，海洋之下、地表之下以及地面以上的空间，去设想可能的未来生活场景和方式，这也成为设计思维可能的未来方向。

1. 空间城市的思维与思考案例

向太空索取未来生存空间的设想由来已久。1975年，美国航空航天局在夏季研究过程中，斯坦福大学提出了将史丹佛环面作为未来太空殖民地的设想，是相对悬浮在轨道空间的巨型城市构想计划，能够容纳10000人至140000人永久居住。2013年，美国电影《极乐空间》重借这个构想，描绘了这一未来的太空生活场景。由美国轨道组装公司（OAC）承建的世界

第一间太空酒店，酒店将设有主题餐厅、电影院、水疗中心与容纳多达 400 人的房间，将拥有超过 11600 平方米的可居住空间，这个太空酒店共分配了 24 个模块作为居住区，每个模块的直径为 12 米，长为 20 米。每个模块提供了 500 平方米的可居住表面，分布在 3 层楼上。有 12 个模块将专门用于酒店房间和套间。预想在 2027 年开始接待旅行者。这个空间城市的概念设计，通过技术使得人们有和在地面生活一致的重力，并且通过设计方案，使得白天黑夜的控制得以实现。

图 6-19　基于史丹佛环面（Stanford torus）[11] 概念的太空酒店设计[12]（作者拼图）

---

[11] 名词解释：史丹佛环面（Stanford torus）词条由"科普中国"科学百科词条编写与应用工作项目审核：是一种宇宙殖民地构想，能够容纳 10000 人至 140000 人永久居住。https://baike.baidu.com/item/%E5%8F%B2%E4%B8%B9%E4%BD%9B%E7%8E%AF%E9%9D%A2 [EB/OL]. [2019-10-15].

[12] The World's First Space Hotel Is Expected To Open in 2027/Orbital Assembly Corporation will begin constructing the luxury hotel in 2025. https://hypebae.com/2021/3/space-hotel-voyager-station-orbital-assembly-corporation-open-2027-announcement[EB/OL]. [2021-03-28]. 太空站的计划轨道角度和高度分别是 97 度和 500-550 千米。与太阳同步的轨道，利用太阳的热能和连续的太阳能发电。

第六章　基于未来视角设计方法的实证　　199

未来空间的获取也吸引了中国的目光,太空旅行热激励了中国太空旅游产业的发展。在 2016 年举行的第八届中国国际航空航天高峰论坛上,中国长征火箭有限公司总裁韩庆平公布了中国太空旅游三步走时间表:从 2020 年到 2024 年,中国长征火箭公司将利用 10 吨级的亚轨道飞行器,相继实现 60-80 千米轨道高度和 3-5 座的商业载人飞行;从 2025 年到 2029 年,将继续突破实现 120-140 千米轨道高度的商业载荷和 10-20 座的商业载人飞行;从 2030 年到 2035 年,将利用 100 吨级组合动力飞行器,提供 10-20 座、80-90 千米轨道高度的长时间商业飞行。

2. 地表之上的天空之城的思维与设计案例

向着空中去设想未来,是从古以来都有的愿望。中国古代即有高楼、敌楼概念的建筑遗存,出土的文物中也有陶土制作的高楼模型。由于材料和技术的限制,这样的高楼高度有限。古代"危楼高百尺"在今天对未来的设想,则是建立"手可摘星辰"的天空之城。在 1936 年的未来设想里,即有 Hawkmen's 天空城市的设想,以及科幻电影 *Oblivion* 中未来居民居住的场景。在有限的土地面积上,向空中的发展是不受想象限制的,唯一的影响就是材料本身的性能和设计意图的实现能力。现代城市由于地面面积的拥挤和紧缺,纷纷向空中去获取更多的居住空间,竞相发展高层建筑和超高层建筑。与地面相比,向空中去获取未来的生存空间是一个现实可行的思路,现有的超高层建筑有迪拜的国王塔等建筑,设计高度在 1000 米左右。由于物理特征对于设计思维实现的限制,每当设计思维逐渐离开了日常生活的适宜范围,就需要更多的新材料来填补思维和现实之间的间隙。例如纽约 Design studio Oiio 设计机构针对纽约市的土地使用限制,试图最大限度地提高建筑的高度,向天空的方向发展,这样的设计概念将改变纽约的未来城市天际线,以及某些未来的社会生活方式。

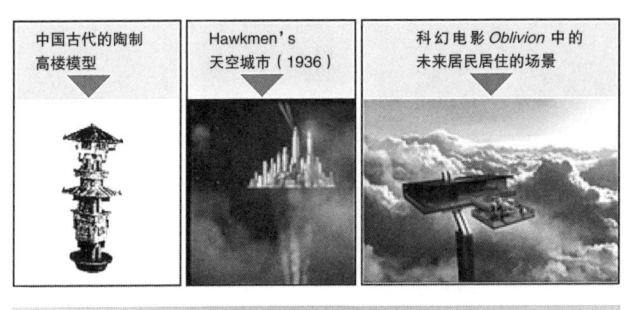

图 6-20　地表之上高空居住的概念案例[13][14][15]（作者拼图）

3. 地下城市的思维与设计案例

而在另外一个寻求空间的设计思维上，向着地表的内部方向去获得生存和空间的可能性历史也很悠久，但在历史队列中呈现出来的设计案例仅仅是在地表的表面附近天然或者简单的人工工程，古已有之。崖居、窑洞、下沉式的居住环境等，仅仅是对自然环境的随形就意的有限利用。那么地下再往下是否适合未来生活或者居住，科学家在地球的深处发现了生命

---

[13] https://en.wikipedia.org/wiki/Floating_cities_and_islands_in_fiction [EB/OL]. [2020-06-05].
[14] Founterior，Futuristic Concept of Earth Living in "Oblivion" [EB/OL].（2013-08-29）[2020-06-05]. https://founterior.com/futuristic-concept-of-earth-living-in-oblivion.
[15] Alexis McDonell，The Sky's the Limit: NYC Buildings of the Future [EB/OL].（2017-05-11）[2020-06-05].https://www.mannpublications.com/mannreportresidential/2017/05/11/the-skys-the-limit-nyc-buildings-of-the-future/.

的存在[16]，从另外一个角度回答了地下居住的可行性。

如美国 Vesa Vida 遗址，这个前哥伦布时期的崖居遗址，利用天然地形进行房屋构建，以利于族群的居住与繁衍，废弃的原因是环境气候和水源的变化导致资源短缺。另外，美某些地区的居民也会尝试在过去的防空洞等工程中寻求居住的可能性，极端天气使得美国 Coober Pedy 市的居民住在地下防空洞中，当地表温度高达 30-40℃时，防空洞温度约为 23-25℃，与地面上有空调的房间一样。我国山西平陆县建有可以地下居住的窑洞村，沿袭着原始时期的洞穴式居住[17]习惯，建筑的实现方式就是在黄土地下挖掘一个约 10 米左右的深坑，左右长宽约 4 米和 3 米，场景露天，在深坑壁上凿出正窑和左右侧窑，为一明两暗式建筑，院脚上会挖出一个长长的斜着的门洞，院门设置在门洞的顶端，可以直通地面，这样的地表之下的居住形式在今天某些地方仍然存在。

在新的设计案例上，英国皇家艺术学院（Royal College of Art）创新设计工程专家顾问戴尔·拉塞尔（Dale Russell）教授认为，随着城市变得更加拥挤，建设一座向下钻入地下从传统视角上来看是倒立着的地下建筑，是可能的未来答案。

三星[18]公司在研究报告中展现了相关学者和未来学家对未来地下城市的发展设想，并探讨了他们认为 50 年后我们的社会生活空间的拓展可能性，在地下的空间拓展概念上提出了建设地下居住空间、地下工作空间、地下花园等概念。

再以新加坡的未来地下城市设计为例[19]：这个人口近 550 万人的城邦国家是全球最拥挤的国家之一，全体居民挤在一个仅 710 平方千米的国土范围内。新加坡城市地下空间相关研究中心的周应新认为，"对于新加坡来说，进入地下的主要目的是解决土地短缺问题，传统上，我们试图通过挖掘海洋和购买沙子来收回土地，但这种情况变得越来越不可行，因为海洋越

---

[16] Roni Dengler, Home/News/Scientists discover staggering amount of life deep below Earth's surface [EB/OL]. (2018-12-11) [2020-06-13]. https://astronomy.com/news/2018/12/scientists-discover-staggering-amount-of-life-deep-within-earth.

[17] 潘谷西. 中国建筑史 [M]. 北京：中国建筑出版社，2015，106.

[18] PlaceTech | Samsung's vision of the city in 2069 Samsung's vision of the city in 2069.

[19] A design for Singapore's Underground Science City (Credit: JTC Corporation) [EB/OL]. [2020-06-19]. http://www.bbc.com/future/story/20150421–will–we–ever–live–underground.

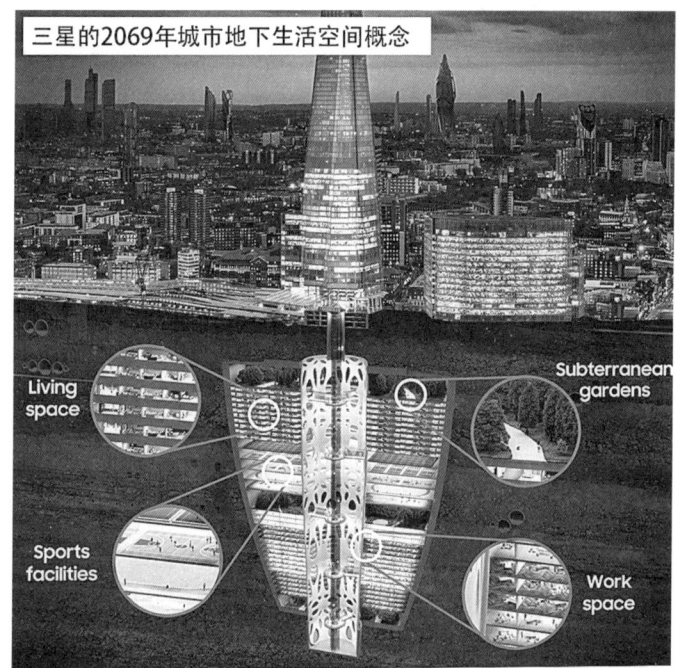

图 6-21 相关机构提出的未来地下生活空间设计案例（作者拼图）

来越深，而我们越来越靠近边界，并且沙子变得更加昂贵，我们的邻国正在抱怨这一切"。未来地下城市系统设计试图解决这些问题，给未来的发展以更多的空间和可能性[20]。在今天的工程技术以及科技材料的支撑下，南加州大学提出地下科学城设计方案，（USC）其设计目标是在地表以下 30-80 米处设置一个 300000 平方米的研发设施，以支持生物医学和生物化学等行业。如果完工，估计可容纳 4200 名工作人员。这同样是向着未来的可能性去思维

---

[20] NICOLA BYRNE. Samsung's vision of the city in 2069 [EB/OL].（2019-08-30）.[2020-06-15].https://placetech.net/analysis/samsungs-vision-of-the-city-in-2069/.

第六章 基于未来视角设计方法的实证　　203

创造城市的新的生态和新的城市生活方式。

4. 深海城市的思维与设计案例

未来社会生活的另外一个拓展方向是海面及以下，因为地球表面的大部分面积为海洋所占据，各个文明时期的人们都有生活在海底的人群社会的传说，比如居住在深海之下的"亚特兰蒂斯"人，以及中国古代鲛人的故事。在历史发展过程中，对于海底城市的设想由来已久。在科学探测的基础上，大众认为的深海旅行也可能很快就能实现。在客观的技术现实上，当前对深海的拓展已经没有多少阻碍了，即便是马里亚纳海沟这样的海洋最深处，都可以被科技触探。现代工程学通过新一波尖端技术，让我们可以比以往更多地了解深海。对于深海的宜居性，各国科学家都认为深海中的环境是可以让生命繁衍延续的[21]。例如美国史密森尼学会的海洋生物学家 Carole Baldwin 利用深海潜水器探索库拉索岛的热带深礁栖息地、美国夏威夷大学和英国阿伯丁大学的科学家也在海沟中拍摄到生活在世界上的海洋最深处的鱼类，都说明未来在深海生存的可能性。

日本 Shimizu Corp 的设计项目被称为海洋螺旋（Ocean Spiral），这个概念设想在海洋中的城市设计也能够达到地表上的城市生活水平，并且在内部的供给上利用海洋资源，使其完全自给自足。这个概念性海底大都市包括两个主要部分：第一个部分是构建一个直径 500 米的球形城市，其中的一个塔楼可容纳多达 5000 人的住宅和工作空间；第二个部分是一个螺旋结构，将这个球体与海底的基站连接起来，向下 4 千米，这个结构的目的是为城市提供能源、淡水和食物等基本资源。

5. 交通工具与生活设计案例

在未来人居生活场景中，交通工具是一个重要的组成部分，是社会生活中的效率解决方案。从未来视角的设计思维角度来看，交通工具是资源获取的最大化转换中的一环，智能会更多地参与到日常生活与出行中，在未来的城市交通相关的场景上，主要集中在未来的无人驾驶、无人送货、无人快递等设计思维下的实现与场景应用，以及未来的城市交通效率和未

---

[21] JOSH DEAN. deep horizons [J]. Popular science, fall 2019, 54.

图6-22 未来海底城市设计概念项目[22] 海洋螺旋（Ocean Spiral）等
（作者拼图）

来城市中移动的人本生理问题的解决，等等。当下的各种手持设备到无人驾驶汽车，成为物联网时代的呈现表征，是获得设计效率剩余的重要手段。

在相应的城市生活中，美国space-x[23]公司以及谷歌公司X实验室研发中的全自动驾驶汽车，完全不需要人驾驶就能完成启动、行驶以及停止的动作，主要依靠车内以计算机系统来实现智能驾驶仪的无人驾驶功能达到无人驾驶的目的。在测试的行进过程中使用照相机、

---

[22] https://www.dezeen.com/2017/11/06/video-ocean-spiral-shimizu-corporation-spiralling-underwater-city-movie/ [EB/OL].（2017-11-06）[2019-05-28].

[23] ［美］阿什利·万斯，埃隆·马斯克. Elon Musk, Tesla, SpaceX, and the Quest for a Fantastic Future [M]. 北京：中信出版集团，2016，276.

雷达感应器和激光测距机去"探测"其他的交通参与状况，并使用详细的数字地图来为前方的路线导航。相较于现在需要由人来驾驶控制的汽车，可以称为移动的轮式机器人。在此基础上的产品设计也快速涌现，2010年到2015年间，与汽车无人驾驶技术相关的发明专利超过22000件，显示了这个类别的交通工具设计的未来驱动以及技术属性。面对未来的需求，沃尔沃提出短途可以全方位地成为移动办公室的未来高铁设计方案[24]，设计有卧铺车一样的人性化服务与车厢内部设计，脚下留有存放行李、毛毯的储物格，用户面前是通过语音控制的显示屏，当乘客需要休息时，座椅能够完全平躺变成卧铺。再如日本丰田公司计划在富士山基地建造一座"未来城市"[25]，以进行对未来社会生活发展以及

---

[24] Vlad Savov, Volvo's 360c concept car is a fully autonomous bedroom on wheels, Without a combustion engine or a steering wheel, Volvo reimagines the car as a short-haul flight replacement [EB/OL]. (2018-09-05) [2021-01-06].https://www.theverge.com/2018/9/5/17822398/volvos-360c-concept-autonomous-car-electric-future.
[25] JAN WAGNER, AutoMatters & More: Toyota Woven City - a Living Laboratory [EB/OL]. (2020-05-11) [2021-01-06]. https://www.delmartimes.net/our-columns/story/2020-04-11/automatters-more-toyota-woven-city-a-living-laboratory.
[26] 上图为美国Space-x公司、日本丰田公司、沃尔沃公司提出的基于未来生活场景设想的城市交通工具设计。

Elon Musk设想的未来城市交通工具概念——hyperloop

丰田计划在富士山基地建造一座"未来城市"

未来城市中的丰田飞行汽车设计

沃尔沃提出的全方位移动办公室概念

图6-23　未来城市生活中的交通工具概念[26]（作者拼图）

206　未来设计：未来视角的产品设计

交通工具产品和效率网络的实验。在这个实验中提出了面向未来的城市交通工具中飞行汽车的概念，试图对未来城市生活的传输效率和方式做一定程度的设想，并且这个设想已经在丰田的未来城市的实验中逐步实现中。

中国同样在未来交通工具的领域有着相当的竞争力，2018年铜仁市[27]与美国超级高铁公司（HTT）签署超级高铁的合作协议，进行产品的研发与实验，相较于当地的交通工具现状，显然是一种未来维度上的优势发展。大量的互联网企业开始进入未来汽车的宏观布局，依靠先进的技术储备，投身于交通工具的研发当中，如小鹏飞行汽车、小米电动汽车等。在另一个领域，先进物流企业也积极推出城市无人快递车等，在可以看到的未来，中国方案也必然会引领未来交通工具的发展方向。

另外，不同的城市发展背景对未来城市交通有不同的认识。越来越多的城市认为，建设轨道交通比建设地下交通通道更具有未来的优势，"上天"好过"入地"。相对于美国公司提出的hyperloop方案，中国比亚迪自主研发的空中轨道交通产品云轨和云巴有一定的综合优势。云轨是中运量的跨座式单轨，每千米造价1.5亿—2.5亿元，仅为地铁的五分之一；工期仅为地铁的三分之一；车辆最高时速可达80千米，最小转弯半径仅45米，最大爬坡能力达10%，对城市的地形适应能力极强。这个方案始终在相对独立的空中轨道上运行，与城市中的其他交通工具和行人分隔，预计建成运营之后比其他在路面上铺设的轨道交通更具安全性。

6. 未来生活设施的设计

无论生活的图景怎样发展，人的生理需求的变化不大，与生理系统相匹配的未来生活设施的设计，相应地包括了衣食住行的方方面面。进食与排泄在看得见的未来都会一直以生理现象的形式保持着，是日常生活中生理需求的一部分，与进食一端的未来工具产品的设计体现在各种智能高效的食物制造与合成过程中，并且在一定层面上会体现出历史文化的影响。

---

[27] [美] 阿什利·万斯. 硅谷钢铁侠：埃隆. 马斯克的冒险人生[M]. 北京：中信出版集团，2016. 图版：2013年提出的未来超级高铁构想方案设计图。

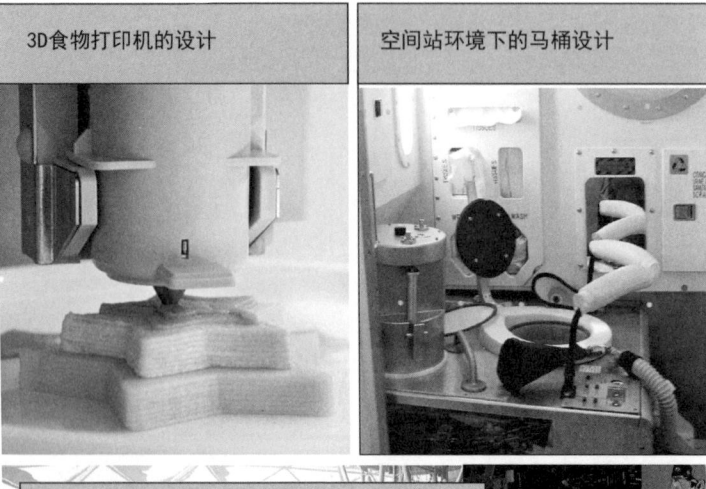

图 6-24　未来生活中的食物打印机，地外种植，空间环境中的循环处理设备、工具、产品的设计（作者拼图）㉘

在生理系统最直接获取资源和处理流程的过程中，如 3D 打印食物，全元素合成的未来进食辅助设备，注入式的营养获取设备等；在生理系统的排泄端，如智能卫生间，机械与智能的适老床上排泄设备等，还有未来的城市移动公共卫生间，这个智能的未来移动卫生间能够根据需求的检索，地图的匹配，以及与用户的距离来做相应的移动与服务，为未来城市的繁忙场景中提供便捷的个人生理系统的卫生解决方案。

在未来新的环境中，太空条件下的蔬菜种植，以及空间站的㉙"太空空调""太空冰箱"和"太空厨房""太空健身器""太空马桶"等设施的设计，在我们国家的空间站里，也将

㉘ 安德鲁·里奇韦. 遇见未来世界 [M]. 刘宇飞，译. 北京：中国画报出版社，2017：17；空间站种植图片来源：www.nasa.gov.
㉙ 国家航天局，"天宫"中的家电，你了解多少？[EB/OL]. [2021-04-29]. http://www.cnsa.gov.cn/n6758968/n6758973/c6811965/content.html. "太空厨房"是航天员长期太空生活的核心保障，研制过程中不乏社会力量的贡献，国民品牌九阳根据国家载人航天任务的需要，发挥企业创新优势，积极参与中国空间站生命保障系统设备的研发、生产及后期保障研制任务，通过自主创新技术解决"真空、失重、无对流"等极端苛刻的外太空环境下的饮食加工、饮水净水课题，让航天员在太空中吃上营养丰富的热饭，喝上健康的净化水。

208　未来设计：未来视角的产品设计

会有一套中国自己的"太空厨房",这套太空厨房可以为航天员长期的太空生活提供饮食、饮水解决方案。这些设备与产品的设计与现实展现出一幅太空生活图景,使用的技术会逐渐在未来的日常生活当中得以体现,也会带动和食物有关的产品技术的进步。

同样地,在相应的服装材料的合成,服装自身的智能化与嵌入生理系统的程度,居住环境的智能化,物联网与万物以及个人紧密的连接程度都是未来的趋向。同时,在不断向各个空间的拓展过程中,也会逐渐形成新的生活方式和生活形态,这一切都有赖于设计思维与方法上的溯层,由未来生活的目标来对标当下的设计实现。

（二）与参照系对比

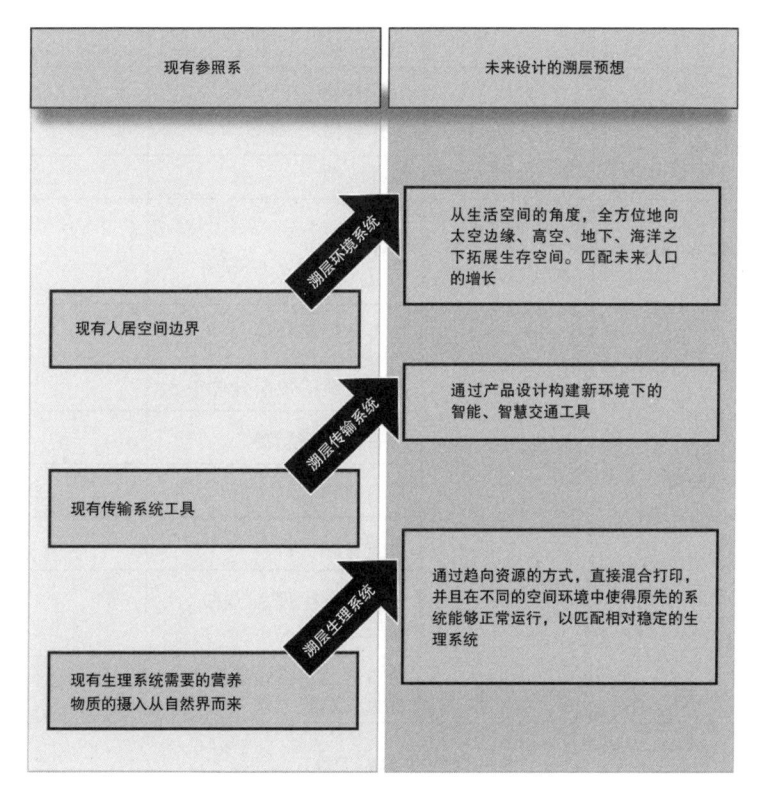

现有参照系	未来设计的溯层预想
现有人居空间边界	从生活空间的角度,全方位地向太空边缘、高空、地下、海洋之下拓展生存空间。匹配未来人口的增长（溯层环境系统）
现有传输系统工具	通过产品设计构建新环境下的智能、智慧交通工具（溯层传输系统）
现有生理系统需要的营养物质的摄入从自然界而来	通过趋向资源的方式,直接混合打印,并且在不同的空间环境中使得原先的系统能够正常运行,以匹配相对稳定的生理系统（溯层生理系统）

图 6-25 与现有参照系的对比（自绘）

（三）评价模型置入

未来视角的产品设计溯层方法评价与比较表格：

		参照组产品的基准现状	评价指标	对未来创新产品的评价
价值观	一、未来设计的价值观部分的评价		以人的未来为目的	
			以效率工具为目的	
效率部分的评价	二、获取与转换资源信息的外部效率系统评价		指数优势	
			倍数优势	
			维度优势	
			比较优势	
	三、主观生理系统的效率评价		设计补稳	
			设计替换	
			设计改源	
非效率部分的评价	四、文化经验与附着的评价		文化预置	
	五、产品设计的外部呈现特征		是否使用新材料	
			是否有新的效率处理单元	
			是否使用传感器	
			是否有物联网特征	
			是否有脑机接口	
			是否提升生理系统的新层态平衡	
			是否有艺术学范畴内的视觉与造型元素	

图 6-26 评价表格（自绘）

（四）基于生活空间拓展的案例评述

未来中观景象的人居及社会生活的效率获取，一是对可用资源的范围拓展，未来必然由过去传统宜居的地带逐渐向过去认为不适宜居住的地带拓展，比如空中城市、海底城市、地下城市等概念的出现。这个景象是以整个地球资源为单一分形基准的认识下进行的，是在这个边界内大幅提高资源对人口的承载能力和资源获取转换的效率下的设计思维。二是提高作为资源及信息传输系统的效率，交通工具的各种未来效率有着与实现极限的提升，如将驾驶的概念溯层为无人驾驶的概念，由智能来完成人本在未来城市中的移动需求等。再有就是面对客观环境中的各个分形系统的效率提升。在人本主体的生理需求不变的状况下提出未来的解决方案，在未来持续满足人的生理系统需求。这些设计思维都是为了在未来获取资源过程中拓展更广阔的生存空间，实现更高的移动效率以及帮助个体生理系统获得更多的未来存续优势。

从本书的设计思维观点来看，这个中观层面上产生的指数优势、倍数优势与比较优势都是对行为主体所在的资源分形系统边界内最大化地获取效率优势的设计思维。

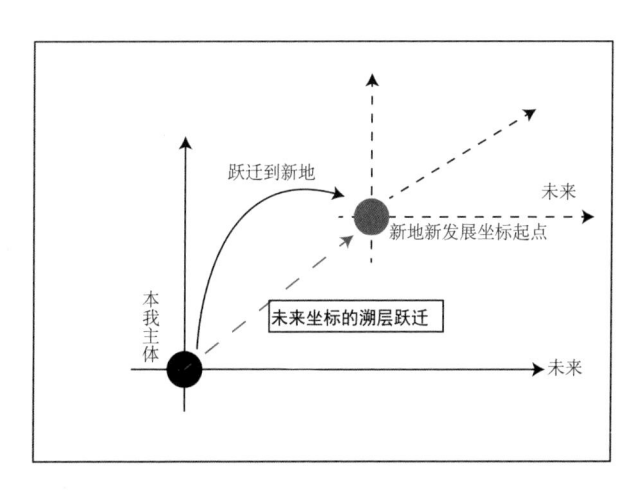

图 6-27 中观层面的未来设计体现的是效率的图景与发展（自绘）

三、基于生理系统的未来设计案例与分析

（一）微观生理系统方向的未来设计案例

未来设计思维的微观方向，是一个由人本生理系统表面向内"观察"的未来图景。对于这个微观方向的未来，从设计思维的角度有几个方面的认识：第一，人本生理系统是一个整体的系统分形单位；第二，通过设计思维保持层态平衡的生理特征，即基于"有序的有序"[30]；第三，修因致果的设计改源思维。而设计的溯层在于修"因"改"果"的改源溯层。

对于人本生理系统作为一个整体的系统分形单位的认识来说，以人的表面向人本内部的认识与改造也在进行当中。以人本边界为界，向内观的全部子系统的组合成为人本生理系统，当这个系统出现问题时，犹如女娲补天，补之，也是天之道的补不足。对于层态平衡来说，这个补，是为了维持人本系统内层态的平衡。与向外拓展边界和空间设计思维不同的是，当人体出现缺陷的时候，并不能向着人本内的资源去获取新的材料来构建生成，是由外部系统由外而内地置入或者植入。

以人本生理系统为基本单位向外部边界拓展的过程中，会达到本层级的最终边界，每一个层级有自身在人本尺度上的承载的极限。在本书看来，就是达到了一个层态的平衡，所以在维持人本体内的层态系统的平衡过程中，更多的是强健本体的设计或者替换的设计。

作为分形基准的人体表面边界具有向内向外两个方向，向外仍然是更高效的获取，向内则是以层态平衡为参照，在系统功能缺失的部分由设计解决方案来做结构的连接。

而对于第三个特点的修"因"致"果"的设计改源来说，目前科技最前端的基因改造技术可以修改最基本的人本构建的起点，从效能上讲，当然是让人本这个系统对于资源的转换效率越来越高。随着认识的更深一步，生理系统也逐渐与外部资源和信息嵌合在一起，资源与信息转换的效率优势将在未来胜出。

---

[30] ［奥地利］薛定谔. 生命是什么 [M]. 周程, 译. 北京：北京大学出版社, 2018：88.

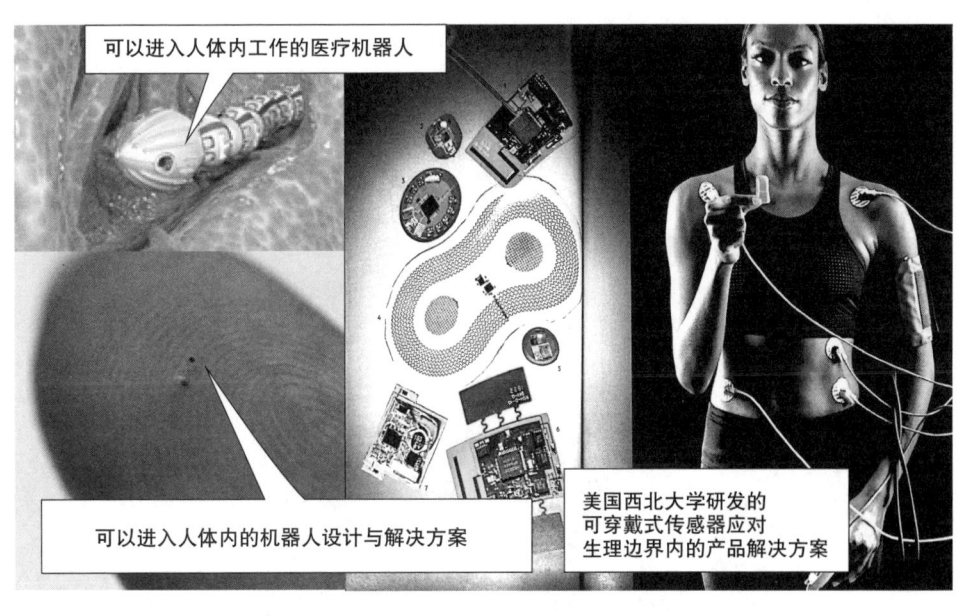

图 6-28　从系统外部对生理系统内部进行平衡干预的产品设计案例（作者拼图）

从女娲、上帝造人，到造化造人，到今天，人作为自己的上帝，可以修改自己的生物蓝图，对人本生理系统从根源上进行重新设计，也产生了思维和意识碰撞的伦理争议。

所以在具体的未来人本的微观方向上来说，有四种具体的设计思维：一是设计补稳；二是设计替换；三是设计归序；四是设计改源。

1. 设计补稳的思维与案例分析

从人本生理来看，千万年进化而来的生理有相对稳定的值和稳定的子系统边界，虽然也有超过平均值以外的边界阈值的现象出现，如青藏高原的某些居民对低含氧量的空气的适应程度超过低海拔地区的居民，这仅仅是对极端环境的一种适应。因为这种适应是群体面对环境的压力而来的适应，并不是一种进化或者变异，仍然是在"层态平衡"范围之内的人本对外部环境适应性的体现。

从设计思维的角度来说，当这个系统的边界出现缺损或者无法通过自身来恢复默认状态的时候，就会通过造物来修补以达到原先的平衡状态。比如换脸手术、义肢、假牙、人造眼球等，都是基于人本表面分形这个层级的解决方案，用以让主体能够回到正常指标值的生活功能。

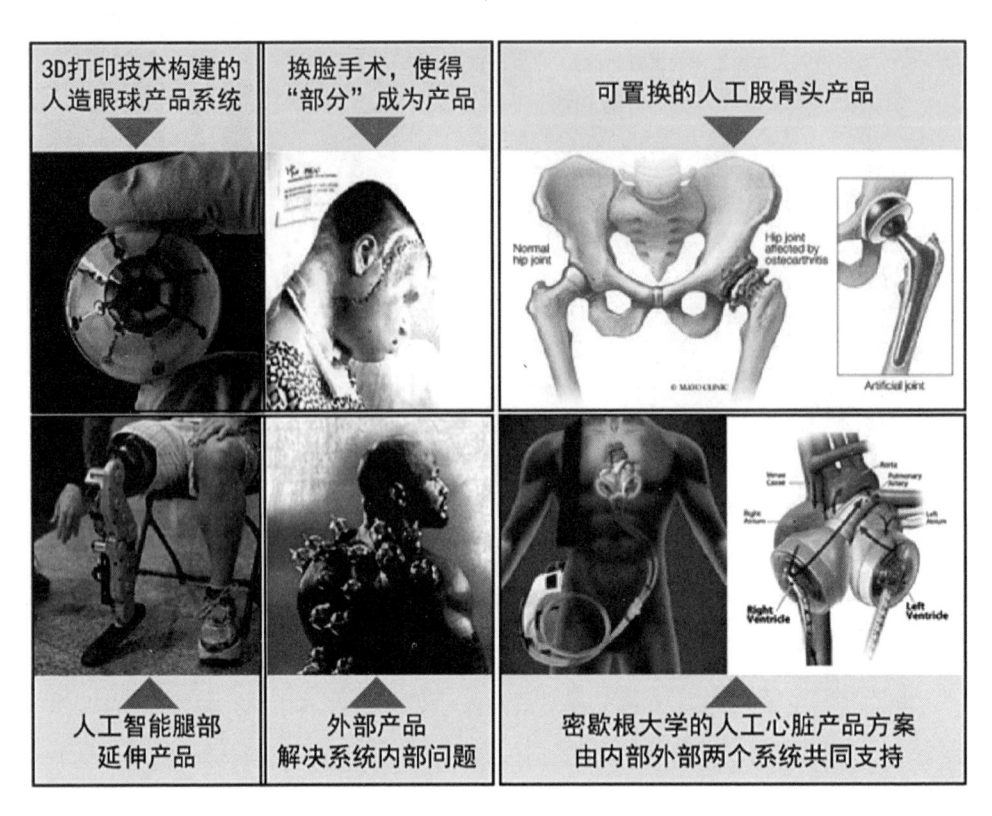

3D打印技术构建的人造眼球产品系统	换脸手术，使得"部分"成为产品	可置换的人工股骨头产品
人工智能腿部延伸产品	外部产品解决系统内部问题	密歇根大学的人工心脏产品方案由内部外部两个系统共同支持

图6-29 生理系统的补、替、序、改的产品设计案例[31]（作者拼图）

而生理系统的表面边界朝向外部系统的补强和替补以及强健的设计，则不需要与人本内部层态兼容。比如义肢的设计，在功能上可以完全达到原有生理系统的效能，而不需要考虑是否能够和肌肉完全融合生长，比如南非残疾人运动员奥斯卡·皮斯托瑞斯（Oscar Pistorius）借助肢体延伸产品的助力，成为残疾人100米、200米和400米短跑世界纪录的保持者。本田公司也在设计能够给盲人导航用的脚上穿戴产品——鞋内导航系统"Ashirase"，使用时通过软件设定步行路线，装置通过振动进行导航，前进时，脚前侧的振动器振动；接近左右转弯点时，左侧或者右侧的振动器振动。

---

[31] Kashyap Vyas, 3D Printed Bionic Eye Engineered That May One Day Restore Sight,A research team successfully 3D printed an array of light receptors on a hemispherical surface to develop a bionic eye prototype similar to the human eye [EB/OL].（2018-08-30）[2021-01-07]. https://interestingengineering.com/3d-printed-bionic-eye-engineered-that-may-one-day-restore-sight.

再下一个层级的分形是边界与转换系统为分形基准之间传输系统的缺失与强健设计，目的是保持"分形的层态平衡"，比如中医的医疗手段，拔罐等，都是由外部试图影响内部，通过解决方案来重新获得层态平衡的一个过程。

2. 设计替换的思维与案例分析

有别于设计补稳作用于人本系统的外部形式以及系统边界的完整，设计替换的思维则是作用于人本系统内部，在系统功能无法满足生理需求或者功能丧失情况下的一个子系统的替换思维。

比如密歇根大学研发的使用人工心脏来替换患者已经无法工作的肉体心脏，这个设计解决方案由两部分组成：一是置入人体内部的人工系统；二是背在体外的动力和循环系统。这样的设计替换让患者得以有较长时间的生存空间，继续生活下去。某种程度上来说，这个主体就获得了未来的更多可能性。再如人工股骨头的替换方案等，这些系统机能缺损的替补方案是通过设计思维提供的解决方案来维持系统的预设机能，在这个机能预设的前提下，人工心脏、人工脏器、改道手术等应运而生。在替换人本系统内的子系统的时候，造物材料有着重要的影响，比如替换磨损或者因为疾病而损坏的股骨头的制造材料等，这些材料的选择和出现，必须符合层态内的接受范围，不能与现有的系统相排斥。无论是结构材料、支架材料、传输材料，还是各种管材，都要和人体的生理相融合，都是替换系统的设计前提之一。

3. 系统归序的思维与设计案例分析

由热力学的观点来看，任何资源和信息都不会得到完全的转换，永动机在我们这个时代证明是无法实现的，人本系统也同样遵循着热力学定律，但是对于生理系统来说，无法完全转换的能量需要有一个正常的传输管道来排出体外。

这是自然建构的现状，参考医学上的循环系统观念，从设计思维的角度来做一个描述，认为这是一个传输和处理资源和能量的过程，传输分为输入和输出。而输入和输出之间的转换系统——人工喉管、人工肝、人工肺以及人工肠道及改道等解决方案也就应运而生。再进一步细分血液的传输问题，则会有血管机器人、血管支架等。排泄系统则会有肾脏支架、导尿管的设计等。当人本系统由于各种原因失序的时候，设计思维就会在回归系统次序这个方向上进行思考，提出解决方案。比如，尿潴留的插管解决方案，直肠手术的外置袋解决方案。这些不单单是医学手段，同时也在器物上有设计的存在。与用户身体的贴合，使用的方便性、人性化，用户的同理心等考量，都是系统归序的思维。

4. 设计改源的思维与案例分析

人本系统作为思维的主题，对自身的修改意愿并不是今天才出现的，从原始时代开始，人类就有对自身改造的愿望。在对造化给予人本基本配置的接受之外，人本还对自己艺术和思维的这个"本我"载体有诸多的修改意愿。从古代埃及到中世纪的假肢，以及通过设计制作人体假体来辅助恢复正常的生理功能，到普遍接受的美容术等手术，再到深一层次的微型手术、血管机器人清理血管的堵塞等，都是在对正常的功能进行修复与修正，都可以看到这样由外到内的对人本的修改，直到今天可以对最基本的 DNA 单位的修改。

从远古来看，单细胞的生物首先复制其遗传物质 DNA，然后在细胞准备分裂以形成两个新细胞时将其均分，从而进行繁殖；对于复杂的生命来说，逐渐分化出专门的生理功能部分，将含有基因的 DNA 传递给有机体的后代，复制上一代生理系统的特征，这也是传递的意义。从这种传递的方式中可以明显地看到这种传递的时间先后顺序，而在今天，作为思维主体的"本我"逐渐可以进入修改 RNA、DNA 的程度。从 1996 年的克隆羊多利，到今天得克萨斯州莱斯大学的学者对于人体基因进行治疗性改造，使得出生后的婴儿对某些疾病免疫。这些案例的出现都在人类社会中引发了伦理的轩然大波，这也是进行到基因阶段一直存在的广泛的争议所在。我们引以为荣的历史、文化、赋予的意义将进一步地裂解，我们是谁，未来是什么，我们为什么要这样做，将会是讨论的巨大而沉重的话题。

这些都是对于目前最小的微观层态的一个修改，试图修改自然传递的原初的剧本，试图达到人本设定的未来发展方向上去。那么，回到当初埃及法老对永生的渴望，以及人类对永恒的期盼，对于这个微观方向上的生理系统永久运行的期望也一直存在着。从原初时代的估算的人居寿命 20 多岁，到科学家认为的人本寿命大约可以达到 120 岁或者以上，再往上的极限虽然可以设想，但是几乎达到了人本生理的极限，尽可能地延长人本系统的运行总时长到达永远的未来。但是，如果生命在宏观上一直没有新陈代谢，那么地球表面也将拥挤不堪，除非将重要的生命特征转移到一个新的长期平台中去。

这样又回到了本章的开始,宏观方向上为了嗅探新的资源和新地去跃迁,开始新的"本我"。而设计思维也在不断的溯层中为人本获取更高的设计效率剩余,从而到达未来。

(二)与参照系对比

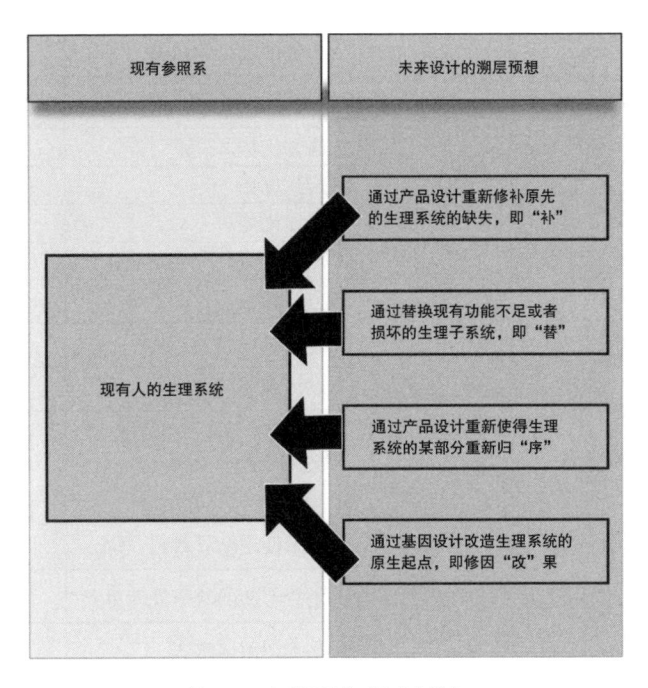

现有参照系	未来设计的溯层预想
现有人的生理系统	通过产品设计重新修补原先的生理系统的缺失,即"补"
	通过替换现有功能不足或者损坏的生理子系统,即"替"
	通过产品设计重新使得生理系统的某部分重新归"序"
	通过基因设计改造生理系统的原生起点,即修因"改"果

图 6-30　与参照系的对比(自绘)

（三）评价模型置入与评述

未来视角的产品设计溯层方法评价与比较表格：

		参照组产品的基准现状	评价指标	对未来创新产品的评价
价值观	一、未来设计的价值观部分的评价		以人的未来为目的	
			以效率工具为目的	
效率部分的评价	二、获取与转换资源信息的外部效率系统评价		指数优势	
			倍数优势	
			维度优势	
			比较优势	
	三、主观生理系统的效率评价		设计补稳	
			设计替换	
			设计改源	
非效率部分的评价	四、文化经验与附着的评价		文化预置	
	五、产品设计的外部呈现特征		是否使用新材料	
			是否有新的效率处理单元	
			是否使用传感器	
			是否有物联网特征	
			是否有脑机接口	
			是否提升生理系统的新层态平衡	
			是否有艺术学范畴内的视觉与造型元素	

图 6-31　评价表格（自绘）

（四）基于生理系统的未来设计案例评述

从系统论的观点看，人本生理系统是宏观系统的一个子系统，同样承担着获取与转换客观资源和信息的功能。

站在人本系统向宏观系统去获取资源与信息的视角，由于宏观未来的无限，主观对客观的获取效率的追求也无限。换一个视角，站在人本生理系统自身的角度向内来看自身系统的未来，由于观察基准和视角本身的限制，任何对自身系统做出的外向效率提升都犹如坐在凳子上将自己举起的寓言，难以实现。

所以，以系统分形基准本身内观方向的未来设计思维的目的，是维持本系统的稳定与完整性，包括系统的构建和传输系统的完整，以及生理系统效率的上限及下限之间合理区间的平衡。那么，对于补齐系统功能完整性的未来视角的设计思维上，具体是设计补齐、设计补稳、设计替换等设计方法，这些具体的方法所达成的目标则是维持人本生理系统内的效率上限和效率下限。

在未来的新优势获取上，生理系统难以采用面向外部系统去获取的方法。个体或者群体的生理系统现状是经过历史进化而来的现实，有母才有子、有因才有果。因为时间的光锥似乎是单一指向的。

设计思维基于主观的意志试图通过修改起始的"因"，从而获得理想的"果"，由此将自身从顺应客观自然进化和随机拣选的序列中跳脱出来，按照人本自身的意志来达到指定的未来。那么，设计思维就会在起始的位置进行修改并且溯层，得以在新的开始阶段进行新的生理系统的平稳运行。设计思维认识到 DNA 具有与数据相同的特性（From DNA to big data），这或许也是人本数据化的开端，同时意味着会带来更多的信息的获取，更强的自持能力，以及更多的未来延续的可能。

这样的方法是微观视野中未来设计的溯层方法。思维的起始点在于对 DNA 这个"因"的溯层修改，不断地修因至果，最终也会导致本系统的完全解体，形成新的系统组织形态。但是未来视角的设计思维要求最终保持人本的传递特质，即人本传递，而文化的表征则是外

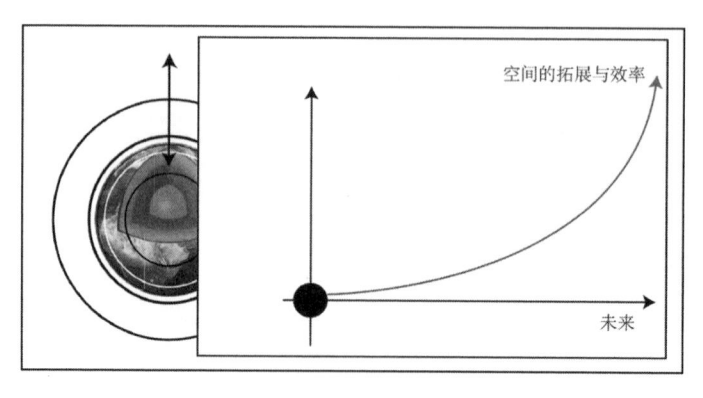

图6-32　保持层态平衡的未来人本设计思维（自绘）

在的呈现。

四、基于专业教学视角的创新设计案例

课程名称：产品设计思维与方法

前修课程：产品设计1、产品设计材料与工艺

课时：64课时 4学分

课题名称："未来厨房产品的设计专题研究"

课程训练目的：

从不同的设计思维和方法出发进行产品设计，会有不同的设计呈现。通过当下视角与未来视角产品设计的两个不同方法的呈现与对比，来验证以及修正本书提出的未来视角的设计思维方法。

在产品设计专业教学过程看，与生活息息相关的课题设计研究都有比较好的教学效果，原因在于"提出问题，解决问题"的传统设计思维方法能够从自身的生活经验来较好地理解设计意图。

本研究设定了《未来厨房产品的设计》作为教学案例，目的是从传统的设计与未来设计思维与方法在同一个课题产生的不同设计结果做一个直观明确的对比，对于开启学生的多个思维视角，从不同的观察角度来看待设计以及不同标准之下的设计作品有着正向的意义。

A. 实际设计流程中，从问题出发，会导致更多的问题需要解决，主观地从一个问题出发，必然转入另一个问题[32]……

B. 对比本书提出的设计方法，是由未来"目的"驱动下的最有效率的设计方案求解，这个方案受到客观条件的限制，也正因为如此，体现了它的未来属性。

---

[32] 杰拉尔德. 系统化思维导论[M]. 北京：人民邮电出版社，2015：201.

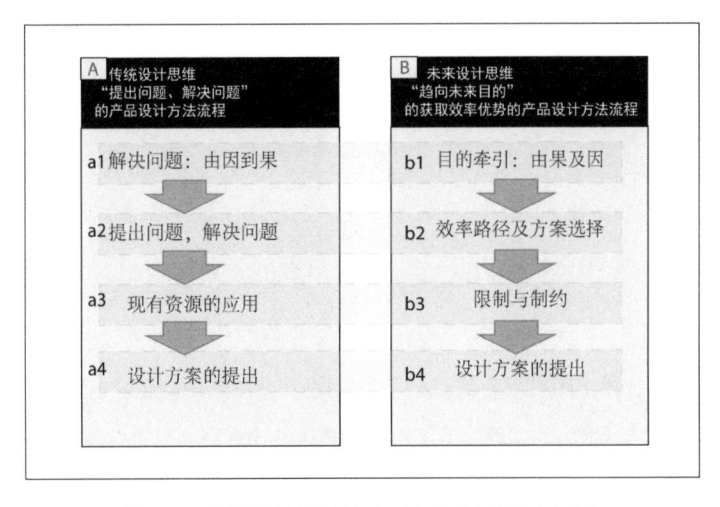

图 6-33　两种不同设计思维与方法的对比与分析图（自绘）

参考书目与阅读材料：

课程训练流程：

1. 设定项目的目的以及正向的意义。（理论讲述）

2. 提出目的与思维主体之间的最短路径的设想。（设计训练）

3. 使用约束条件来探讨方案落地的可能性。

4. 提出设计方案。

5. 通过评价表格进行评价。

设计思维的方法与手段：设计虚拟现实

A1. 设定项目的目的

由设计者提出未来厨房中的产品系统或子系统的功能或者效率目的。例如从未来视角看未来厨房的作用，或者未来食物的提供方式、未来的厨房器具等。

A2. 提出目的与思维主体之间的最短路径的设想（两种设计思维方法的对比）

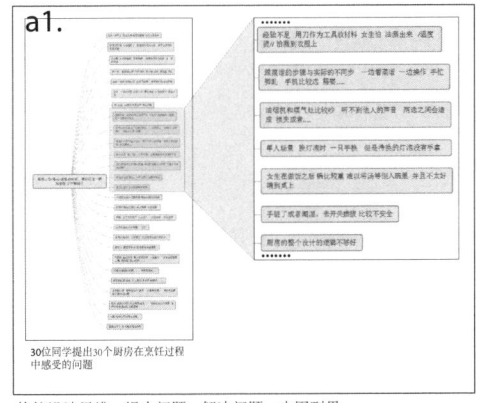

传统设计思维：提出问题，解决问题：由因到果　　　　未来设计思维：趋向"目的"，由目的牵引当下的设计：由果到因

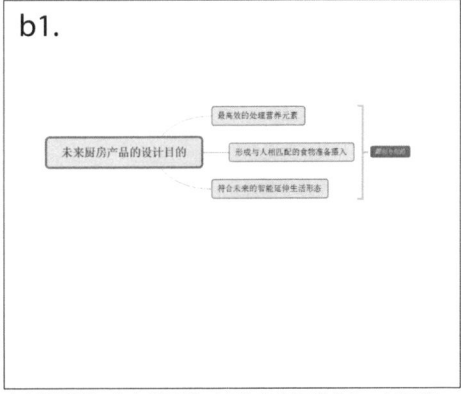

图 6-34　两种设计思维与方法在同一个课题下的思维过程的对比（自绘）

第六章　基于未来视角设计方法的实证

在这个环节中，由上图可以看到，A1 传统的设计方法是由问题的出发点来启发可能的解决方案，基于现状，提出的问题涵盖了厨房的整体设计直到小型厨具及工具的设计，是一个发散性的思考过程；A2 由"目的"牵引当下的产品作为实现的工具，在趋向最高效路径的寻找上，可以去除很多不相关的选项。

A3 最短路径的提出与推进

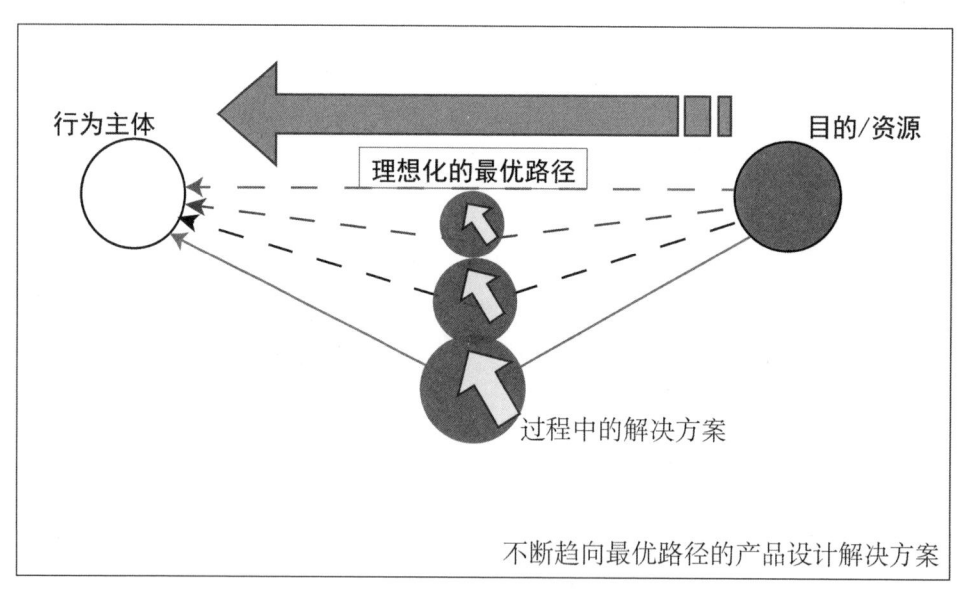

图 6-35 本书提出的未来视角产品设计方法的优势（自绘）

未来视角的产品设计方法由未来的目的牵引，从思考厨房的目的是什么开始，最大化地提出产品的效率方案以及可能性是什么，继而在限制条件的约束下，不断地趋近最高效率的路径，选择最有可能的方案，直到提出最终的设计方案。这个方法会不断地去除思维过程中的不相关因素以及效率不高的路径，不断向着目的与行为主体之间最高效率的求解推进，最终由限制因素来制约和实现设计的最后方案和形态。

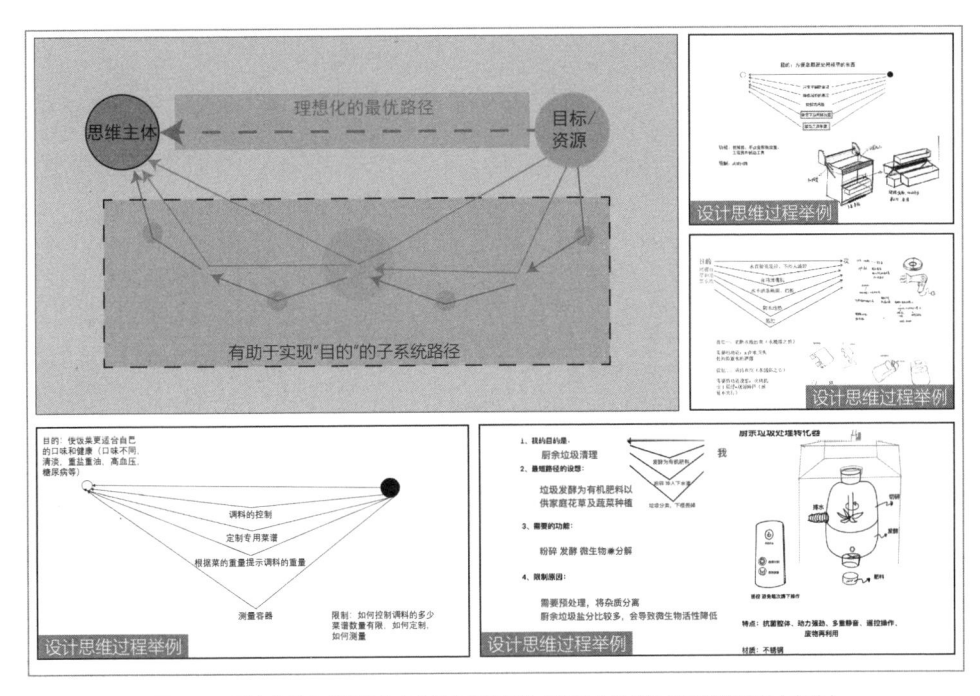

图 6-36　学生使用本书提出的未来视角产品设计方法作为设计思维工具的过程（自绘）

A4 现有资源的应用与未来设计的限制与制约对比

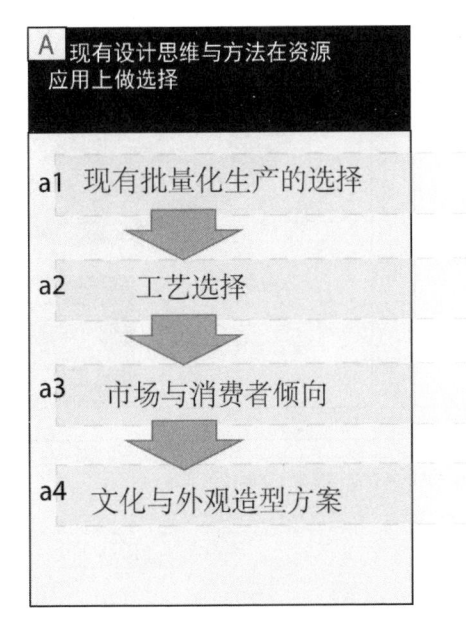

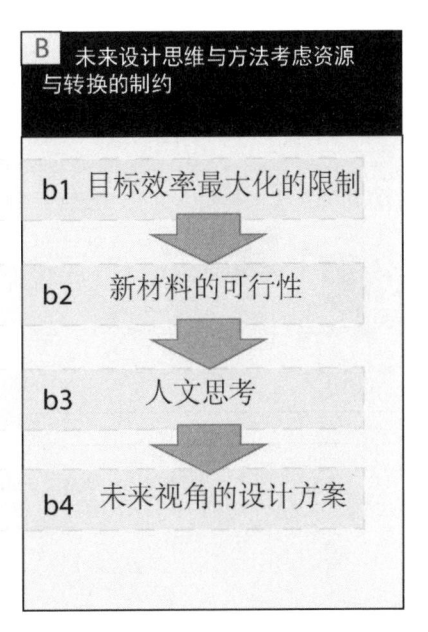

图 6-37　设计过程中的限制与制约因素的对比（自绘）

第六章　基于未来视角设计方法的实证

A5 提出设计方案

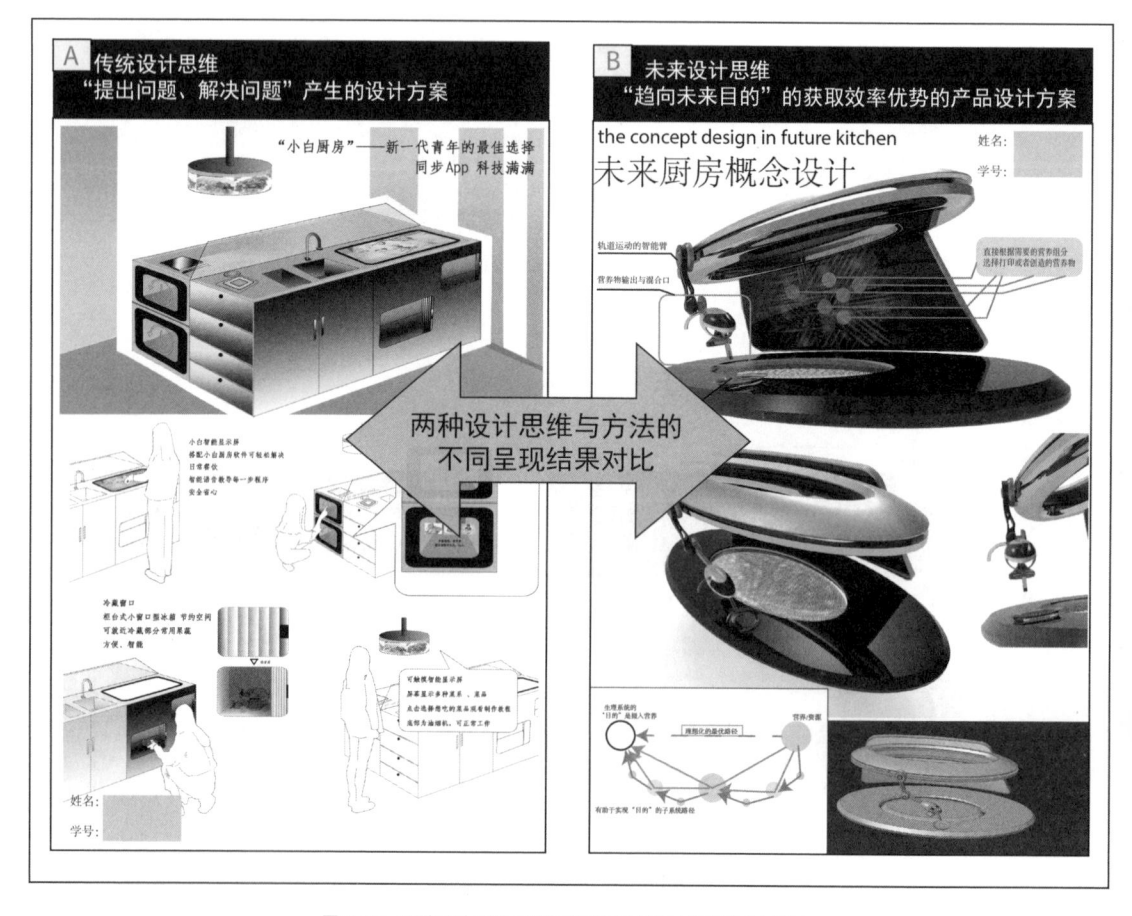

图 6-38　两种设计思维方法的不同结果呈现（课题作业呈现）

对比与分析：

在实际设计流程中，对于在厨房烹饪过程中所碰到的产品使用上的问题，每一个学生都从不同角度提出了与其他同学截然不同的问题，对于现有产品或者产品组合或系统，是有当下的价值的。这样从提出问题到解决问题的循环，本质上是现有边界内的设计思维，设计创新的程度不会超过系统自身的创新边界，相对是一种被动式的设计思维。

A6 通过评价表格进行评价

未来视角的产品设计溯层方法评价与比较表格：

		参照组产品的基准现状	评价指标	对未来创新产品的评价
价值观	一、未来设计的价值观部分的评价		以人的未来为目的	
			以效率工具为目的	●
效率部分的评价	二、获取与转换资源信息的外部效率系统评价		维度优势	
			指数优势	
			倍数优势	
			比较优势	●
	三、主观生理系统的效率评价		设计补稳	
			设计替换	
			设计改源	
非效率部分的评价	四、文化经验与附着的评价		文化预置	
	五、产品设计的外部呈现特征		是否使用新材料	●
			是否有新的效率处理单元	●
			是否使用传感器	●
			是否有物联网特征	●
			是否有脑机接口	
			是否提升生理系统的新层态平衡	
			是否有艺术学范畴内的视觉与造型元素	●

图 6-39 评价表格（自绘）

第六章 基于未来视角设计方法的实证   225

通过设定的评价表格对本课程的某个作业进行未来视角的产品设计评价可以看到，这是一个以效率工具为目的的未来型产品设计，烹饪的人—机之间的操作关系与当下的操作关系相比较仍然一致，这个一致虽然受限于人这个生理系统的操作特点，但是在本设计上没有维度上的变化，所以选择为比较优势项目。同样，由于本设计方案的出发点是工具的效率，对于人这个系统的设计较少，在外部的未来设计特征呈现上，体现了新材料、新效率单元、传感器、物联网特征，以及在艺术学范畴内的未来感的视觉与造型元素的呈现，表现为流畅以及轨道感的造型等。综上，从本书的未来视角的产品设计思维方法来看，这件作业为一个短期看见未来的产品设计。

结论

从未来视角的产品设计方法来看，可以认为工具产品是"人的肢体的延伸"。因为，工具产品是以效率为导向的产物，我们在主观上为了获得未来的存续优势，需要借助工具产品去获取未来的优势，而工具产品的"效率剩余"越大，工具产品帮助我们获得优势的能力就越强。因此，在未来的发展进程中，我们需要开发这种能够获取更大"效率剩余"的工具产品。这种效率最大化的形成，需要一个效率系统，它服务于人的需求，一直延伸在"未来"进程中不断迭代不断发展的过程。

未来是人类根据现在发展的趋势以及未来的走向而主观设定的"目的"，人类要想实现的未来是一种"主观未来"，在这个进程中，由于人的生理系统是趋向"稳定"的系统，不是可以随便改变的，本质上是一个"非效率系统"，因此需要通过工具产品获取"效率剩余"加以帮助人提升效率，实现与"客观未来"同步的一致性。作为效率系统的工具从属于非效率系统的人，设计思维是服务于人的"主观未来"目的，创造出工具产品来实现"客观未来"。

在这个过程中，人们也产生一些担忧，担心工具产品的无限发展，会在未来的某一个时刻超越人的管控能力，取代人在未来进程中的主导地位。这是一个设计伦理问题。工具产品科技发展给人类带来效率的同时，也可能危害人类生理系统的生存安全。这就需要建立一个设计原则，给造物、工具、产品、智能订立未来的规则，使得"效率系统"（工具产品）从属于"非效率系统"（人），在这个规则之下跨越能量转换的平均效率，通过获取效率剩余的方式，达到主观的未来目的，实现人的"主观未来"。其中，设计思维是帮助我们到达未来的实现路径之一。

由人的主观意志控制下的未来实现方法，即是由"产品"作为工具去实现"人"主观视角上确立的未来"目标"，以及这个目标分解下的子目标和子子目标。在这个实现的过程中，产生出未来的意义，而这个意义的载体就是"未来生活"的样貌。基于未来视角的产品设计是趋向未来资源的探索，建构在未来生活场景需要使用的工具产品之上。技术设计构建了未来场景中的效能部分，产品设计构建了未来进程中的意义部分。在未来设计思维的原则下，我们会选择最短的实现路径，这个理想化的路径受到对客观的认识、对资源的效率获取，以及主观与客观转换能力的限制与制约。

在这个路径的认识上,无论是未来视角的艺术思潮还是科技与艺术上美美与共,以及从历史发展角度来看的造物与竞争的呈现关系,都明显地指向一个趋向资源去获取转换的方向,进而从人的未来目标的进程中看到外部因素的制约和影响,在此之下生成未来视角的产品设计方法的几个原则,即总体趋向资源的原则,路径形成的数理与效率原则,以及主观对客观的未来多样性和可能性的认识原则。

以上未来视角的产品设计原则通过认识视角上的全局优势与局部优势的相互溯层关系来体现,包括维度优势的溯层、指数优势的溯层、倍数优势的溯层,以及比较优势的溯层。这些溯层都是基于参照组的溯层,是一个动态化的发展过程。所有优势的获得并非一成不变,在某一个资源边界范围内的要素资源被获取转换消耗终结之后,必然会趋向新的资源范围去进发和获取,所以本书提出的"溯层设计思维"的产品设计方法也是一种动态化的、不断通过获取优势剩余的过程体现。

在未来视角产品设计上的实现方式上则有从虚拟思维到现实的溯层实现方式,再到材料与实体经验的溯层实现方式,以及文化与经验上的实现方式。对于虚拟到现实的实现,客观物体的经验和体验来自对客观世界的触探与反射。思维主体对这样的虚拟判断并不完全依赖于物质,对未来的设想和设计都可以在思维与认识的层面上呈现,而不必物化。对于实体与经验溯层的实现方式,无论设计思维与方法如何运作,最终的设计方案仍然需要由实体来建构。虽然技术可以虚拟体验,但是,由于人的生理特性,实体经验的取得仍然无法由虚拟的感受完全替代。设计思维的实现基于物质的真实存在为前提,思维在先嗅探,物质其后被获取,材料构成了获取与转换过程中的传输网络与工具,材料本身也有待进一步溯层,研发更高性能与效能的新材料。同时,作为驱动工具产品的能源本身,也需要有新的创新和可能性。对于文化与经验的未来溯层实现,未来视角的设计思维将文化的作用分为三个阶段,首先是文化对科技发展的附着,其次是大众流行文化对未来的畅想,再者是科技思维借由文化来设想未来。与技术未来不同的是,文化上的未来更关注人本身的主观未来,是主观意愿对未来生活方式的预置表达。

在具体的未来视角的产品设计流程和方法上,提出可以实践和修正的设计步骤:设定具有正向意义的"目的"；提出目的与思维主体之间最短路径的设想；使用约束条件来确定方案实现的可能性；提出产品设计方案；通过评价表格进行评价。

综上所述，万物趋向于资源，溯源而上，升层获取。人本能够跳脱出自然界的"大设计"设定的"均值回归"平均律，在于主动去获取主观的未来目的。如果没有主观的这个驱动力，未来将失去方向和意义。

同时也认识到，这个溯层可以在任何程度上溯层，无论是子系统的整体跃迁还是仅仅局部的效率提升，都会带来相对于参照组的未来优势，无论是在材料还是在效率和新材料的发展与组合使用上，物质世界的效率部分与人本生理的非效率部分共同构成了未来设计思维与方法的建构。

本书通过梳理产品作为工具本身的目的与人的未来目的之间的关系，以及受到的限制与制约，来构建未来视角的产品设计的方法和实现路径，提出由工具系统作为人的系统"延伸"，以主观能动性创造效率工具来牵引目标的实现，在保持人的边界稳定的情况下，最大可能地跨越客观世界向着未来发展，不断获取资源的效率剩余，建构主客观未来时空的一致性。同时将科学研究上认为终极冷寂的未来转换为构建人的主观目的为意愿的有价值的未来，使之在创造更好的未来生活的进程中产生生活形态上的意义，这也是本书对未来设计思维进行研究的积极价值之所在。

致谢

本书得到导师的悉心指导，体认到站在设计思维视角上对未来设计进行思考研究的必要性，以及对产品设计教育向前看、向未来看的拳拳之心。

本书在研究过程中也得到很多设计及理论前辈的指点，指出研究过程中的概念模糊和定义不清之处，使作者受益匪浅，非常感念，同时虚心将各位研究人员的指正作为进一步修改的阶梯，逐渐完善论文的思考及写作，在这个不断反复的过程中笔者也体会到学海无涯而作者的饮河之态。

本书的资料收集部分在奥本大学 Ralph Brown Draughon Library，Auburn University 图书馆完成，写作提纲部分以及持续的文本修改在南京艺术学院图书馆完成，在此一并致谢！

附录

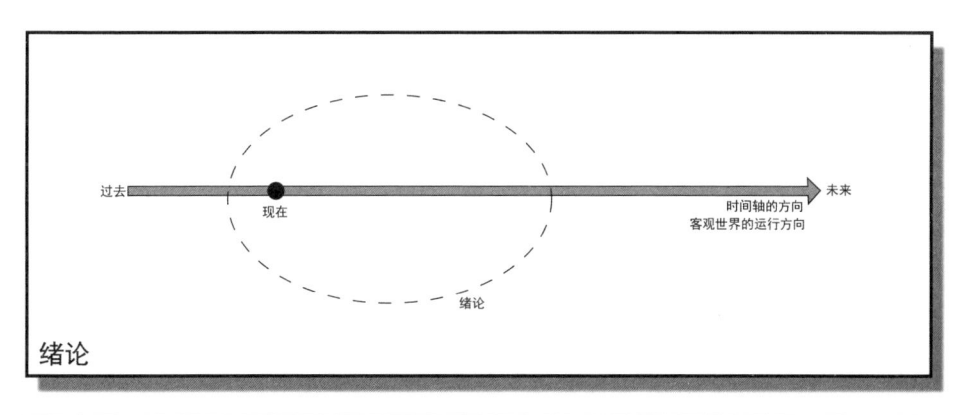

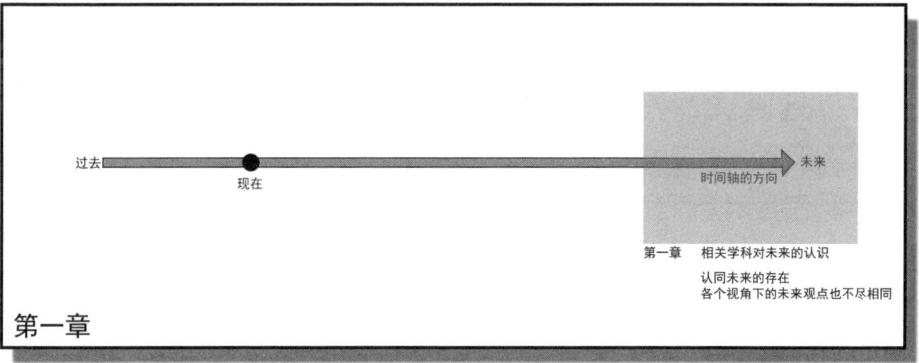

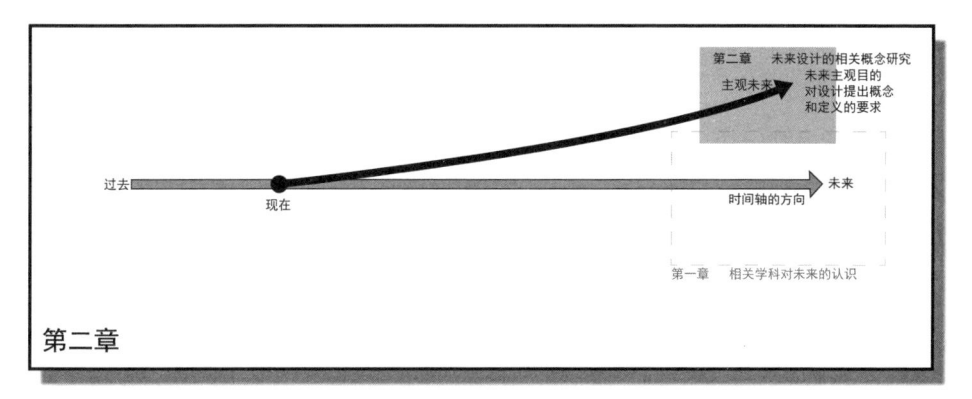

附录图 -1　本书的研究思路以及各章节的研究范围（自绘）

① 附录图 -1 为本书各章节的研究范围与研究思路，绪论部分从整体未的宏观视角探讨未来设计思维以及设计方法的重要性和必要性；第一章是全文的理论基础，在梳理各学科对未来的认识基础上，提出文本从设计思维角度思考的未来研究范围；第二章在理论基础梳理的前提和基础上提出本文对未来设计的理解以及概念和在工具产品设计上的未来定义；第三章对未来设计思维和方法的边界，即受到的制约因素作了研究，从客观的宏观周期、中观的环境和资源，以及主观转换客观资源的能力的限制；第四章通过历史性队列研究的方式，提出工具产品在未来进程中的作用；第五章是基于未来视角的产品设计思维与方法的建构；第六章是验证与教学实验的内容，将建构的方法应用到实际的教学当中去，取得较好的效果。

续表

第三章

第三章 产品设计中未来思维的制约因素
外部资源、主观认识、转换能力的制约

第二章 未来设计的相关概念研究

过去　现在　　　　　　　　　　　　　未来
　　　　　　　　　　　　　　　时间轴的方向

第三章 产品设计中获得未来优势的工具

第一章 相关学科对未来的认识

第四章

第二章 未来设计的相关概念研究

过去　现在　　　　　　　　　　　　　未来
　　　　　　　　　　　　　　　时间轴的方向

第四章 产品设计中获得未来优势的工具
从过往的历史发展总结出工具产品在未来进程中的作用是："获取效率剩余。"即工具产品是效率导向的产物，由主观获取未来优势的行为驱动。

第一章 相关学科对未来的认识

第五章

第四章 产品设计中未来思维的制约因素

第五章 产品设计中未来设计方法的建构
趋向未来资源的设计建构
由产品作为其间的主客观一致性工具
提出获取主观未来的路径与方法

第二章 未来设计的相关概念研究

过去　现在　　　　　　　　　　　　　未来
　　　　　　　　　　　　　　　时间轴的方向

第三章 产品设计中获得未来优势的工具

第一章 相关学科对未来的认识

第六章

第四章 产品设计中未来思维的制约因素

第二章 未来设计的相关概念研究

过去　现在　　　　　　　　　　　　　未来
　　　　第六章 未来设计思维的实践与验证　　时间轴的方向

第三章 产品设计中获得未来优势的工具

第一章 相关学科对未来的认识

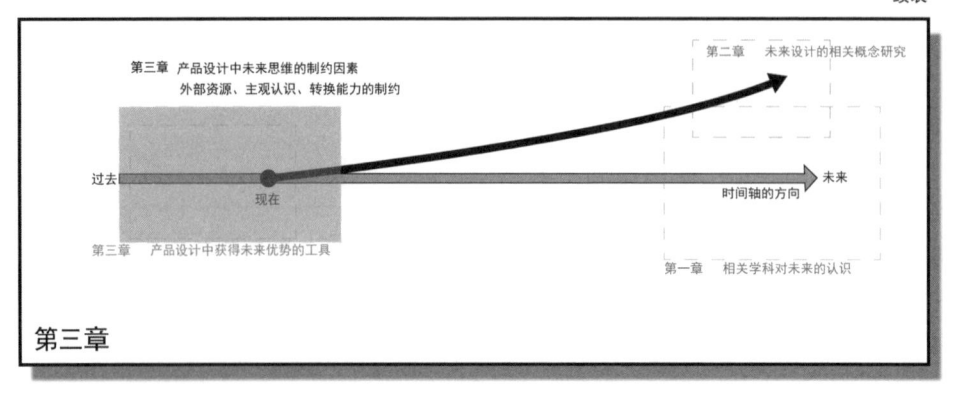

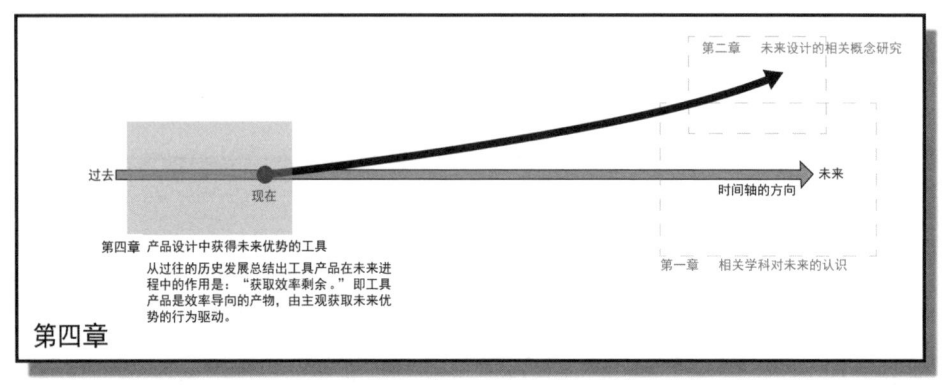

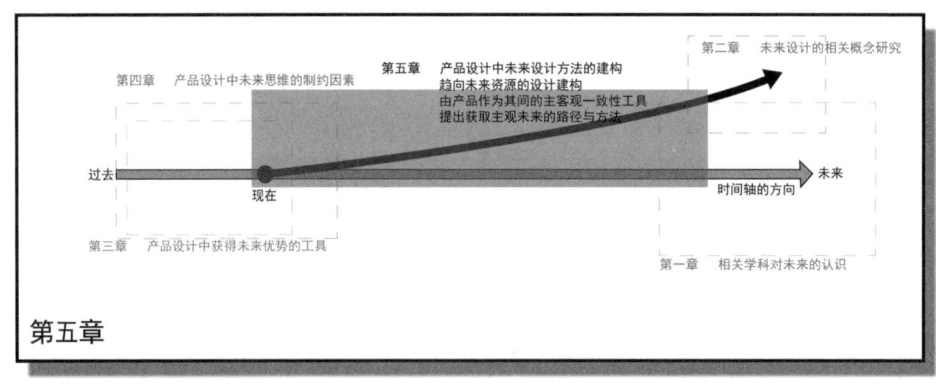

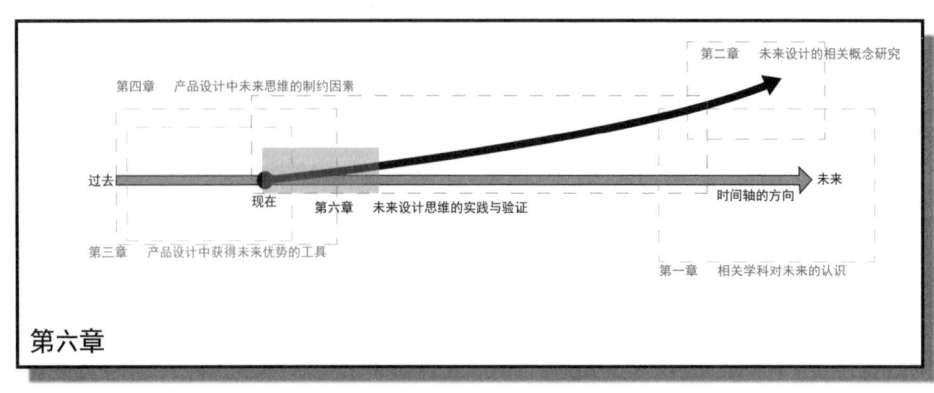

附录图-1　本书的研究思路以及各章节的研究范围（自绘）

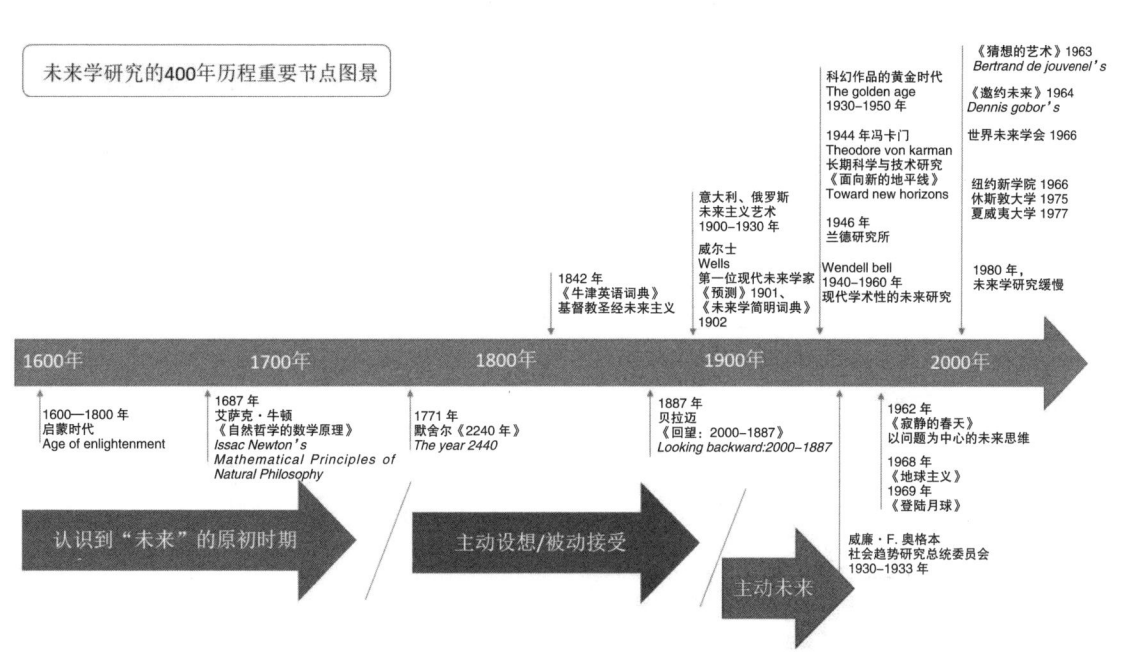

附录图 –2 从艺术设计视角来看未来学研究的 400 年历史队列图景，可以看到未来学的发展受到思维与科学技术之间的双向影响

大众电影文化对于未来空间拓展方向认同的直观反映

附录图 –3 从大众电影主题数量的检索可以看到文化对于科技的附着是趋向未来可能性的，在科技未来的指向转向火星的探索与可能性后，大量的影视作品也转向火星题材（自绘）

致谢　　233

EASTER ISLAND 资源列表

没有未来前瞻思维
指导下的发展，
使得效率工具成为
摧毁未来的因素。

关键的造物
材料的缺失

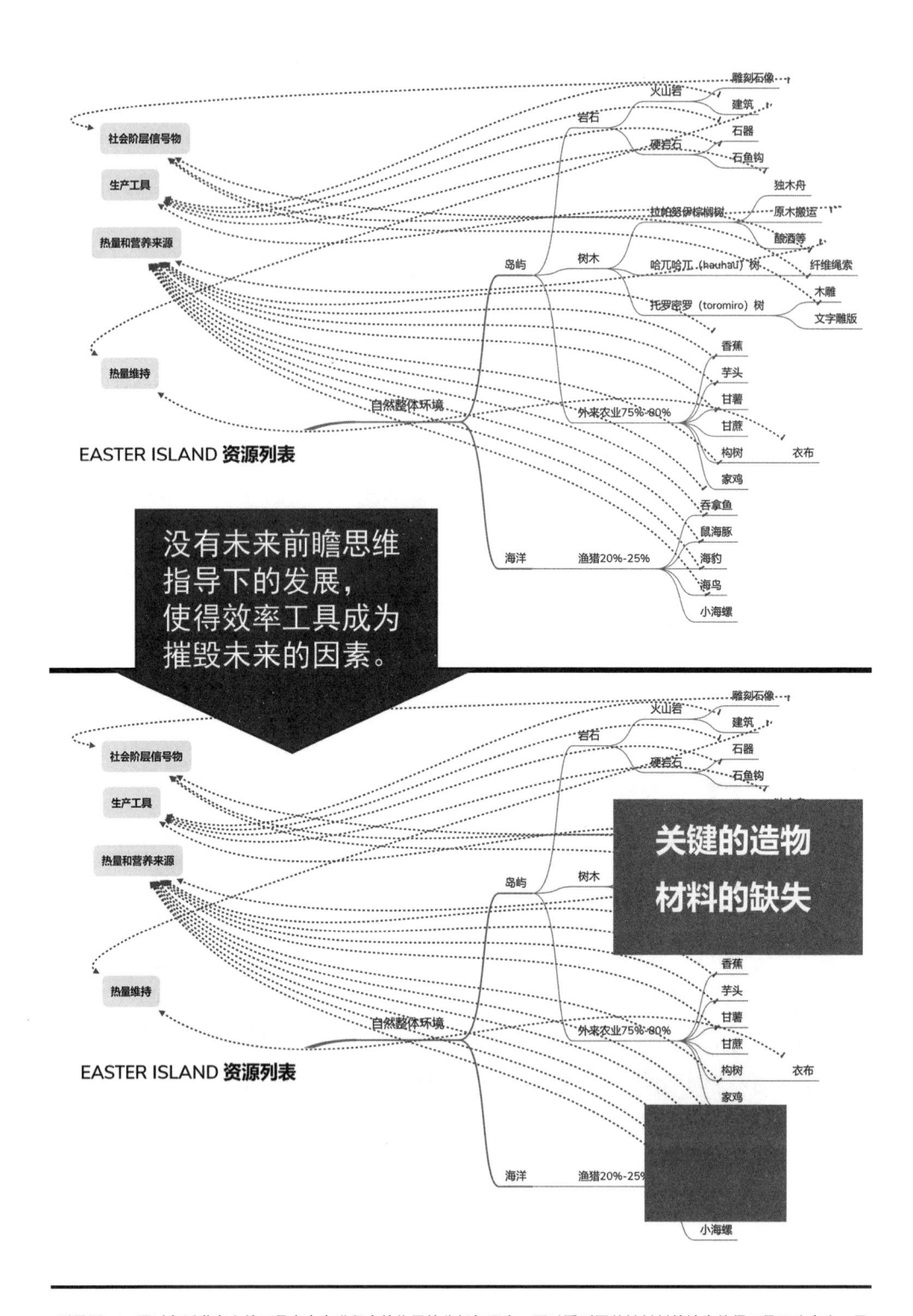

EASTER ISLAND 资源列表

附录图 -4　通过复活节岛上的工具在未来进程中的作用的分析与研究，可以看到因关键材料的缺失使得工具无法产生，导致单一边界范围内的未来进程的终结，同时以双向队列的角度来看，作为造物行为主体的岛民在没有前瞻思维的指导下，盲目扩张与竞争，使得环境的承载能力崩溃，其他未来进程中的主体包括动植物的消失，也使得单一的人类主体在特定的环境中无法存续，失去未来的可能性（自绘）

234　未来设计：未来视角的产品设计

参考书目

1. ［英］怀特海．思维方式 [M]．刘放桐，译．北京：商务印书馆，2010.

2. ［英］怀特海．观念的冒险 [M]．周邦宪，译．北京：人民出版社，2011.

3. 吕廷杰．信息技术简史 [M]．北京：电子工业出版社，2018.

4. ［美］史蒂芬·卢奇．人工智能：第 2 版 [M]．北京：人民邮电出版社，2018.

5. 爱因斯坦．爱因斯坦论科学与教育 [M]．北京：商务印书馆，2016.

6. 爱因斯坦．爱因斯坦晚年文集 [M]．海南：海南出版社，2017.

7. 海伦·杜卡斯．爱因斯坦谈人生 [M]．李宏昀，译．上海：复旦大学出版社，2013.

8. 冯友兰．中国哲学简史 [M]．北京：北京大学出版社，2013.

9. 丹纳．艺术哲学 [M]．傅雷，译．北京：人民文学出版社，1996.

10. 海因茨·D. 库尔茨．经济思想简史 [M]．李酣，译．北京：中国社会科学出版社，2017.

11. 罗素．西方哲学史：上下卷 [M]．北京：商务印书馆，2018.

12. 汉斯·约阿西姆·施杜里希．世界语言简史：第 2 版 [M]．吕叔君，官青，译．济南：山东画报出版社，2009.

13. 维克托·迈尔 - 舍恩伯格．大数据时代 [M]．盛杨燕，周涛，译．杭州：浙江人民出版社，2013.

14. 杰伦·拉尔尼．虚拟现实 [M]．赛迪研究院专家组，译．北京：中信出版社，2018.

15. 奥托·夏莫．U 型理论 [M]．邱昭良，译．杭州：浙江人民出版社，2013.

16. 侯世达．表象与本质 [M]．刘健，译．杭州：浙江人民出版社，2018.

17. 皮帕·马尔姆格林．信号 [M]．北京：中信出版社，2017.

18. 阮一峰．未来世界的幸存者 [M]．北京：人民邮电出版社，2018.

19. 小约瑟夫·巴达拉克．灰度决策 [M]．北京：机械工业出版社，2018.

20. 丹尼尔·丹尼特．直觉泵和其他思考工具 [M]．杭州：浙江教育出版社，2018.

21. 何晓佑．未来风格设计 [M]．南京：江苏美术出版社，2001.

22. 乔纳·莱勒．普鲁斯特是个神经学家 [M]．庄云路，译．杭州：浙江人民出版社，

2014.

23. 安东尼奥·达马西奥. 笛卡儿的错误 [M]. 北京：北京联合出版公司，2018.

24. 大卫·克里斯蒂安. 时间地图 [M]. 晏可佳，译. 北京：中信出版社，2017.

25. Syd Mead. The Movie Art of Syd MeadVisual Futurist [M]. Titan Books Ltd, 2017.

26. 约翰·布罗克曼. 思维 [M]. 李慧中，译. 杭州：浙江人民出版社，2018.

27. 斯科特·佩奇. 多样性红利 [M]. 贾拥民，译. 杭州：浙江教育出版社，2018.

28. 埃里克·托普. 未来医疗 [M]. 郑杰，译. 杭州：浙江人民出版社，2016.

29. 斯科特·佩奇. 模型思维 [M]. 贾拥民，译. 杭州：浙江教育出版社，2018.

30. 泰勒·皮尔逊. 未来工作 [M]. 北京：中信出版社，2018.

31. 朱迪亚·珀尔. 为什么 [M]. 北京：中信出版社，2019.

32. 斯文·贝克特. 棉花帝国：一部资本主义全球史 [M]. 徐轶杰，译. 北京：民主与建设出版社，2019.

33. 迈克斯·泰格马克. 生命 3.0 [M]. 汪婕舒，译. 杭州：浙江教育出版社，2018.

34. 吉田孝. 日本的诞生 [M]. 北京：新星出版社，2019.

35. 森冈孝二. 过劳时代 [M]. 米彦军，译. 北京：新星出版社，2019.

36. 鲁道夫·阿恩海姆. 艺术与视知觉 [M]. 滕守尧，译. 成都：四川人民出版社，2019.

37. 纳特·西尔弗. 信号与噪声 [M]. 胡晓姣，译. 北京：中信出版社，2013.

38. 保罗·海恩. 经济学的思维方式 [M]. 史晨，译. 北京：机械工业出版社，2015.

39. 约翰·奈斯比特. 定见未来 [M]. 北京：中信出版社，2018.

40. 何晓佑. 设计驱动创新发展的国际现状和趋势研究 [M]. 南京：南京大学出版社，2018.

41. 乔纳森·克雷格. 创造突破性产品：第 2 版 [M]. 辛向阳，译. 北京：机械工业出版社，2018.

42. 南怀瑾. 易经系传别讲 [M]. 上海：复旦大学出版社，2019.

43. 吕不韦. 吕氏春秋 [M]. 陆玖，译注. 北京：中华书局，2011.

44. 牛钮 . 日讲易经解意 [M]. 海口： 海南出版社，2012.

45. 毗耶娑 . 薄伽梵歌 [M]. 北京： 商务印书馆，2010.

46. 贾利尔・杜斯特哈赫 . 阿维斯塔 [M]. 元文琪，译 . 北京： 商务印书馆，2010.

47. 马可・奥勒留 . 沉思录 [M]. 梁实秋，译 . 天津：天津人民出版社，2017.

48. 塞缪尔・亨廷顿 . 文化的重要作用：第 3 版 [M]. 程克雄，译 . 北京：新华出版社，2010.

49. 萨姆・希尔 . 未来商务生活的样貌 [M]. 北京：机械工业出版社，2004.

50. 蒂姆・布朗 .IDEO. 设计改变一切 [M]. 侯婷，译 . 北京：万卷出版公司，2011.

51. 克里斯托夫・迈内尔 . 设计思维改变世界 [M]. 平嬿嫣，译 . 北京：机械工业出版社，2017.

52. 平井孝志 . 麻省理工深度思考法：从模型及动力机制来思考现象 [M]. 北京：世界图书出版有限公司，2018.

53. 湛庐文化 . 那些比答案更重要的好问题 关于未来的 14 种理解 [M]. 杭州：浙江教育出版社，2020.

54. 外山滋比古 . 思考的整理学 [M].北京：九州出版社，2020.

55. 托马斯弗雷 . 终极感知：跑赢未来的 8 大预见 [M].北京：中信出版社，2018.

56. 阿维纳什 . 思辨赛局 [M]. 台北：商业周刊，2016.

57. 萨曼莎・克莱因伯格 . 因果关系简易入门 [M]. 北京：人民邮电出版社，2018.

58. 温伯格 . 系统化思维导论 [M]. 北京：人民邮电出版社，2015.

59. 张立宪 . 读库 1705 [M]. 北京：新星出版社，2017.

60. 比尔 . 盖茨 . 未来之路 [M]. 北京：北京大学出版社，1996.

61. 詹姆斯・卡斯 . 有限与无限的游戏：一个哲学家眼中的竞技世界 [M]. 北京：电子工业出版社，2019.

62. 樊瑜波 . 康复工程生物力学 [M]. 上海：上海交通大学出版社，2017.

63. 孙凌云 . 智能产品设计 [M]. 北京：高等教育出版社，2020.

64. 舒后. 数据结构 [M]. 北京：电子工业出版社，2017.

65. 安东尼·迪玛利. 以原有条件创造条件的空间设计概论 [M]. 龙溪国际图书，2019.

66. 王伟. 电商产品经理：基于人、货、场、内容的产品设计攻略 [M]. 北京：电子工业出版社，2019.

67. 迈克尔·布拉斯兰德. 暗知识 [M]. 北京：电子工业出版社，2020.

68. 凯文·凯利. 失控：机器、社会与经济的新生物学 [M]. 北京：中信出版社，2019.

69. Ian，Goodfellow. 深度学习 [M]. 北京：人民邮电出版社，2017.

70. 保罗. ViP 产品设计法则 [M]. 武汉：华中科技大学出版社，2020.

71. 毛新愿. 下一站火星 [M]. 北京：电子工业出版社，2020.

72. 克里斯坦森. 颠覆性创新 [M]. 北京：中信出版社，2019.

73. 托马斯·弗雷. 终极感知：跑赢未来的 8 大预见 [M]. 北京：中信出版社，2018.

74. 阿米尔·侯赛因. 终极智能：感知机器与人工智能的未来 [M]. 北京：中信出版社，2018.

75. 格雷厄姆. 黑客与画家：硅谷创业之父 Paul Graham 文集 [M]. 北京：人民邮电出版社，2011.

76. 莱斯·沃里克. 信息收集——形式背后的逻辑 [M]. 北京：中国建筑工业出版社，2016.

77. 马克斯·巴泽曼. 信息背后的信息 [M]. 杭州：浙江人民出版社，2019.

78. 詹姆斯·布莱德尔. 新黑暗时代：科技与未来的终结 [M]. 广州：广东人民出版社，2019.

79. 唐纳德·A. 诺曼. 设计心理学 4 未来设计 [M]. 北京：中信出版社，2015.

80. 丹尼尔·伯勒斯. 理解未来的 7 个原则 [M]. 南昌：江西人民出版社，2016.

81. 汤姆·斯丹迪奇. 维多利亚时代的互联网 [M]. 南昌：江西人民出版社，2017.

82. 大卫·S. 亚伯拉罕. 决战元素周期表：稀有金属如何支撑科技进步 [M]. 成都：四川人民出版社，2018.

83. 凯文·贝尔斯. 用后即弃的人：全球经济中的新奴隶制 [M]. 南京：南京大学出版社，2019.

84. 保罗·福塞尔. 格调：社会等级与生活品位 [M]. 北京：北京联合出版公司，2017.

85. 苏静涛. 小冰河时代（气候如何改变历史 1300–1850）[M]. 杭州：浙江大学出版社，2013.

86. 方修琦. 历史气候变化对中国社会经济的影响 [M]. 北京：科学出版社，2019.

87. 富兰克林·H. 金. 四千年农夫：中国、朝鲜和日本的永续农业 [M]. 上海：东方出版社，2016.

88. 薛定谔. 生命是什么 [M]. 北京：北京大学出版社，2018.

89. 河添房江. 唐物的文化史 [M]. 北京：商务印书馆，2018.

90. 奥利维尔·布兰查德. 拯救全球经济：方向、策略和未来 [M]. 北京：中信出版社，2016.

91. 卡尔·波普尔. 科学发现的逻辑 [M]. 杭州：中国美术学院出版社，2014.

92. 卡尔·波普尔. 科学发现的逻辑后记 [M]. 杭州：中国美术学院出版社，2014.

93. 卡尔·波普尔. 猜想与反驳 [M]. 杭州：中国美术学院出版社，2014.

94. 卡尔·波普尔. 实在论与科学的目标 [M]. 杭州：中国美术学院出版社，2014.

95. 卡尔·波普尔. 客观的知识：一个进化论的研究 [M]. 杭州：中国美术学院出版社，2014.

96. 卡尔·波普尔. 通过知识获得解放：关于哲学历史与艺术的讲演和论文集 [M]. 杭州：中国美术学院出版社，2014.

97. 斯蒂芬·平克. 当下的启蒙 [M]. 杭州：浙江人民出版社，2019.

98. 斯蒂芬·平克. 思想本质 [M]. 杭州：浙江人民出版社，2019.

99. 斯蒂芬·平克. 心智探奇 [M]. 杭州：浙江人民出版社，2019.

100. 斯蒂芬·平克. 语言本能 [M]. 杭州：浙江人民出版社，2019.

101. 斯蒂芬·平克. 白板 [M]. 杭州：浙江人民出版社，2019.

102. 李立新. 设计艺术学研究方法 [M]. 南京：江苏美术出版社，2009.

103. 夏燕靖. 艺术学学术规范与方法论研究 [M]. 南京：南京大学出版社，2021.

104. Adrian bejan. DESIGN IN NATURE [M]. anchor books ,2013.

105. Jeanne Liedtka. Tim Ogilvie The Designing for Growth Field Book [M]. Columbia Business School Publishing，2019.

106. Michio Kaku. The Future of the Mind [M]. Penguin Books Ltd，2015.